江苏高校品牌专业建设工程资助项目
江苏高校优势学科建设工程资助项目 资助

数值天气预报产品释用实习教程

谭桂容 郭志荣 陈旭红 编著

内容简介

本书在介绍现代数值天气预报业务、数值天气预报产品及其性能基础上，总结了数值天气预报产品检验评估方法、数值天气预报产品释用方法及其应用。内容包括：数值天气预报业务发展及数值天气预报系统、主要模式产品及其性能、数值天气预报产品释用方法及其应用、数值天气预报产品释用实例等，并附有基本的插值方法、产品格式处理方法及相关程序。

本书内容着重于基本知识的介绍，综合性与实践性较强。作为一本实习参考书，该教材主要是面对学校的本科生，也可供台站业务人员参考。

图书在版编目(CIP)数据

数值天气预报产品释用实习教程 / 谭桂容，郭志荣，陈旭红编著. — 北京 ：气象出版社，2017.12(2023.3 重印)

ISBN 978-7-5029-6706-2

Ⅰ.①数… Ⅱ.①谭… ②郭… ③陈… Ⅲ.①数值预报产品-高等学校-教材 Ⅳ.①P456.7

中国版本图书馆 CIP 数据核字(2017)第 308185 号

数值天气预报产品释用实习教程

出版发行：气象出版社
地　　址：北京市海淀区中关村南大街 46 号　　**邮政编码**：100081
电　　话：010-68407112(总编室)　010-68408042(发行部)
网　　址：http://www.qxcbs.com　　**E-mail**：qxcbs@cma.gov.cn
责任编辑：黄红丽　　**终　　审**：吴晓鹏
责任校对：王丽梅　　**责任技编**：赵相宁
封面设计：博雅思企划
印　　刷：北京建宏印刷有限公司
开　　本：710 mm×1000 mm　1/16　　**印　　张**：16.5
字　　数：333 千字
版　　次：2017 年 12 月第 1 版　　**印　　次**：2023 年 3 月第 2 次印刷
定　　价：45.00 元

前　言

自20世纪50年代以来数值天气预报（本书中提到的数值预报均指数值天气预报）的科学思想取得了长足的进展，90年代后期起，天气预报业务也从传统的天气图分析和经验预报技术方法发展步入以数值预报为基础的综合预报阶段，数值天气预报已成为现代天气预报业务和相关拓展领域气象服务的主要支撑力量。随着数值预报技术的发展，在目前业务上除了可以依靠雷达、卫星等探测资料进行线性外推的短时临近预报外，短、中期范畴内的形势预报，数值预报的准确性已远远超过了人工主观的外推预报。今天的数值预报建立在先进的全球与区域数值预报基础上，利用全球的地面、高空观测站、卫星、飞机、雷达、船舶等观测形成的模式初值，可以提前6～8 d预报极端天气事件，对灾害趋势的估计达两周以上。欧洲中期天气预报中心制定的未来模式发展计划（2016—2025年）中，模式对中小尺度引起的可能高影响天气的预报要提前2周以上，对一些大尺度天气形势及其转换的预报要提前4周以上。数值预报的成功被认为是20世纪最重大的科技和社会进步之一。一方面，由于数值预报的飞跃发展，其可以为业务预报员们提供不同时效和类型的大量可用的预报产品；另一方面，由于数值预报自身的局限，数值预报在不同区域、不同要素、不同时效的预报存在误差差异。因此，如何有效地利用海量的数值预报产品并提高预报效果是摆在预报员面前的切实而紧迫的问题。

数值预报产品释用是通过对历史个例的总结建立一系列的概念模型或指标体系，或运用各种统计学方法、动力学方程等对模式预报结果进行订正预报或动力学计算与反演等，达到进一步提高模式预报技巧的方法。本书共分4章，从数值预报基本知识、数值预报模式及其产品性能、数值预报产品的检验评估到数值预报产品释用方法。并在第4章中给出了数值预报产品释用的具体实习应用实例。本书内容着重于向初学者介绍如何应用数值预报产品进行释用以提高模式产品的预报效果。所以该教材主要是面对学校的本科生，也可供台站业务人员参考。本书由陈旭红、郭志荣、谭桂容编写，在前期编写过程中各位老师进行多次资料的收集和整理，最终谭桂容主要完成了第1章及附录部分的内容；陈旭红负责完成第2章、第3章的第4至5节、第4章的第8至11节的编写；郭志荣完成第3章的第1至3节、第4章的第1至7节的编写；此外，研究生尹丝雨、张黎、周晓晔、张丹琦等对实习部分程序进行了编写和整理。限于编者的水平，书中难免有错误和不足之处，热忱希望大家指教，以便进一步改正和改进。

本教材获得了南京信息工程大学大气科学与环境气象实验实习教材项目、江苏高校品牌专业建设工程资助项目（PPZY2016A016）、江苏高校优势学科建设工程资助项目（PAPD）、2015 年江苏省高等教育教改研究立项课题（2015JSJG032）和 2015 年度教材建设基金（15JCLX008）的共同资助；此外，本书在编写和修订过程中得到有关领导和同事们及审稿专家和气象出版社黄红丽副编审的关心支持与帮助，在此一并表示衷心的感谢！

作　者

2017 年 9 月

目　录

第 1 章　数值预报业务

当前数值预报已成为天气预报的核心业务系统，数值天气预报产品释用是对数值预报产品的进一步解释和应用。即是在数值预报输出产品的基础上，结合预报员的经验，考虑本地区天气、气候特点，综合应用各种动力学、统计学、天气学等方法进一步建立预报模型，以实现对数值天气预报产品进行分析和订正，给出比数值预报更为精确的预报结果或者与数值预报产品关联的针对特殊服务需要的预报产品。

对数值预报产品进行解释应用，需要了解数值预报相关研究和业务的基本知识，为此这一章对数值预报的发展历程、数值预报业务系统和数值预报产品释用的必要性进行了简单的介绍。

1.1　数值预报发展历程

1.1.1　数值预报发展历史简介

数值天气预报(numerical weather prediction，简称 NWP)是依据动力学和热力学定律建立的描述大气运动演变的基本方程组，通过大型计算机从一定的初始状态出发，在一定的边界条件下应用数学物理方程的数值积分方法求出方程组的解，以对未来的天气形势和气象要素做预报的方法。数值天气预报是一门综合性应用科学，它的发展不仅取决于包括气象学、大气物理学等在内的大气科学，而且还取决于计算数学与计算机技术、空基与地基遥感技术以及地球科学相关领域学科的进步和发展。1904 年，现代天气学、大气动力学和天气预报的奠基人之一、挪威学者皮叶克尼斯(V. Bjerknes)在世界上首次提出数值天气预报理论。他认为大气的未来状态原则上完全由大气的初始状态、已知的边界条件和大气运动方程、质量守恒方程、状态方程、热力学方程共同决定。因此，在给定大气初始状态和边界条件下，人们通过求解描述大气运动变化规律的数学物理方程组，就可以把未来的天气“较精确地计算出来”。1922 年英国科学家理查逊(Richardson)首次提出并尝试直接用“数值积分”的方法求解这些方程。他使用未经简化的完全原始方程，设置中心位于德国、水平格距 200 km、垂直方向上 4 层(层顶 200 hPa)，选取 1910 年 5 月 20 日 07 时(UTC)的观测值作为初值，时间积分定为 1910 年 5 月 20 日 04—10 世界时。理查逊借助一把 10 英寸[①]的滑

① 1 英寸＝2.54 cm，下同。

动式计算尺，制作出了世界上第一张 6 h 地面气压数值预报图。但是，这张地面气压预报图计算“预报”的 6 h 气压变化与实际观测气压相差甚远，而且其计算时间花了将近一个月，所以无论从精度还是从预报时效上看，该预报毫无“参考”价值。恰尼(Charney)认为，理查逊的研究工作的真正价值在于揭示了此后该领域研究工作者都必须面对的所有关键问题，并为这些问题的解决奠定了工作基础。因此，理查逊的实践被认为是现代数值预报的第一个里程碑。后来的研究总结了理查逊实验失败的主要原因。一是方案过于普遍化，对大气波动和数值计算中的一些基本理论问题认识不够。二是对预报的初值处理不好，会造成初始状态的不平衡，由此产生快速移动的重力波，随着时间积分的进行，重力波的发展掩盖了预报中气象信号的初始变率。且理查逊的计算方案也没有考虑应满足 Courant、Friedricks、Lewy 三人在 1928 年提出的计算稳定的条件，因此，计算结果只能是导致“计算崩溃”。再者，观测网的极端稀缺和计算量的巨大也是阻碍理查逊成功的两大因素。

20 世纪 40 年代前后，随着大气中声波、重力波、天气慢波三大波动的揭示，大气科学的发展取得了重大突破。其中罗斯贝(Rossby)大气长波理论为 20 世纪大气科学最重要的理论成果，该理论的建立开启了现代动力气象学研究的大门。Rossby 波是根据著名的 Rossby 大气长波理论提出的。以上波动理论的发展为数值天气预报滤波模式的发展奠定了大气科学的理论基础。1948 年，Charney 首先从尺度分析法出发，将准地转假定引入动力学方程组，初步建立了中纬度大尺度运动的准地转理论。第二次世界大战后，地面高空资料观测密度范围的大大增加为数值天气预报模式发展提供了更为可靠的初值条件；大容量高速电子计算机的出现则为数值预报提供了更有力的计算手段与工具。1950 年，Charney 等借助美国的世界首台电子计算机 ENIAC(electronic numerical integrator and computer)，用滤掉重力波和声波的准地转平衡滤波一层模式成功地制作出了 500 hPa 高度场形势的 24 h 预报，开创了数值天气预报滤波模式时代，被誉为数值预报发展的第二里程碑。继 Charney 等的成功之后，Rossby 也成功地利用瑞典制造的、当时世界上强大的“BESK”计算机，再现了 Charney 等的数值预报试验。1954 年，瑞典在世界上率先开始了实时数值天气预报，这个业务较之美国开始业务数值天气预报早 6 个月。从这一年开始，数值天气预报从纯科学研究探索走向了业务应用，地球科学首先由大气科学开始从定性研究向定量研究迈出了坚实的第一步。

准地转滤波模式对于研究认识副热带大尺度大气动力过程是很有用的，但是它太简化，其精度不足以满足数值天气预报研究应用的发展。Charney 也认为采用理查逊当初尝试过的非滤波原始方程会得到更好的预报结果。通过小时间步长、初始水平散度取为零的正压原始方程模式的成功试验，Charney 证明了原始方程模式用于数值天气预报中是可行的。此外，Charney 对非绝热和摩擦项、水汽凝结过程、辐射过程、湍流过程等物理过程的重要性和作用，以及次网格物理过程的参数化影响问题也进行了讨论。自 Smagorinsky 首先引入湿绝热过程参数化获得成功后，一批有影响的参数化方案在 20 世纪 60 年代中期相继被提出。如 Manabe 等提出的简单干对流调整过程参数化方案成功地用于许多数值天气预报模式中；Kuo 针对热带对流过程提出的积云对流参数化方案直至今天仍是众多研究和业务数值天气预报模式中的首选方案。且次网格物理过程参数化的重要性也得到了确定并逐步走向成熟。

与此同时，包含有简单物理过程参数化方案的、较完善的原始方程数值天气预报全球模式也在逐渐形成。1965 年，Smagorinsky 等成功设计了当时较高分辨率的 9 层大气环流模式，这是数值天气预报模式业务应用 10 a 后在数值天气预报模式设计上取得的重大突破，为现代数值天气预报模式的研究与应用奠定了重要基础。至此，数值天气预报先后经历了准地转模式、平衡模式和原始方程模式，数值天气预报从理论到业务的发展历程。

进入 20 世纪 70 年代以后，由于生产发展和军事活动的需要，数值天气预报的时效进一步延长，即由短期延伸到中期。当时的两个典型代表是欧洲中期天气预报中心和美国国家气象中心。欧洲中期天气预报中心的方法是：针对中期天气的物理过程特点设计模式，并用模式作时间积分直到 10 d。美国为代表的美国国家气象中心通过资料收集、客观分析与预报结果产品输出等构成一个中、短期数值预报系统，先用较为精密的模式做出短期预报，再把它的预报值作为初值输入相对较为简略的模式作延伸预报。

近代在探空技术、通信技术、计算机及其计算技术的发展基础上，在动力气象和天气学发展的理论指导下，数值预报的发展主要表现在以下四个方面：

(1)数值预报的范围不断扩大。时间上根据预报时效分为短时、短期、中期、长期、气候、古气候恢复的模拟和预报。预报时效从几小时到数百年；空间上根据预报范围分为局地、全球、空间天气的预报，且从对流层扩展到大气中层。

(2)模式方程对大气中的各种物理过程的描述更加细致。在描述大气运动方程中，对于一些参数如地形、辐射、行星边界层、积云对流、海气相互作用、微量气体等都给予了细致的研究和描述。

(3)计算理论不断改进、模式对资料的处理更加完善。计算机和计算技术的发展是 NWP 实现的必备工具，如 MapReduce 计算模式的出现有力推动了大数据技术和应用的发展，使其成为目前大数据处理最成功的主流大数据计算模式。大数据计算模式有利于模式分辨率进一步提高；探空技术及先进的探测技术的发展可为模式提供更加准确的初始场，为预报水平的提高提供了必要的“食粮”和基础保障。

(4)模式预报准确率在不断提高、产品也更加丰富。基于物理规律的数值预报理论的发展，使人类可以利用计算机重现或预测发生在自然界的天气变化过程。这是地球科学由“定性”走向“定量”的重大进步。基于计算技术的发展、模式的分辨率不断地提高、初始场更加准确、模式方程进一步完善，数值预报理论和技术水平越来越高，应用领域越来越广泛，数值预报技术已被认为是未来解决天气预报、气候预测等问题的根本科学途径；数值天气预报理论和应用是过去一个多世纪以来地球科学的最重大进步和成就之一。

中国是数值天气预报起步较早的国家之一，早在20世纪50—60年代初，中国第一代数值预报专家就开始了数值预报模式及相关计算方法的研究，并建立了试验预报系统。丑纪范关于在数值预报中使用历史资料的研究、曾庆存关于半隐式时间积分方法的研究等处于当时国际上领先水平。1980年国家气象中心利用中国自行研制的亚欧区域短期预报模式（简称为A模式），开始发布日常48 h形势预报，标志着中国气象数值预报进入业务实用阶段。“六五”期间由国家气象中心、中国科学院大气物理研究所、北京大学组成的联合数值预报中心建立了北半球和亚洲区域模式系统（简称B模式），将中国数值预报业务向前推进了一步。此外，还有人们较熟识的国家气象中心的HLAFS(High Resolution Limited Area Forecast System)和大气物理研究所宇如聪提出的陡峭地形有限区域、η-坐标数值预报模式REM(Regional Eta-Model)。

在20世纪80年代末到90年代初，中国数值天气预报业务的数值模式系统的主体框架由国外引进，引进的业务模式系统缺乏完整性和再开发性，在模式的性能、资料同化、模式预报准确率等方面与发达国家存在较大差距。进入21世纪，经过一个多世纪的数值天气预报理论研究和半个世纪的业务化应用实践，数值天气预报的科学基础与技术方法已经比较成熟，数值天气预报已成为现代天气预报业务的基础和天气预报业务发展的主流方向，并在极端天气事件的预报方面显示了以经验为基础的方法所不具备的优势。大气科学以及地球科学的研究进展，高速度、大容量的巨型计算机及其网络系统的快速发展，加快了数值天气预报的发展步伐。现今数值模式的时空分辨率不断提高，其预报水平和可用性也在大大提高。现代模式不仅其天气形势的可用预报已超过7 d，且利用全球的地面、高空观测站、卫星、飞机、雷达、船舶等观测形成模式初值，极端天气事件的精确预报可能提前6～8 d，灾害趋势的估计可达到两周以上。此外，数值模式的应用领域也从中短期天气预报拓展到短期气候预测、气候系统模拟，利用数值模式制作短期气候预测已成为现实。近年来，区域模式已出现直接用显式云模式来取代对流参数化方案的1～3 km风暴尺度模式；在全球模式中除了海洋、陆面、冰雪圈外，还包括了大气化学过程、气溶胶物理、水文过程和生态过程等。因此，数值预报模式已不再局限于地球大气而是整个地球环境系统，有人提议应把“数值预报模式”改称为“地球模拟器”或“地球模拟系统”(earth simulator)。除了向大而全发展之外，另一方面是向小而精的方向发展，如台风模式、扩散和空气质量模式、海浪模式、陆面和水文模式、空间天气等专门化模式。

1.1.2 数值预报模式的类型

根据数值模式预报对象的时间尺度，可以将数值预报分为短时、短期、中期数值天气预报、气候预测等；而根据预报的空间范围与尺度又可以分为全球数值预报、区域数值预报、中尺度数值预报等；按照模式数值差分方法可以分为谱模式和格点模式；按照模式侧重预报的目标可以分为台风预报、沙尘暴预报、污染物扩散预报模式等。也有的模式根据其刻画的不同尺度大气运动的不同方程的近似特性来进行区分，如中尺度模式根据其是否满足静力平衡条件分为静力平衡模式和非静力平衡模式等。不同预报对象的数值预报所使用的技术方案与预报产品差异显著，例如一般的短期数值预报关注并预报具体的天气过程与气象要素的演变，而短期气候模式预测则关注和预报月与季节尺度的冷暖、旱涝趋势，而不是具体的天气过程。

中小尺度天气系统与大尺度天气系统一样，它们都遵循一组普遍适用的守恒原理。而中小尺度天气系统所满足的基本方程组是在上述基本原理的基础上，根据中小尺度天气系统的特征简化而得到的。所以在关注和学习过程中，需要针对各自的研究对象，了解模式方程组及其基本性能，合理地选择相应的模式产品进行分析和预报。

1.2 数值预报业务

数值预报业务是指利用当前及历史的综合观测资料信息，通过数值预报系统对未来大气海洋状态进行的预报预测并提供产品的过程。数值预报系统由一系列功能相互补充的子系统有机构成，数值预报业务系统包括观测资料获取、资料质量控制、客观分析、预报模式、后处理、解释应用等六大部分组成，从而形成了从观测到产品加工这一个完整的业务流程。国际业务数值预报发展的经验表明，四维变分同化与卫星资料的大量使用，数值模式朝高分辨率及精细化物理过程参数化的发展有效地改善了业务数值预报的水平。

1.2.1 数值预报业务发展历程

人们预报天气的实践自古有之，数值天气预报是从 20 世纪 20 年代才开始发展进入实践的一门新兴天气预报技术。20 世纪 20 年代，英国科学家理查逊(L. Richardson)使用计算器及数值方法开展了第一次数值天气预报试验，但这次预报的结果是在实况出来之后两天才完成的。1950 年 Charney 等人根据简化后的大气方程，借助于世界上第一台 ENIAC 计算机制作出世界上第一张北半球 500 hPa 24 h 形势预报，预报场与实况相关系数达 0.75。Charney 的成功经验是“人们不再试图去处理大气所有的复杂性，而满足于较好地近似于实际大气运动的简化模式。他们通过仅仅一些被认为对大气运动最有影响力的因子所构成的模式开始，再逐步增加其他的因子，这样不断吸纳新因子就可以将此项工作开展下去，避免由于同时将大量的不甚了解的因子同时引进而不可避免要遭遇的陷阱”。

从此数值预报走入实践，并得到迅速发展。主要得益于以下几点：探空技术及先进的探测技术的发展、通信技术的发展、动力气象和天气学的发展、计算机和计算技术的发展。基于物理规律的数值预报理论的发展，使人类可以利用计算机重现或预测发生在自然界的天气变化过程。天气预报由“定性”走向“定量”是地球科学的重大进步，数值预报被认为是未来解决天气预报、气候预测等问题的根本科学途径。

数值模式的整体水平是国家气象综合水平的集中体现。1962 年美国建立了第一个业务的斜压准地转模式，英国在 1965 年紧跟其后。1966 年第一个全球原始方程模式在美国国家气象中心运行。20 世纪 70 年代就出现了多个全球的、半球的和区域的各式各样的原始方程模式了。70 年代中期大气环流模式已可用于长时间积分进行气候模拟。1975 年欧洲科学技术合作计划开始，其中为加强数值天气预报很快成立了欧洲中期天气预报中心(ECMWF)。第一个实时中期预报于 1979 年 6 月完成，1979 年 8 月 1 日开始业务中期天气预报，标志着数值天气预报走向成熟。数值模式的先驱们经过了一个世纪富有挑战性的创新工作，奠定了现代数值模式发展的基础。以欧洲中期预报中心为例，1965 年 Smagorinsky 等成功设计并给出了一周后的 500 hPa 高度的预报，但当时的预报结果与实际的观测实况还存在较大的差距(图 1.1)；如果以同时期的初始资料，运用如今的高分辨率模式进行同时效的预测，其结果与观测实况更加接近(图 1.2)。总体看，现在全球模式对于 500 hPa 高度的有效预报时效达到 7 d 以上，个别模式能达到 10 d 以上。

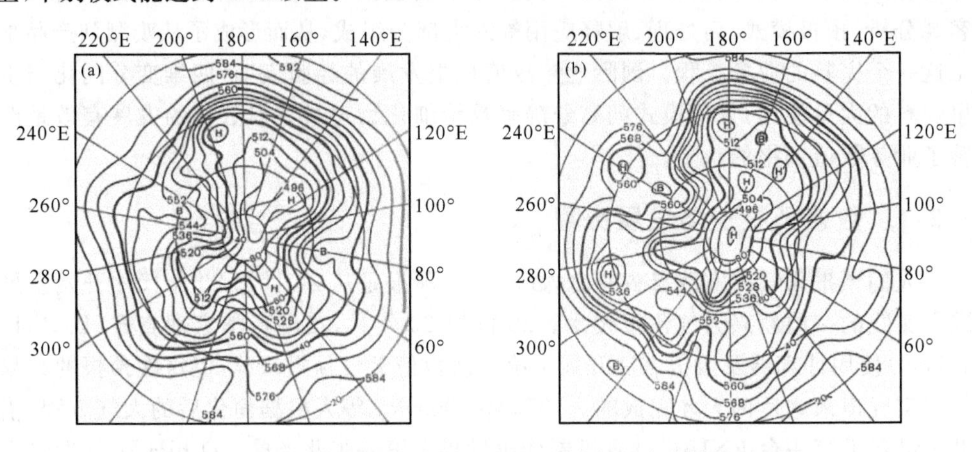

图 1.1 世界上第一张成功的 500 hPa 高度场的中期数值预报图

(a)预报；(b)观测

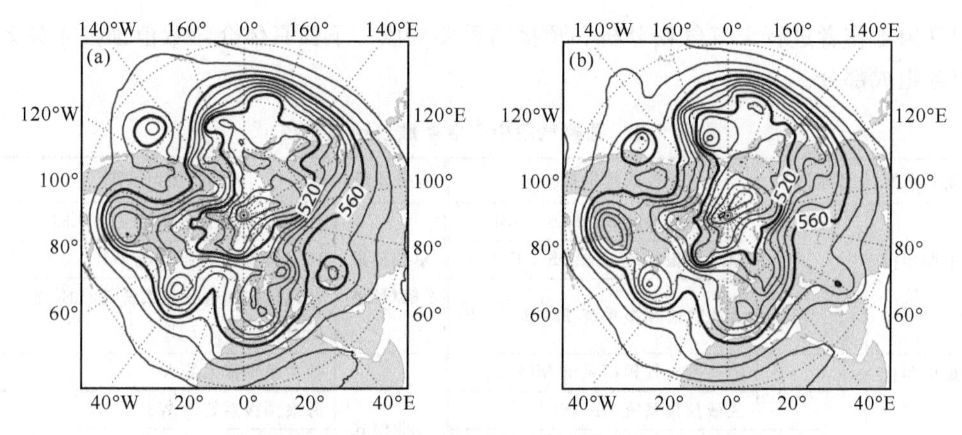

图1.2　2015年6月ECMWF运用最新模式及再分析资料对首次业务中期数值预报进行再预报的500 hPa高度场

(a)预报场；(b)再分析场

欧洲数值预报中心也一直是全球数值预报革新和实践的先驱者，其提供的数值预报产品被公认为是世界上质量最高的。如今欧洲数值预报由30年前的3 d有效预报提高到6 d，模式空间分辨率提高了20倍以上。欧洲数值预报中心在制定的2016—2025年计划中声明，将继续通过广泛的合作研究，实现模式对中小尺度引起的可能高影响天气的预报要提前2周以上，对一些大尺度天气形势及其转换的预报要提前4周以上。

我国数值天气预报业务系统的建立始于20世纪80年代。1982年2月16日，我国第一个数值预报业务系统——短期数值天气预报业务系统(B模式)在中型计算机上建立并正式投入业务应用，结束了我国只接收使用国外数值预报产品的历史。1991年6月15日，我国第一个中期数值预报业务系统(T42)在CYBER大型计算机上建立并正式投入业务运行，这一系统的建成使我国步入了世界少数几个开展中期数值天气预报的先进国家行列。此后，系统不断升级，从T63、T106、T213发展到T639全球中期分析预报系统。2005年12月14日，又建立起我国自主研发的GRAPES同化预报系统。2009年底，GRAPES_Meso中尺度预报系统已升级至V3.0版。2013年GRAPES_Meso的版本升级到V3.3。目前由气象部门常用的T639L60、GRAPES_Meso、T639全球集合预报、GRAPES中尺度集合预报、台风模式、亚洲沙尘暴模式、核污染扩散传输模式和海浪模式等组建了业务数值预报系统，还可对城市空气质量、紫外线等进行预报。

经过近二十多年的科技攻关，我国先后建立了从中尺度、短期天气到中期天气、短期气候的数值预报体系(表1.1)。国家气象中心最近几年的数值预报发展迅速，以数值预报技术为基础，结合其他方法建立起来的现代综合气象预报系统，已成为我国气象工作者进行天气气候分析和预报的重要手段。下面具体介绍数值预报业务系统各组成部分。

表 1.1　国家气象中心业务数值预报系统

业务系统	预报时效	模式预报系统	业务系统	模式预报系统
中期预报系统	4～10 d	全球预报系统 T639L60_GSI	集合预报系统(EPS)	15 样本集合预报系统 T213L31
		全球预报系统 GRAPS_GFS1.0		15 样本集合预报系统 WRF
		台风轨迹预报系统 T213L31_SSI		台风轨迹集合预报系统 T213L31+Bogus
短期预报系统	0～72 h	中尺度天气预报系统 MM5V3	专业模式	沙尘暴预报系统 MM5
		区域预报系统 GRAPES		海浪预报系统 WW3
临近短时预报系统	0～6 h	GRAPS 快速分析和预报系统 GRAPS_RAFS		环境预警系统 EER 及精细化预警系统 EERS

1.2.2　数值预报业务系统的组成

作为一个完整的预报系统，数值预报业务系统包括观测资料的获取和预处理、资料质量控制与客观分析(数据资料同化)、预报模式、预报产品的后处理及检验评价、产品的输出、图形和归档，以及预报产品的解释应用等六大部分，另外还需要高性能计算机、数据库、图形等数值预报支撑软件的支撑。图 1.3 给出当前业务数值预报系统的整体组成。

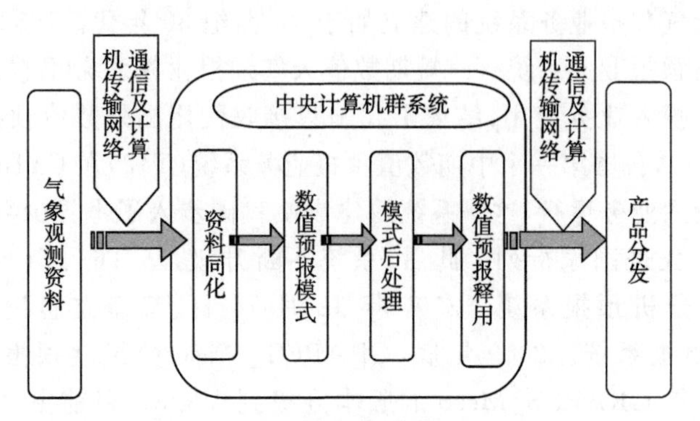

图 1.3　数值预报系统结构示意图

1.2.2.1　观测资料的获取和预处理子系统

用于数值预报的观测资料，通过全球电信系统(GTS)、国内通信网和因特网等多种通信途径获得。这些资料通过数据解码、格式转换、数据整理、初步质量控制等过程后，存入观测资料检索数据库，以便检索使用。主要解决从观测资料到模式可用资料的数字转换。

1.2.2.2 资料质量控制与客观分析子系统

首先进行各类观测资料的质量控制，主要依据资料的统计特征和气象要素之间的内在关系来实现，这样将有效地控制因错误资料破坏资料同化的效果。随后进行资料客观分析，将全球分布极不均匀、不完整的站点观测资料及非常规大气要素的遥感观测资料，转变为规则分布格点上的完整的模式初值(或气象要素场)。客观分析方法包括逐步订正法、最优统计订正法、三/四维变分同化法、集合卡尔曼滤波法等。客观分析有别于单纯的空间插值，它要实现背景场资料与观测资料的有机融合，实现多变量之间的相互影响和相互协调，并尽可能维持分析结果在动力学上的平衡。一般每天进行4次客观分析循环，以去除资料中的干扰。

1.2.2.3 预报模式子系统

预报模式是整个数值预报系统的核心部分。预报模式是将描述大气演变的动力、热力学方程组，加上适当的初始条件和边界条件，通过离散化数值方法来求近似解，并编制成计算机上可以进行计算的程序，统称为数值预报模式，对数值模式进行时间积分可得到未来时间的大气状态。预报模式通常包含模式初始化过程，主要用于抑制由客观分析得到的初值场中气压场和风场之间存在的不平衡，避免虚假的高频重力波振荡对预报的损害。

数值模式还包括物理过程参数化。影响天气变化的主要物理过程有：辐射及其传输、水的相变—云与降水、边界层内的动量、热量、水汽输送、大气与下垫面间的物质及能量交换(陆面、海面、冰面……)以及大气中的湍流与扩散。这些物理过程比模式变量的尺度小，故称为次网格过程，这些次网格过程与模式网格能够分辨的动力过程有能量或物质交换。例如大气辐射，大气湍流对动量、能量和水汽的输送，水汽的凝结降水等都属于次网格物理过程。这些次网格物理过程通过运动方程中的摩擦项、能量方程中的非绝热加热项以及水汽方程中的源汇项等，对网格可分辨的动力过程产生影响。为了使预报方程组闭合，必须用模式的预报变量来表示这些次网格过程，即所谓的参数化。参数化方案中人为和任意的成分较多。对物理部分的处理之所以有缺陷主要原因是：

(1)次网格物理过程的格点效应往往不能由预报变量的格点值唯一确定，是为了使方程闭合不得不为之；

(2)对次网格过程以及次网格过程与网格可分辨过程间的相互作用的机理还认识不够；

(3)计算机的能力和资源有限，不允许对次网格物理过程做较详细的描述。

1.2.2.4 预报产品后处理子系统

将预报模式时间积分后的结果，由各模式层数据内插到标准的等压面上，并计算一些常用的诊断量，如垂直速度、涡度、散度、涡度平流、位温、假相当位温、水汽通量散度、温度露点差、位涡度、锋生函数、Q 矢量等。对模式自身输出的累积量如降水进行截断处理得到相应时段的产品。

1.2.2.5 数值预报产品的检验评价、图形生成和归档子系统

对模式输出及后处理生成的各类数据，检验评价产品的质量，按要求生成各种数据与图形产品，满足用户需求，并将这些后处理的产品建成数据库，便于用户检索。同时为加快传输速度，把它们编制成国际上通用的 GRIB 码（二进制格点，加工数据）的形式，向外发送。

1.2.2.6 预报产品的解释应用子系统

利用统计、动力、人工智能等方法，并综合预报经验，对数值预报的结果进行分析、订正，从而获得比数值预报产品更为精细的客观要素预报结果或者特殊服务需求的预报产品。

以上六个子系统，主要针对单一确定性数值预报系统的预报。由于大气混沌特性，以及在资料预处理、资料质量控制、客观分析方法、数值模式物理过程参数化与侧边界条件等都存在一定的缺陷，数值预报结果具有较大的不确定性，因此业务中还普遍采用了集合预报技术，利用多个单一模式进行预报。由于集合预报是以减少数值模式预报随机误差为目的，所以对集合预报的介绍安排在 1.3 节。此外，随着预报服务的需求，基于确定性数值预报的专业（专项）数值预报系统逐步完善，包括台风、风暴潮、海浪、海雾、沙尘浓度、环境污染物扩散、紫外线、人工影响天气气象条件、森林火险气象条件等级等。专业（专项）数值预报系统是现代数值预报业务的重要补充。

1.3 数值预报产品释用的必要性

1.3.1 数值天气预报的局限性

数值天气预报的成功被认为是 20 世纪最重大的科技和社会进步之一。然而，数值预报虽然支撑着现代天气预报业务和相关拓展领域的气象服务，是业务预报服务中不可或缺的重要参考依据，但数值预报并非完美，主要存在着以下影响数值模式预报精度的核心问题：

（1）大气运动规律数学描述的不完备性

数值模式的主体通常是由运动方程、连续方程、水汽方程、热力学方程和状态方程等构成的一组非线性方程组，尽管该方程组越来越复杂，并能逐渐趋于更完善地描述大气圈、水圈、岩石圈、冰雪圈和生物圈发生的物理和化学过程及其相互作用，但这仅反映了目前我们对影响大气运动和物理属性变化的有限知识，并不足以完整描述具有无限复杂性的大气运动和实际的天气变化。模式中许多物理和化学过程都是运用半经验性

的参数化方法来完成，如边界层过程与垂直扩散、地气与海气间的能量与物质交换等。也就是说，目前描述大气运动规律的数学方程组还不完备。实际大气是非常复杂的，就目前最先进的数值预报模式也是不能完全表示的。模式大气一般是在不失其主要特征的前提下，将非常复杂的大气理想化之后得到的，即为复杂大气的理想化模型。

(2)初始场不可能绝对准确

对于模式计算所需要的初值存在误差。首先由于探测仪器的精度有限，探测技术的缺陷导致其探测得到的各种观测值存在误差；由于观测资料在时间和空间的分辨率不均匀，需要通过同化得到不同探测仪器在不同时间和空间上探测到的资料来解决初值问题，其精度离严格意义上的精确初值还相差很远；在资料传输过程和初始条件的处理中，包括运用风压场平衡关系的静处理方法、变分方法等的客观分析都可能造成部分初值信息的损失，甚至增加误差。

数值预报是数学物理过程中的一个典型的初值问题，其初始条件是指初始时刻各气象要素场的状态值。Lorenz 最早对初值差异与预报误差随时间增长的关系进行了系统的研究，进而提出了可预报性问题。数值预报对初始条件异常敏感，而且因为观测的局限和观测本身必然存在一定的随机误差，我们不可能获得真正的大气状态值，这使得数值预报存在误差不可避免。为构造趋近于真实大气的初始状态，目前通常采取数据同化的办法为模式提供初始场。

(3)求解计算的高难度

由于构成数值模式的是一套非线性方程组，其高度复杂性使其在数学上几乎没有求得解析解的可能。一般采用谱方法和有限元方法将方程离散化在有限网格点，再用差分方法求数值解的办法求解。无论是谱方法还是有限元方法，把连续方程离散化就产生了截断误差，且不同差分方法的使用误差还不同。离散化后的网格一方面完全不能表示两倍格距以下的短波；另一方面，由于非线性作用会产生波长小于两倍格距的波，造成混淆误差，致使网格系统不能正确分辨而形成虚假波能量的误差。此外，在计算过程中还存在舍入误差以及初始场的随机偏差等问题。因此，即使描述大气运动的方程组是完美、精确的，在求解方程的过程中其求解的结果也会产生误差。

(4)次网格物理参数化问题

大气本质上是时空方面各种尺度的连续谱，对于离散的大气模式，无论其分辨率如何，总有一些小于网格间距尺度的运动不能直接地表示出来，这些不能被模式分辨或直接表示的过程就称为次网格过程，比如湍流输送过程、辐射过程、积云对流过程等。网格尺度运动和次网格尺度运动的动力和热力因子有显著差异，但它们之间相互制约、相互影响，为反映两种尺度间的相互作用，通常根据某一模型，用网格尺度的变量来描写次网格过程，也就是物理参数化方法。但目前参数化方法主要基于一些统计的、半经验性的理论，甚至带有不少主观随意性的成分。即参数化过程本身具有很大的不确定性，对模式预报效能具有很大影响。

(5)数值模式误差中永远无法解决的矛盾

数值预报求解的是数值解，即是通过离散化方程后得到的解。这种离散化一定会造成截断误差。另一方面，数值模式预报积分通过计算机实现，这会产生舍入误差。目前随着计算机科学和气象科学的发展，数值预报模式的分辨率在不断地提高，且研究表明数值预报模式的预报能力也随着分辨率的提高而提高。但是，随着模式分辨率的提高，模式的截断误差虽然会减少，但计算机运行的时间及步数将会增加，这将加大模式的舍入误差。也就是说，数值预报本身存在一对永远无法解决的矛盾。即使在遥远的将来，人们的观测资料非常准确，模式的方程也十分完善，但由于这一对无法解决的矛盾，数值模式预报的结果永远会存在误差。所以，人们永远不能期望数值预报能够做出完全准确的预报。

1.3.2 集合预报

同传统数值模式的单一决定论数值预报不同，集合预报是一群由相关性不紧密的一组初值出发，通过数值模式计算得到的一群预报值的方法。集合预报系统不等同模式和资料同化技术系统，每个模式都有其自身的子集合预报系统。如果同时使用两个或者两个以上的模式子集合预报系统的预报产品进行集合预报则称为超级集合预报。集合预报给出的不是单一的预报结果，而是针对某一目标的多值预报，以概率的形式给出。由于集合预报的产生也是为减少数值预报误差，尤其是数值模式预报的随机误差来提高数值预报效果，即是在了解数值预报可能误差后进行的，故在此介绍集合预报方法。

由于大气的混沌特性，以及经探测或构造的模式初值具有不可避免的不确定性，以及模式在动力和参数化方案的不完善性，使数值模式确定性预报受到内在的限制。Epstein 和 Leith 首先提出了集合预报的思想，20 世纪 90 年代初期美国国家环境预报中心(NCEP)和欧洲中期天气预报中心(ECMWF)率先建立起了集合预报业务系统。集合预报理论技术研究主要集中在初值扰动场的构造方法、集合预报信息的提炼分析和多物理过程、多模式的超级集合预报方面，而集合预报的试验和应用从季、年际气候、厄尔尼诺与南方涛动(ENSO)预测到中期、短期天气预报都进行了广泛的开展。由于集合预报提供的是一组预报集，给出了未来天气发展演变的各种可能，代表了天气发展的不确定性特征，于是又将集合预报提供的概率应用到了灾害性天气早期预警、风险评估、强天气引起的次生灾害方面。目前，集合预报应用最广泛的是以邮票图、面条图、集合平均、概率烟羽图、极值预报等产品形式对天气预报提供参考和指导。集合预报的精髓实际上是体现了天气变化的不确定性或者说提供了某种天气发生的可能性。

图 1.4 为集合方法预报的大气未来状态的概率分布图,左侧小圈代表初始条件的不确定性,线条代表不同成员的预报轨迹,右侧大椭圆代表预报值可能出现的范围。对于较短预报时效来说,预报可以认为是确定性的,积分若干天后,大气状态被认为是随机性的。由于初始资料存在误差,模式也有误差,以及大气系统本身的混沌特性使数值预报存在不确定性,也就是说,确定性的唯一解只是其中一种可能。预报问题就由原来的确定性预报转变成概率预报,成为对大气未来状态的概率密度分布进行估计的问题了。

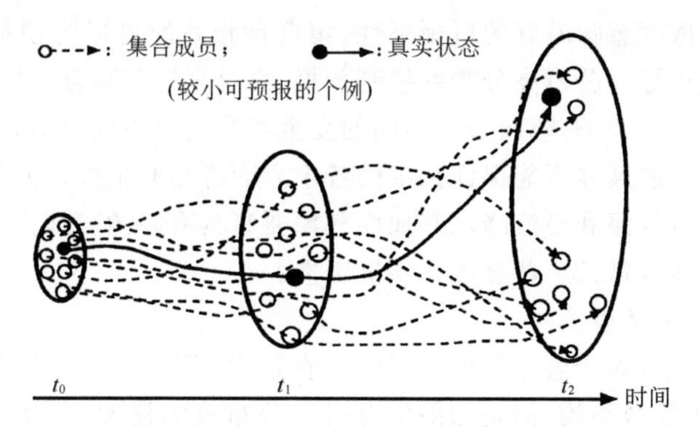

图 1.4 集合预报预报的大气未来状态的概率分布图

集合预报系统设计的基本流程如图 1.5,从各模式的输出经过不同的集合方法,最终输出满足不同用户及目标需求的各种图形数据等。集合预报产品大致分三类:

(1)集合平均或集合中值预报,是集合预报最初级的应用。一般可能比单个预报准确,但对大气不稳定而可能出现的分叉且多平衡态无能为力。

(2)大气预报的可信度预报,通常用集合预报成员间的发散程度来度量。如面条图。

(3)概率预报,概率分布包含了该集合预报系统所能提供的所有信息,最大程度地包含了实际大气可能发生的各种情况。

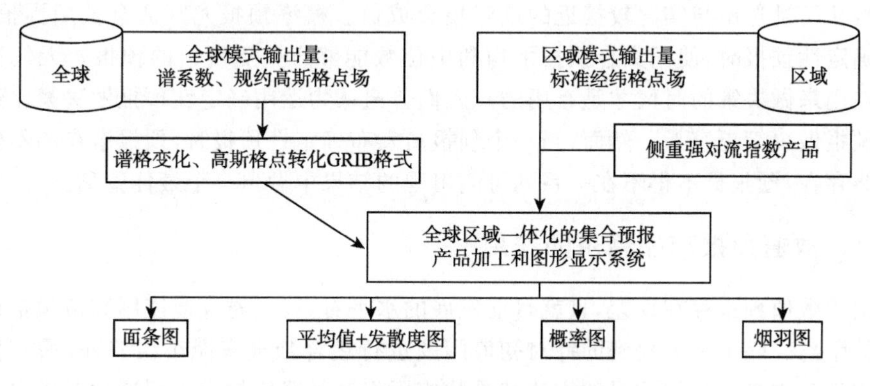

图 1.5 集合预报系统设计流程图

相比于单一的确定性预报模式而言，集合预报系统的使用通常能提供更可信的预报，这在1～3 d的天气预报中尤为显著。集合预报系统的一些指标可以用来优化确定性预报。发布确定性预报时，最好的方式是要充分地应用集合离散度显示的不确定性。集合离散度可以通过许多的集合预报产品来分析，天气尺度系统分析中通常可以用面条图、均方差分布图等；更小尺度的系统分析中可以使用箱线图、分位数、聚类分析等。要应用好集合预报产品需要注意以下问题：

(1)小的集合离散度

小的集合离散度意味着好的可预报性，集合预报系统可以为预报提供更多的细节。在预报中应该综合分析高分辨率控制预报、集合平均和集合中位数等(同时适当地注意是否需要校正或偏差订正)。不同的变量通常具有不同的集合离散度，因此一个变量的较小的离散度并不能保证预报的各个方面都很有把握。天气尺度的可预报性很好并不意味着气温和对流降水等地面气象要素具有好的可预报性。预报员仍然需要考虑模式不能分辨的一些参数的不确定性。

(2)大的集合离散度

大的集合离散度意味着差的可预报性。在这种情况下，要避免为预报加入过多的细节，需要考虑集合平均，但是如果集合对象分布范围较大，集合平均通常不能预报出真实的情景。另外，可以以集合中最有代表性的成员(比如聚类分析中最稠密的簇或者概率分布函数中的众数等)作为指引来推导可能的结果。需要注意的是，最具代表性的集合成员也许不能给出每个气象要素的最有可能出现的值(例如，某个地点最有可能出现的温度也许跟该地最有可能出现的降水量没有联系)。实际应用中，应尽可能理解、适应概率预报，并综合运用集合预报系统和高分辨率控制预报来预报极端事件，估计天气系统可能的演变方向以及它们的潜在影响。还需要充分考虑模式的性能。很多时候，高分辨率控制预报也许更有能力预报一些重大影响天气事件。

此外，在短期(12～18 h)预报中，尽可能兼顾最新的观测资料(3～6 h后的观测资料)，从而挑选出与实况较接近的最好集合成员。概率预报尤其适合长期预报，在制作确定性预报时，使用集合预报平均和中位数能够产生更可信的预报。天气预报只有在用来做决策的时候才是有用的。人们普遍认为运用确定性预报做决策比运用概率预报做决策更容易。然而，当一个预报员发布确定性预报时，预报潜在的不确定性始终存在，预报员不得不在一系列可能出现的结果中做出一个最佳猜测。

1.3.3 数值预报产品释用的作用

由于数值预报存在误差，且就目前发展的水平看，我们离直接使用数值预报还有一定的距离。除上一节提到的针对初值问题进行集合预报来减小误差外，另一种广泛应用于改进模式预报质量的方法就是数值预报产品释用技术。即通过对历史个例进行总结，建立一系列的概念模型或指标体系、各种统计学方法、动力学方程等方法对模式预报结果进行订正预报或动力学计算与反演等，达到进一步提高模式预报技巧的方法。释用技术在实际业务工作中的具体应用为实际预报服务能力的提升做出了重要贡献。

数值天气预报已成为现代天气预报业务和相关拓展领域气象服务的主要支撑力量。全世界已有近百个国家和地区把数值天气预报作为制作日常天气预报的主要方法，其中不少国家和地区除制作1～2 d的短期数值天气预报外，还制作10天左右的中期数值天气预报。数值预报发展很快，模式的时空分辨率不断提高，预报准确率也稳步提升。现代定时、定点、定量的天气预报，主要依赖数值预报产品。但源于模式方程本身的缺陷、初始资料和边界条件的不足以及模式求解的误差等使得数值预报产品始终存在误差，因而为了改进数值预报的效果，制作地方区域内高于模式分辨率和精度的预报，需要对数值预报输出产品进行进一步的分析和订正。数值预报产品释用就是对数值预报的结果，运用动力学、统计学技术再一次加工、修正，以达到提高要素预报水平的目的。随着预报理论、数值模式本身的发展、对天气系统运动和变化机理的认识及社会对精细化预报需求的提高，中尺度数值模式的业务和服务需求日益突出。在计算机技术迅速发展提供的强大支撑下，近年来中尺度数值预报系统在世界各地得到广泛应用，已发展到很多业务部门都可进行区域实时数值天气预报的阶段。多样化的模式产品为预报提供了丰富的信息，但如何总结各模式的预报性能特点、择优应用，怎样从海量信息中抽取提炼、有效捕获有用的预报信息，是目前摆在预报员面前的重要问题。另外，还有值得注意的一点就是，随着中尺度数值模式预报性能的提升，其对中小尺度天气系统的预报能力逐渐显现，而中小尺度天气系统往往又是灾害性天气的激发系统。因此，在对数值预报产品的应用中，需要不断调整思路，将传统的对大尺度模式产品的释用逐步调整到对中尺度模式产品的释用上来。此外，基于模式产品的进一步订正技术也是目前实现高准确率、精细化等现代气象业务的最行之有效的方法之一。

第 2 章 数值预报产品

上一章介绍了依据不同的标准，数值预报模式可分成不同的类别。本章将对上述不同类型模式的产品依照从全球模式到中小尺度模式的顺序，就一些国家的业务模式的产品及其性能进行简单的介绍。

2.1 全球模式产品及性能

数值天气预报是各种天气预报业务的最重要的基础。世界数值预报大致可分为三大阵营：第一阵营是欧洲中期天气预报中心（ECMWF）；第二阵营包括英国气象局（UKMO）、美国国家环境预报中心（NCEP）、日本气象局（JMA）、加拿大环境署（CMC）、法国气象局（Meteo France）、德国气象局（DWD）；第三阵营有中国（CMA）、巴西、澳大利亚（CAWCR）、韩国（KMA）、俄罗斯。在日常业务中，我们经常要用到 ECMWF 全球谱模式、日本的全球谱模式（GSM）和远东区域谱模式（ASM）、美国 NCEP 模式、中国国家气象中心的 T639 模式以及 MM5、WRF、GRAPES、AREMS 等中尺度模式。

表 2.1 列出了部分业务常用全球模式的主要技术参数。由表可对这些国家的全球业务模式发展、模式的基本框架、分辨率等有所了解。

表 2.1 业务常用全球模式简介

模式名称	欧洲中期 ECMWF	中国 T639 模式	美国全球预报系统（GFS）	日本全球数值模式
模式类型	谱模式 T799L91	谱模式 T639L60	谱模式 T382L64	谱模式 T959L61
模式分辨率	垂直 91 层，顶高 0.01 hPa，水平精度约 25 km	垂直 60 层，顶高 0.1 hPa，水平精度为 0.28125°	垂直 64 层，顶高 0.2 hPa，水平精度分别约 35 km、70 km（180 h 后）	垂直 61 层，顶高 0.1 hPa，水平精度为 0.1857°
坐标类型	$\sigma-p$ 坐标（η 坐标）	$\sigma-p$ 坐标	$\sigma-p$ 坐标	$\sigma-p$ 坐标
模式格点类型	线性高斯格点	线性规约高斯格点	高斯格点	简化线性高斯格点
积分方案	半隐半拉格朗日时间积分方案	稳定外插半拉格朗日时间积分方案	半隐线性化积分	半隐半拉格朗日时间积分方案

续表

模式名称	欧洲中期 ECMWF	中国 T639 模式	美国全球预报系统(GFS)	日本全球数值模式
主要物理过程	ECMWF 重力波拖曳、Tiedtke 积云对流参数化、Lott&Miller 次网格地形拖曳方案、RRTM 长波辐射、Morcette 短波辐射	在 T213 基础上增加了次网格对流活动；采用了一整套完整的台风初始化方案（BOGUS 方案）	简单云物理方案，简化的 Arakawa-Schubert 对流参数化方案	云物理和对流参数化采用的是大尺度凝结和 Arakawa-Schubert 诊断方案，边界层采用 Mellor-YamadaII 和 Monin-Obukov 相似方案，重力波拖曳是长波拖曳和短波拖曳方案，陆面模式是简单的生物圈层方案
数据同化系统	12 h 时间窗的四维变分同化	三维变分同化	GDAS	四维变分同化，时间窗是前后 3 h
集合预报系统	51 个成员，10 天集合预报；1 个控制积分，50 个扰动积分		20 个扰动成员，预报 16 天，模式采用 T126L28。扰动初始场来自集合变换(ET)方法	51 个成员，扰动通过奇异向量法产生，预报 216 h。模式精度为 T319L61
预报产品	每天北京时间 08 和 20 时两个预报时次，每 24 h 一个预报文件，最长预报时效 240 h，提供北半球 2.5°×2.5°格点数据，预报物理量场有位势高度(500 hPa)、海平面气压、相对湿度(700 hPa，850 hPa)、温度(850 hPa)、风场(200 hPa，500 hPa，700 hPa，850 hPa)。文件名格式为日期加预报时效，如 17070120.024（北京时）。数据为 MICAPS 的第 2、3、4、11 类格式	每日 2 次实时下载 00 和 12 时的预报(UTC)，前 120 h 内每 3 h 一个预报文件，120～168 h 每 6 h 一个文件，168～240 h 每 12 h 一个文件，全球 0.3°×0.3°格点数据。文件名格式如：gmf.639.2017071012006.grb1	每日 2 次实时下载 00、06、12 和 18 时的预报(UTC)，前 192 h 每 3 h 一个预报文件，全球 1°×1°格点数据，192～384 h 每 12 h 一个文件，全球 2.5°×2.5°格点数据。文件名格式如：gfs.t12z.pgrbf24.grib2	每天 08 和 20 时(北京时)两个预报时次，72 h 内每 6 h 一个预报文件，72 h 后每 12 h 一个文件，最长预报时效 120 h，提供 60°E—20°W，20°S—60°N，1.25°×1.25°格点数据，预报物理量场有位势高度(500 hPa)、海平面气压、降水、地面温度露点差、相对湿度(850 hPa)、温度（500、850 hPa)、风场(200 hPa，500 hPa，850 hPa，925 hPa)。数据为 MICAPS 第 3、4 类格式

2.1.1 欧洲中期天气预报中心(ECMWF)全球谱模式

2.1.1.1 发展历程

欧盟主要国家于1975年正式组建欧洲中期天气预报中心(ECMWF),1979年开始正式发布业务中期数值天气预报,并逐步位居全球数值天气预报的领先地位。40多年来,ECMWF全球预报模式一直在不断稳定发展。从图2.1可见,数值天气预报的技巧评分以每十年增加1天有效预报的准定常速度增加。进入21世纪后,由于卫星遥感资料在资料同化系统中的应用,南北半球的预报技巧差距显著缩小(图2.2)。尽管如此,2016年,中期天气预报的平均技巧也只有大约1周,即使是欧洲天气,要提前一个月的可预报性还很低。2016年ECMWF推出了其未来10年(2016—2025年)的发展战略,提出了其“2+4+1”的目标,即到2025年要力争高影响天气的有效集合预报提前2周;大尺度天气形势预报提前4周;全球尺度气候异常预测提前1年。与这个目标相对应,ECMWF计划在将来用地球系统模式全面替代以往的天气或气候模式,而地球系统模式的预报时间,将跨越传统天气和气候的2周时限,能覆盖直到1年的所有预报时段。

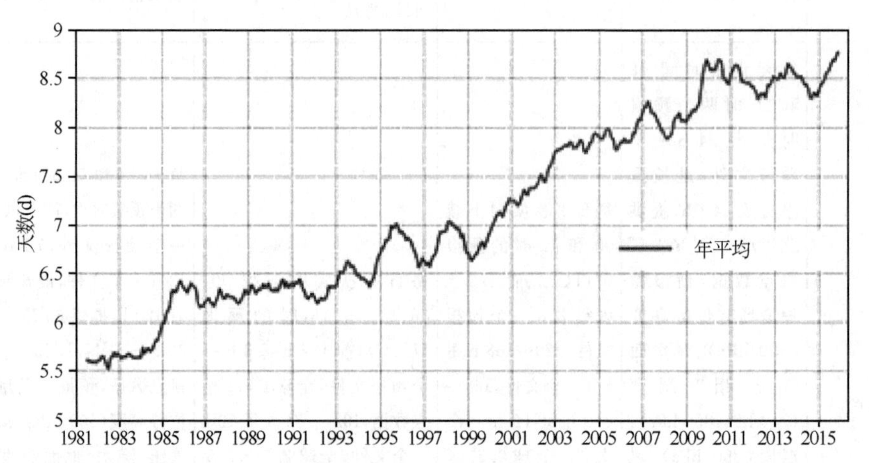

图2.1 过去35年ECMWF预报技巧的演变,曲线显示有用预报的天数

(资料来源:ECMWF发展战略(2016—2025))

2.1.2.2 高分辨率大气模式HRES产品信息

2016年,欧洲中期天气预报中心的0.1°×0.1°HRES高分辨率模式Tco1279/L137投入业务运行。该模式水平分辨率为9 km,垂直方向为137层,模式层顶为0.01 hPa,预报时效达240 h,数据同化系统采用四维变分技术。此外,还拥有51个成员的集合预报业务系统,水平分辨率为18 km,模式层顶达0.01 hPa,垂直方向为91层,预报时效为15 d。表2.2—2.5分别为HRES模式的地面、高空各等压面的分

析场或预报场的要素列表，包含各要素的缩写、单位等相关说明。

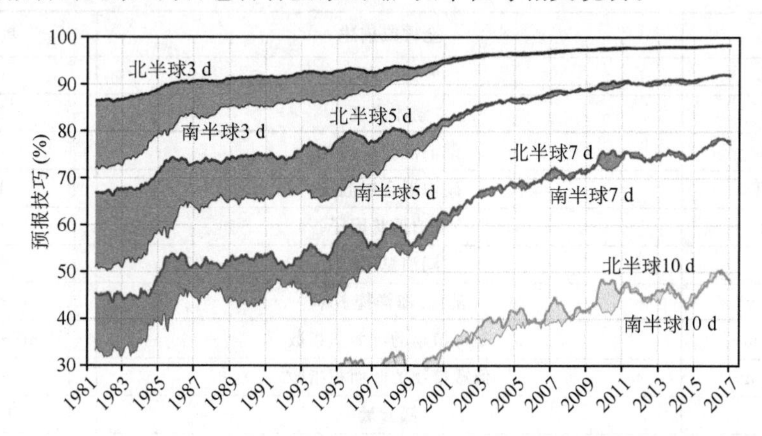

图 2.2 1981—2017 年南北半球温带地区数值天气预报预报技巧的演变

（ECMWF 500 hPa 高度距平相关系数 ACC，阴影区是南北半球技巧差）

表 2.2 地面分析场要素（时次：00，06，12，18UTC，来源：ECMWF）

缩写	全称或描述	单位
10U	地面上 10 m 风场的纬向分量	$m \cdot s^{-1}$
10V	地面上 10 m 风场的经向分量	$m \cdot s^{-1}$
100U	地面上 100 m 风场的 U 分量	$m \cdot s^{-1}$
100V	地面上 100 m 风场的 V 分量	$m \cdot s^{-1}$
2D	地面上 2 m 高度的露点温度	K
2T	地面上 2 m 高度的温度	K
ANOR(inv)	次网格地形方位角	弧度
ISOR(inv)	次网格地形异向性	～
CHNK	谱模式返回的 Charnock 参数 1998 年 5 月 19 日前为地表应力	～
CVH(inv)	高秆植物覆盖率	(0～1)
ISTL1	第一层冰温	K
ISTL2	第二层冰温	K
ISTL3	第三层冰温	K
ISTL4	第四层冰温	K
LBLT	湖底温度	K
CL(inv)	湖覆盖率	(0～1)
DL(inv)	湖深	m
HCC	高云量	(0～1)

续表

缩写	全称或描述	单位
LICD	湖冰深	m
LICT	湖冰温度	K
LMLD	湖泊混合层深度	m
LMLT	湖泊混合层温度	K
LSHF	湖泊形状因子	～
LTLT	湖泊总层温	K
LSM(inv)	陆面/海洋掩盖率	(0～1)
LAIHV(inv)	高秆植物的叶面积指数	$m^2 \cdot m^{-2}$
LAILV(inv)	低矮植物的叶面积指数	$m^2 \cdot m^{-2}$
LCC	低云量	(0～1)
CVL(inv)	低矮植物覆盖率	(0～1)
MSL	海平面气压	Pa
MCC	中云量	(0～1)
ANID(inv)	近红外波段散射反照率	(0～1)
ANIP(inv)	近红外波段辐射反照率	(0～1)
Z(inv)	地形	$m^2 \cdot s^{-2}$
CI	海冰覆盖率	(0～1)
SSTK	海表温度(bulk SST)	K
SRC	表面储水量	m(水当量)
SKT	地表温度(辐射地表温度)	K
SLOR(inv)	次网格地形坡度	～
ASN	雪的反照率	(0～1)
RSN	雪的密度	$kg \cdot m^{-3}$
SD	雪深	m(水当量)
STL1	第一层(1～7 cm)土壤温度	K
STL2	第二层(7～28 cm)土壤温度	K
STL3	第三层(28～100 cm)土壤温度	K
STL4	第四层(100～289 cm)土壤温度	K
SLT(inv)	土壤类型	～
SDOR(inv)	地形标准差	～
SP	地面气压	Pa
TSN	积雪层温度	K
TCC	总云量	(0～1)
TCO3	臭氧总量	$kg \cdot m^{-2}$
TCW	气柱水含量	$kg \cdot m^{-2}$

续表

缩写	全称或描述	单位
TCWV	气柱水汽含量	$kg \cdot m^{-2}$
TVH(inv)	高秆植物类型	～
TVL(inv)	低矮植物类型	～
ALUVD(inv)	紫外与可见光波段散射反照率	(0～1)
ALUVP(inv)	紫外与可见光波段辐射反照率	(0～1)
SWVL1	土壤表层(0～7 cm)含水量	$m^3 \cdot m^{-3}$
SWVL2	第二层(7～28 cm)土壤含水量	$m^3 \cdot m^{-3}$
SWVL3	第三层(28～100 cm)土壤含水量	$m^3 \cdot m^{-3}$
SWVL4	第四层(100～289 cm)土壤含水量	$m^3 \cdot m^{-3}$

表 2.3　地面预报场要素(6 天内时间分辨率为 3 h,第 7～10 天时间分辨率为 6 h,来源:ECMWF)

缩写	全称或描述	单位
100U	地面上 100 m 风场的纬向分量	$m \cdot s^{-1}$
100V	地面上 100 m 风场的经向分量	$m \cdot s^{-1}$
10FG3	最近 3 h 地面上 10 m 阵风	$m \cdot s^{-1}$
10FG6	最近 6 h 地面上 10 m 阵风	$m \cdot s^{-1}$
10U	地面上 10 m 风的纬向分量	$m \cdot s^{-1}$
10V	地面上 10 m 风的经向分量	$m \cdot s^{-1}$
2D	地面上 2 m 高度的露点温度	K
2T	地面上 2 m 高度的温度	K
ASN	雪的反照率	(0～1)
BLD	边界层耗散	$J \cdot m^{-2}$
BLH	边界层高度	m
CAPE	对流有效位能	$J \cdot kg^{-1}$
CAPES	对流有效位能一切变参数	$m^2 \cdot s^{-2}$
CBH	云底高度	m
CDIR	晴空地表太阳直射辐射	$J \cdot m^{-2}$
CEIL	云底高度	m
CHNK	谱模式返回的 Charnock 参数,1998 年 5 月 19 日前为地表应力	～
CI	海冰覆盖率	(0～1)
CIN	对流抑制能量	$J \cdot kg^{-1}$
CP	对流性降水	m
CRR	对流降水强度	$kg \cdot m^{-2} \cdot s^{-1}$
CSFR	对流性降雪水当量	$kg \cdot m^{-2} \cdot s^{-1}$

续表

缩写	全称或描述	单位
DEG0	零度层高度	m
DSRP	太阳直射辐射	$J \cdot m^{-2}$
E	蒸发量	m(水当量)
ES	雪面蒸发量	m(水当量)
EWSS	向东湍流地面应力	$N \cdot m^{-2} \cdot s$
FAL	预报反照率	(0～1)
FDIR	太阳总辐射	$J \cdot m^{-2}$
FLSR	热表面粗糙度的对数值预报	～
FSR	地表粗糙度预报	m
FZRA	累计冻雨量	m
GWD	重力波耗散	$J \cdot m^{-2}$
HCC	高云量	(0～1)
HCCT	对流云顶高度	m
HWBT0	湿球温度零度高度	m
HWBT1	湿球温度 1 ℃高度	m
I10FG	地面上 10 m 瞬时阵风	$m \cdot s^{-1}$
IE	瞬时水汽通量	$kg \cdot m^{-2} \cdot s^{-1}$
IEWS	瞬时向东湍流地面应力	$N \cdot m^{-2}$
ILSPF	瞬时地面大尺度降水率	(0～1)
INSS	瞬时向北湍流地面应力	$N \cdot m^{-2}$
ISHF	瞬时地表感热通量	$W \cdot m^{-2}$
ISTL1	第一层(0～7 cm)冰温	K
ISTL2	第二层(7～28 cm)冰温	K
ISTL3	第三层(28～100 cm)冰温	K
ISTL4	第四层(100～150 cm)冰温	K
KX	K 指数	K
LAIHV(inv)	高秆植物的叶面积指数	$m^2 \cdot m^{-2}$
LAILV(inv)	低矮植物的叶面积指数	$m^2 \cdot m^{-2}$
LBLT	湖底温度	K
LCC	低云量	(0～1)
LGWS	向东的重力波表面应力	$N \cdot m^{-2} \cdot s$
LICD	湖冰深	m
LICT	湖冰温度	K
LMLD	湖泊混合层深度	m
LMLT	湖泊混合层温度	K

续表

缩写	全称或描述	单位
LSHF	湖泊形状因子	～
LSP	大尺度降水量	m
LSPF	大尺度降水率	s
LSRR	大尺度降雨率	$kg \cdot m^{-2} \cdot s^{-1}$
LSSFR	大尺度降雪水当量	$kg \cdot m^{-2} \cdot s^{-1}$
LTLT	湖泊总层温	K
MCC	中云量	(0—1)
MGWS	向北的重力波表面应力	$N \cdot m^{-2} \cdot s$
MN2T3	最近 3 h 地面 2 m 处最低气温	K
MN2T6	最近 6 h 地面 2 m 处最低气温	K
MNTPR3	最近 3 h 最低总降水率	$kg \cdot m^{-2} \cdot s^{-1}$
MNTPR6	最近 6 h 最低总降水率	$kg \cdot m^{-2} \cdot s^{-1}$
MSL	平均海平面气压	Pa
MX2T3	最近 3 h 地面 2 m 处最高气温	K
MX2T6	最近 6 h 地面 2 m 处最高气温	K
MXTPR3	最近 3 h 最大总降水率	$kg \cdot m^{-2} \cdot s^{-1}$
MXTPR6	最近 6 h 最大总降水率	$kg \cdot m^{-2} \cdot s^{-1}$
NSSS	向北湍流地面应力	$N \cdot m^{-2} \cdot s$
PEV	潜在蒸发量	m
TYPE	降水类型 降水类型(0～8)取自 WMO 编码表 4.201 0＝无降水 1＝雨 3＝冻雨 5＝雪 6＝湿雪 7＝雨夹雪 8＝冰雹	(0～8)
RO	径流	m
RSN	雪的密度	$kg \cdot m^{-3}$
SD	雪深	m(水当量)
SF	降雪量(对流＋层状)	m
SKT	地表温度(辐射地表温度)	K
SLHF	地表潜热通量	$J \cdot m^{-2}$
SMLT	融雪量	m(水当量)

续表

缩写	全称或描述	单位
SP	地面气压	Pa
SRC	表面储水量	m(水当量)
SRO	地表径流	m
SSHF	地表感热通量	J · m^{-2}
SSR	地表净太阳辐射	J · m^{-2}
SSRC	晴空地表净太阳辐射	J · m^{-2}
SSRD	向下的地表太阳辐射	J · m^{-2}
SSRO	地下径流	m
SSTK	海表温度	K
STL1	第一层(1～7 cm)土壤温度	K
STL2	第二次(7～28 cm)土壤温度	K
STL3	第三层(28～100 cm)土壤温度	K
STL4	第四层(100～289 cm)土壤温度	K
STR	地表净热辐射	J · m^{-2}
STRC	晴空地表净热辐射	J · m^{-2}
STRD	向下的地表热辐射	J · m^{-2}
SWVL1	第一层(0～7 cm)土壤含水量	m^3 · m^{-3}
SWVL2	第二层(7～28 cm)土壤含水量	m^3 · m^{-3}
SWVL3	第三层(28～100 cm)土壤含水量	m^3 · m^{-3}
SWVL4	第四次(100－289 cm)土壤含水量	m^3 · m^{-3}
TCC	总云量	(0～1)
TCIW	云的垂直积分冰水含量	kg · m^{-2}
TCLW	云的垂直积分液态水含量	kg · m^{-2}
TCO3	臭氧柱总量	kg · m^{-2}
TCRW	垂直积分雨水含量	kg · m^{-2}
TCSLW	垂直积分过冷液态水含量	kg · m^{-2}
TCSW	垂直积分雪水含量	kg · m^{-2}
TCW	垂直积分水含量(水汽＋云水＋云冰)	kg · m^{-2}
TCWV	垂直积分水汽量	kg · m^{-2}
TOTALX	总的总指数	K
TP		m
TSN	积雪层温度	K
TSR	大气层顶净太阳辐射	J · m^{-2}
TSRC	晴空大气层顶净太阳辐射	J · m^{-2}
TTR	大气层顶净热辐射	J · m^{-2}

续表

缩写	全称或描述	单位
TTRC	晴空大气层顶净热辐射	$J \cdot m^{-2}$
U10N	地面 10 m 中性风 U 分量	$m \cdot s^{-1}$
UVB	地表向下的紫外辐射	$J \cdot m^{-2}$
V10N	地面 10 m 中性风 V 分量	$m \cdot s^{-1}$
VIMD	垂直积分水汽散度	$kg \cdot m^{-2}$
VIS	能见度	m
ZUST	摩擦速度	$m \cdot s^{-1}$

表 2.4　等压面分析场要素(时次:00,06,12,18UTC,适用于等压面 1000,950,925,900,850,800,700,600,500,400,300,250,200,150,100,70,50,30,20,10,7,5,3,2,1 hPa,来源:ECMWF)

缩写	全称	单位
D	散度	s^{-1}
GH	位势高度	m
O3	臭氧质量混合比	$kg \cdot kg^{-2}$
PV	位涡	$m^2 \cdot s^{-1} \cdot K \cdot kg^{-1}$
Q	比湿	$kg \cdot kg^{-1}$
R	相对湿度	—
T	温度	K
U	纬向风速	$m \cdot s^{-1}$
V	经向风速	$m \cdot s^{-1}$
W	垂直速度	$Pa \cdot s^{-1}$
VO	涡度	s^{-1}

表 2.5　等压面预报场要素(时次:00,06,12,18UTC,适用于等压面 1000,950,925,900,850,800,700,600,500,400,300,250,200,150,100,70,50,30,20,10,7,5,3,2,1 hPa,6 天内时间分辨率为 3 h,第 7—10 天时间分辨率为 6 h,来源:ECMWF)

缩写	全称或描述	单位
D	散度	s^{-1}
GH	位势高度	m
O3	臭氧质量混合比	$kg \cdot kg^{-2}$
PV	位涡	$m^2 \cdot s^{-1} \cdot K \cdot kg^{-1}$
Q	比湿	$kg \cdot kg^{-1}$
R	相对湿度	—
T	温度	K

续表

缩写	全称或描述	单位
U	纬向风速	$m \cdot s^{-1}$
V	经向风速	$m \cdot s^{-1}$
W	垂直速度	$Pa \cdot s^{-1}$
VO	涡度	s^{-1}

2.1.2 中国国家气象中心全球谱模式

2.1.2.1 T213 数值预报模式

我国第一个中期预报的全球模式是1991年建立的T42,之后逐步发展,经T63、T106到T213。T213L31是我国第一代在大规模并行机上实现的全球中期数值预报业务系统。它是国家气象中心数值室在欧洲中期数值预报中心IFS(Integrated Forecasting System)模式框架的基础上,移植改造和开发的全球四维同化预报系统,由预报模式、最优插值(OI)资料分析、模式后处理、检验、产品制作、分发等模块构成。模式为三角截断的全球谱模式,截断波数为213个波,水平分辨率为60 km,垂直方向为31个η面,模式层顶为10 hPa。目前它主要用于集合预报。

2.1.2.2 T639 数值预报模式

T639L60全球中期数值预报模式,是在T213L31的基础上实现性能升级而来。该模式是全球谱模式,采用了地形追随一等压面混合坐标,有1280×640个格点,相当于水平30 km分辨率,垂直分辨率60层,模式顶到达0.1 hPa。T639模式在850 hPa以下有12层,因而具有较高的边界层垂直分辨率,可以对边界层过程有更加细致的描述,适合支撑短时临近预报。T639模式的输出产品也是更精细的区域模式驱动的初始场和边界条件。T639的主要业务运行参数在表2.6中列出。

T639模式在动力框架方面使用线性高斯格点、稳定外插的两个时间层的半拉格朗日时间积分方案等,改进了T639物理过程中对流参数化方案以及云方案。同化系统采用的是三维变分同化分析系统,可以同化全部常规资料,也能直接同化美国极轨卫星系列NOAA-15/16/17的全球ATOVS垂直探测仪资料,并且卫星资料占到同化资料总量的30%左右,使得分析同化质量明显提高,模式预报效果显著改善。T639模式第一次将人造台风涡旋BOGUS嵌入在中期业务模式中。模式输出产品品种多样,有多分辨率、高频次、品种多样的数据和图像物理量输出产品。

表 2.6 T639 业务运行参数(来源:中国气象局数值预报中心)

预报区域	全球
最长预报时效	240 h
水平分辨率	0.28125°(约 30 km)
垂直分辨率	60 层(顶层到 0.1 hPa)
同化方案	NCEPGSI
同化资料	常规资料:无线电探空,飞机报,小球测风,船舶、浮标站,地面站,高低层卫星测风等 非常规资料:NOAA15-18,飞机报,小球测风,船舶、浮标站,地面站,高低层卫星测风等
模式动力方案	模式变量采用 UVTQ 采用规约化线性高斯格点 平流方案采用半拉格朗日积分方案,稳定外插两个时间层方案 SETTLS,消除计算噪声;9 hPa 以上引入 Rayleigh 摩擦增加平流层稳定性
积分步长	900 秒
预报时间长度	240 h(00,12UTC)84 h(06,18UTC)

T639 全球中期数值预报系统的可用预报时效在北半球达到 6.5 d,东亚达到 6 d。它于 2008 年正式投入业务运行,主要产品有 1000～200 hPa 主要层次的高度场、温度场、风场、水汽通量及水汽通量散度、温度露点差、假相当位温等物理量场,有近地面 10 m 风场、2 m 温度和相对湿度以及海平面气压、总降水量等,模式产品详情见表 2.7。

表 2.7 T639 全球中期天气数值预报系统模式产品要素说明

序号	要素代码	要素名称	要素单位	层次类型	层次(hPa)
1	GPH	位势高度	gpm	100	10,20,30,50,70,100,150,200,250,300,350,400,450,500,550,600,650,700,750,800,850,900,925,950,975,1000
2	TEM	温度	K		10,20,30,50,70,100,150,200,250,300,350,400,450,500,550,600,650,700,750,800,850,900,925,950,975,1000
3	WIU	风的 U 分量	$m \cdot s^{-1}$		10,20,30,50,70,100,150,200,250,300,350,400,450,500,550,600,650,700,750,800,850,900,925,950,975,1000
4	WIV	风的 V 分量	$m \cdot s^{-1}$		10,20,30,50,70,100,150,200,250,300,350,400,450,500,550,600,650,700,750,800,850,900,925,950,975,1000

续表

序号	要素代码	要素名称	要素单位	层次类型	层次(hPa)
5	VVP	垂直速度	$Pa\cdot s^{-1}$		10,20,30,50,70,100,150,200,250,300,350,400,450,500,550,600,650,700,750,800,850,900,925,950,975,1000
6	RVO	相对涡度	s^{-1}		10,20,30,50,70,100,150,200,250,300,350,400,450,500,550,600,650,700,750,800,850,900,925,950,975,1000
7	RDI	相对散度	s^{-1}		10,20,30,50,70,100,150,200,250,300,350,400,450,500,550,600,650,700,750,800,850,900,925,950,975,1000
8	SHU	比湿	$kg\cdot kg^{-1}$		10,20,30,50,70,100,150,200,250,300,350,400,450,500,550,600,650,700,750,800,850,900,925,950,975,1000
9	RHU	相对湿度	%		10,20,30,50,70,100,150,200,250,300,350,400,450,500,550,600,650,700,750,800,850,900,925,950,975,1000
10	DPT	露点温度	K	100	200,250,300,350,400,450,500,550,600,650,700,750,800,850,900,925,950,975,1000
11	DPD	温度露点差	K	100	500,700,850,925
12	MFVO	水汽通量散度	$10^{-7}g\cdot hPa^{-1}\cdot cm^{-2}\cdot s^{-1}$	100	500,700,850,925
13	MOFU	水汽通量	$10^{-1}g\cdot hPa^{-1}\cdot cm^{-1}\cdot s^{-1}$	100	500,700,850,925
14	PPT	假绝热位温/假相当位温	K	100	500,700,850,925
15	MPVH	湿位涡水平分量	$10^{-6}m^{-2}\cdot s^{-1}\cdot K\cdot kg^{-1}$	100	200,250,300,350,400,450,500,550,600,650,700,750,800,850,900,925,950,975,1000
16	MPVV	湿位涡垂直分量	$10^{-6}m^{-2}\cdot s^{-1}\cdot K\cdot kg^{-1}$	100	200,250,300,350,400,450,500,550,600,650,700,750,800,850,900,925,950,975,1000
17	TEAD	温度平流	$10^{-6}K\cdot s^{-1}$	100	200,500,700,850,925,1000
18	VOAD	涡度平流	$10^{-11}\cdot s^{-2}$	100	200,500,700,850,925,1000
19	CPE	对流性降水	mm	1	0
20	LPE	大尺度降水	mm	1	0

续表

序号	要素代码	要素名称	要素单位	层次类型	层次(hPa)
21	TPE	总降水量	mm	1	0
22	NFSH	感热净通量	$W \cdot m^{-2}$	1	0
23	NLHF	潜热净通量	$W \cdot m^{-2}$	1	0
24	NLRF	净长波辐射通量	$W \cdot m^{-2}$	1	0
25	NSRF	净短波辐射通量	$W \cdot m^{-2}$	1	0
26	SME	雪融化量	m	1	0
27	EVA	蒸发量	m	1	0
28	LOV	陆地覆盖	0～1	1	0
29	SDE	雪深	m	1	0
30	PRS	气压	Pa	1	0
31	SSWC	表面储水池含量	m	1	0
32	WRO	水径流	m	1	0
33	LCC	低云量	0～1	2	0
34	MCC	中云量	0～1	2	0
35	HCC	高云量	0～1	2	0
36	TCC	总云量(层次类型:云底层)	0～1	2	0
37	SSP	海平面气压	Pa	101	0
38	KIDX	K指数	K	101	0
39	TEM	温度(2 m)	K	1	2
40	MNT	最低温度(2 m)	K	1	2
41	MXT	最高温度(2 m)	K	1	2
42	RHU	相对湿度(2 m)	%	1	2
43	WIU	风的U分量(10 m)	$m \cdot s^{-1}$	105	10
44	WIV	风的V分量(10 m)	$m \cdot s^{-1}$	105	10
45	GPH	位势高度(地面)	gpm	1	0

2.1.2.3 GRAPES 系统

进入 20 世纪 90 年代后期，随着气象和计算机技术的发展，多用途预报模式框架一体化逐渐成为国际上数值预报系统发展的流行趋势。我国具有自主知识产权的“全球区域一体化同化预报系统 GRAPES(Global/Regional Assimilation and Prediction System)”便是在这样的背景下研制成功的。该系统的主要特点有：(1)采用“集约型”的思路，以多尺度通用动力框架作为不同应用模式的共同基础，实现了静力与非静力可选、全球与有限区域可选、水平与垂直分辨率可选的通用框架。(2)该系统是适用于多种预报对象的一体化模式系统。(3)为降低开发成本和利于模式的持续发展，采取模块化与标准化编程，开发了模块化、并行化的数值预报系统程序软件，实现程序模块的可插拔，使系统的性能扩充容易实现。(4)GRAPES 资料变分同化系统不仅能对常规观测资料进行同化，也能对卫星垂直探测器的辐射率资料直接同化、对多普勒天气雷达遥感资料和卫星导出产品(如云导风)同化。GRAPES 全球数值预报系统的资料应用水平远远超过 T639，卫星资料占比达到 70%，大大扩展了观测资料在数值预报系统中的使用范围(张人禾和沈学顺，2008)。

2016 年 6 月开始，各省(自治区、直辖市)气象局通过 CMACast 系统可以接收到国家气象信息中心下发的 GRAPES_GFS V2.0 业务化产品，并通过 CIMISS 接口提供用户使用。目前的 GRAPES 全球预报系统产品预报范围覆盖东北半球，空间水平分辨率为 0.25°×0.25°，时间分辨率分别为 3 h(5 天之内)，6 h(5 到 7 天)和 12 h(7 天以上)，下发的数据每天在北京时 08 时和 20 时更新(表 2.8)。

表 2.8 GRAPES_GFS 系统主要运行参数(来源：中国气象局数值预报中心)

GRAPES_GFS_025L60	
同化方案	3DVAR
水平分辨率	0.25°
垂直层次	60 层
格点数	1440×720 个
区域范围	全球
模式积分步长	300 秒
模式积分时长	6 小时(同化)/240 小时(预报)
微物理过程	CMA 双参数方案
陆面过程	CoLM
边界层	MRF 方案
云方案	宏观云预报方案
积云参数化方案	简化 Arakawa-Schubert(SAS)方案
辐射方案	RRTMG LW(*V*4.71)/SW(*V*3.61)方案

续表

GRAPES_GFS_025L60	
重力拖曳波方案	Kim & Arakawa 1995；Lott& Miller 1997；Alpert，2004
同化观测资料	常规地面观测资料、常规探空观测资料、云导风资料、NOAA15/18/19 卫星 AMSUA 资料、MetOp-A&B 卫星的 AMSUA 资料、AIRS 高光谱资料、MetOp-A 卫星 IASI 高光谱资料、FY-3C 卫星 MWHS-2 资料、FY-3C 卫星 GNOS 掩星资料、NPP-ATMS 资料、GPS 掩星资料和 ScatWind 洋面风资料。
其他	使用数字滤波方案

评估表明，GRAPES 总体性能指标超过 T639，形势场预报时效更长，雨区雨带预报的误差较小，该系统对中国区域短期降水预报能力已接近欧洲中期天气预报中心（ECMWF），与国外模式相比，中国区域降水预报形势，特别是中国东南部主降水区预报形势与实况更为接近。

目前在 GRAPES 模式基础上发展了一系列可用于不同领域预报对象的数值预报系统，构建了全球同化预报系统 GRAPES-GFS、中尺度同化预报系统 GRAPES-Meso 和 GRAPES 区域集合预报系统等（图 2.3）。

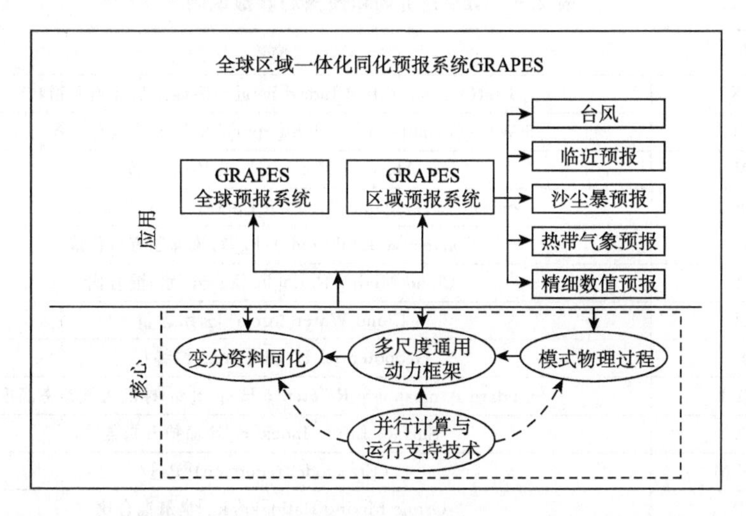

图 2.3　全球区域一体化同化预报系统 GRAPES（来源：中国气象局网站）

2.1.3　NCEP 全球谱模式（GFS）

美国早在 20 世纪 50 年代建立了北半球数值天气形势预报业务，是世界上最早从事数值天气预报研究并开展数值天气预报业务的国家，80 年代初已建成全球和区域资料同化预报系统。早期数值天气预报体系由全球中期天气预报模式、以降水为主要预报对象的有限区域预报模式以及专项预报模式（如台风等）构成，以后又发展了短期气候和集合预报业务模式。20 世纪 90 年代,NCEP 最早实现了气象资料三维变分同化业务,在数值天气预报中大量应用卫星资料,使得分析和预报质量大大提高。美国国家环境预报中心 NCEP(National Centers for Environmental Prediction)的全球预报系统 GFS(Global Forecast System)是 NCEP 数值预报业务的基石,提供 16 天的确定性和概率预报产品。该系统为 NCEP 其他区域模式、海浪模式提供初始和边界条件,主要包括全球资料同化系统 GDAS(Global Data Assimilation System)和预报模式 GFS 两部分。GDAS 系统极大限度地使用了卫星资料和全球观测资料,为全球预报模式输出初始条件。全球数据同化和预报每天运行四次,时间分别为 00,06,12 和 18UTC。

2.1.3.1 NCEP GFS

NCEP 的天气预报模式 GFS 是一个耦合模式,由大气、海洋、陆面土壤和海冰四个独立的模型组成,也是一个不断发展和改进的天气模式,模式输出不同网格距的产品,0.25°,0.5°和 1°的格点数据集可在网站下载。数据集里包含温度、风、降水、土壤湿度和大气臭氧浓度等几十个大气和陆地变量(表 2.9)。

表 2.9 GFS 分析场和预报场参数说明

缩写	描述
4LFTX	Best(4 layer)Lifted Index[K]近地表四层最佳抬升指数
5WAVH	5-Wave Geopotential Height[gpm]500 hPa 等压面位势高度
ABSV	Absolute Vorticity[1/s]绝对涡度
CAPE	Convective Available Potential Energy[J/kg]对流有效位能
CIN	Convective Inhibition[J/kg]对流抑制有效位能
CLWMR	Cloud Mixing Ratio[kg/kg]云(水)混合比
CWAT	Cloud Water[kg/m^2]云水含量
HGT	Geopotential Height[gpm]位势高度
ICAHT I	Standard Atmosphere Reference Height[m]标准大气参考高度
LFTX	Surface Lifted Index[K]地面抬升指数
MSLET M	(Eta model reduction)[Pa]
O3MR	Ozone Mixing Ratio[kg/kg]臭氧混合比
POT	Potential Temperature[K]位温
PRES	Pressure[Pa]气压
PRMSL	Pressure Reduced to MSL[Pa]订正到海平面的地面气压
PWAT	Precipitable Water[kg/m^2]降水量
RH	Relative Humidity[%]相对湿度
SPFH	Specific Humidity[kg/kg]比湿
TMP	Temperature[K]温度

续表

缩写	描述
TOZNE	Total Ozone[DU]总臭氧
UGRD	U-Component of Wind[m/s]纬向风
VGRD	V-Component of Wind[m/s]经向风
VVEL	Vertical Velocity(Pressure)[Pa/s]p 坐标垂直速度
VWSH	Vertical Speed Shear[1/s]垂直风切变

2.1.3.2 全球大气再分析资料

美国国家环境预报中心(NCEP)/美国国家大气研究中心(NCAR)提供 1948 年至今的再分析资料集,数据集分为等压面资料、地面资料和通量资料。

(1)等压面资料

等压面资料的空间分辨率为 2.5°×2.5°;网格点数 144×73;资料范围为 90°N—90°S,0°E—357.5°E;共 17 层等压面(hPa):1000,925,850,700,600,500,400,300,250,200,150,100,70,50,30,20,10;资料的文件名由变量名的缩写和年份组成,如 air.83,表示 1983 年各等压面温度;资料的要素说明见表 2.10。

表 2.10 等压面资料

变量名缩写	物理量	单位
air	温度	0.1 K
hgt	位势高度	m
rhum	相对湿度	%
shum	比湿	0.00001 kg/kg
omega	垂直速度	0.001 Pa/s
uwnd	纬向风速	0.1 m/s
vwnd	经向风速	0.1 m/s

(2)地面资料

地面或近地层资料的空间分辨率为 2.5°×2.5°;网格点数 144×73;资料范围为 90°N—90°S,0°E—357.5°E,资料的要素说明见表 2.11。

表 2.11 地面资料

变量名缩写	物理量	单位
air. sig995	温度	0.1 K
lftx. sfc	地面抬升指数	0.1 K
lftx4. sfc	最佳(4 层)地面抬升指数	0.1 K
omega. sig995	垂直速度	0.001 Pa/s

续表

变量名缩写	物理量	单位
pottmp. sig995	位温	0.1 K
pr-wtr. eatm	可降水量(整层气柱)	0.1 kg/m^2
pres. sfc	地面气压	10 Pa
rhum. sig995	相对湿度	%
slp	海平面气压	10 Pa
uwnd. Sig995	纬向风速	0.1 m/s
vwnd. sig995	经向风速	0.1 m/s
hgt. sfc	地形高度	m
land	海陆分布	

2.1.3.3 FNL 全球分析资料

FNL 全球分析资料(final operational global analysis)是 NCEP 在全球再分析资料推出之后,为广大科研工作者提供的更高时空分辨率的资料。FNL 资料采用 WMO 推荐的二进制格点形式 GRIB 格式,空间分辨率为 1°×1°、时间间隔为 6 h。该资料包含了地表及 26 个标准等压层(1000～10 hPa)、地表边界层和对流层的要素信息,各物理量及单位详见表 2.12。

表 2.12 FNL 1°×1°资料包含的物理量

符号	物理量
ABSVprs	绝对涡度
CAPE	对流有效位能
CIN	对流抑制能量
CLWMRprs	云水
CWATclm	气柱云水
GPAprs	位势高度距平
HGT	位势高度
HPBLsfc	地表行星边界层高度
ICECsfc	海冰密集度
LANDsfc	陆地覆盖
LFTXsfc	地面抬升指数
No4LFTXsfc	近地表四层等压面的抬升指数
No5WAVAprs	500 hPa 等压面位势高度距平
No5WAVHprs	500 hPa 等压面位势高度
O3MRprs	臭氧层混合比
POTsig995	位温

续表

符号	物理量
PRE	气压
PWATclm	可降水量
RH	相对湿度
SOILW	土壤体积含水量
SPFH	比湿
TCDCcvl	对流云总云量
TM	温度
TOZNEclm	臭氧含量
UGRD	*U* 分量
VGRD	*V* 分量
VVEL	垂直速度
VWSH	垂直风切变
WEASDsfc	累计雪量

2.1.4　日本的谱模式

日本的模式主要有全球谱模式(GSM)和远东区域谱模式(ASM)。

日本全球谱模式 GSM 的分辨率为 T213L40，相当于水平分辨率 60 km，垂直 40 层。起报时刻为 00 和 12 时(世界时)。00 时起始的预报时次为 0～84 小时(3 天半)，12 时起始的预报时次为 0～192 h(8 天)。我国单收站能收到的该模式的格点数据(其格距为 2.5°×2.5°)为 4 个预报时次(00,24,48 和 72)的 500 hPa 高度场。此外，单站还能收到该模式直到 8 天的 500 hPa 高度和涡度场、地面气压场和 850 hPa 温度场预报的传真图。远东区域谱模式 ASM 的水平分辨率为 20 km，垂直 36 层，预报时时效为 0～51 h(2 天零 3 小时)，该模式的预报结果以传真图的形式向外发布。日本传真图类别参阅表 2.13，传真图上主要内容所用符号、单位等的相关说明见表 2.14。

表 2.13　日本传真图类别

符号	表示意义	符号	表示意义	符号	表示意义
AS	地面分析	AU	高空分析	AH	厚度分析
AN	云层分析	AX	其他分析	AW	海浪分析
FS	地面预报	FU	高空预报	FA	区域预报
FB	航空预报	FE	一般预报	FX	其他预报
FW	海浪预报	SD	雷达报告	SI	辅助天气

续表

符号	表示意义	符号	表示意义	符号	表示意义
SM	主要天气	SO	海洋资料	CS	地面气候
CU	高空气候	mkWH	飓风警报	WO	其他警报
WW	警报摘要	TB	卫星位置	TC	卫星云分析
TS	卫星风报告	WT	热带气旋警报	TU	卫星探测垂直温度

表 2.14 日本传真图上符号、单位、等值线的间隔、形状和说明

符号	内容	单位	等值线间隔	形状	说明
HEIGHT(M)	位势高度	gpm	60	粗实线	高低中心分别标注 H、L，300 hPa 以上层次间隔 120 gpm
PRECIP(MM) [12～24]	降水量	mm	5	虚线	标有中心数值，方括号内表示出预报时段
P-VEL(hPa/H)	P 坐标垂直速度	hPa/h	10	虚线	标有正负中心值，0 值线用细实线，上升运动区(负值区)用阴影区表示
SURFACE PRESS(hPa)	地面气压	hPa	4	实线	高低中心分别标注 H、L，北半球图上等值线间隔为 10 hPa
TEMP(C)	温度	℃	3	粗实线	冷暖中心分别标注 C、W，300 hPa 以上层次直接标出各点温度值
T-TD(C)	温度露点差	℃	6	细实线	以阴影区表示 $T\text{-}T_d \leqslant 3$ ℃区
VORT(10^{-6}/SEC)	涡度	10^{-6}/s	20	虚线	标有正负中心数值，0 值线用细实线，正涡度区用阴影区表示
WIND ARROW	风矢				直接用羽矢填在各计算格点上，规定同常规天气图未来天气趋势预测
ISOTRCH(KT)	等风速线	n mile/h①	20	虚线	在 300 hPa 以上层次用

2.1.5 英国统一模式(Unified Model，UM)

英国气象局(Met office)采用统一模式(Unified Model)，建立了三重嵌套模式系统。外层是全球预报，水平分辨率 10 km，垂直层次 70 层，预报时效 144 小时预报，每 6 小时更新，兼做分辨率为 20 km 集合预报。中层是欧洲与大西洋区域预报。内层是英国区域预报，域内、域外水平分辨率分别为 1.5 km、4 km，垂直层次 70 层，预报时效为 120 h、54 h 和 12 h，每日更新频率分别为 2 次、6 次和 16 次。自 2009 年 5

① 1 n mile/h＝1.6093 km/h，下同。

月进入准业务运行始，下垫面便进行了精细化处理，考虑了陆海分布，高分辨地形和都市特征。英国的全球和区域集合预报系统(MOGREPS)提供的全球及英国的集合预报时效分别为 1 周和 54 小时。

英国的同化系统为四维变分同化系统，采用扰动预报模式而非切线性模式，考虑了垂直扩散、可分辨云和降水、积云对流、边界层等物理过程，背景误差协方差采用 MOGREPS 集合扰动法替代 NMC 方法。

自 1967 年以来，英国应用高分辨率模式，预报准确率和精细化程度不断提高。2009 年 5 月，英国区域的 1.5 km 高分辨率区域模式进入准业务运行。实践表明，高分辨率模式增加了预报要素的极端预报值，精细化与准确率成正比。

2.1.6　加拿大数值预报模式

加拿大国家气象中心采用一体化(变网格)的数值预报模式(GEM)作为气候预报、中短期预报、中小尺度预报、集合预报的统一预报模式。至 2020 年将以一体化的数值预报模式为基础，建立从气候预报模式到中尺度预报模式的无缝隙的数值预报系统。其中，中期预报模式输出 10 天的预报，模式的水平分辨率为 10～35 km，使用独立的资料同化系统；区域中尺度预报模式做 24～48 小时预报，水平分辨率为 10～15 km，使用独立的区域资料同化系统；高分辨率的中尺度预报模式(短时预报)做 0～24 小时预报，水平分辨率为 1～2.5 km，拥有独立的资料同化系统；同时，加拿大还开发用于特殊预报的更高分辨率的预报模式，水平分辨率可达 500 m～1 km。月预报和季节预报则采用集合预报方法。北极天气预报将采用加拿大大气、海洋、冰雪耦合预报系统；St-. Lawrence 海湾耦合模式计划。

2.2　中尺度模式产品及性能

中尺度气象是现代气象科学和业务中迅速发展的一个重要分支，它的研究对象，关系到区域重要灾害性天气的生消和发展。气象工作者一方面应用卫星、雷达、风廓线仪和自动观测站等一系列新的探测工具，通过中尺度野外试验，揭示中尺度观测事实；另一方面通过中尺度数值模式，对中尺度天气过程进行深入的模拟研究和预报试验。随着近年来计算机技术的迅速发展，中尺度数值模式已日趋成熟，成为中尺度气象的一个重要的研究和应用手段。

中尺度数值气象预报模式有许多，其中 MM5 是国内外早期应用最为广泛的模式之一，被广泛地应用于国内外各气象部门和相关机构。WRF 模式是在 MM5 模式上发展起来的新一代中尺度模式，它逐渐地替代 MM5 模式。最新的 GRAPES 模式是中国气象局自主开发的新一代数值预报系统，它是中小尺度与大尺度通用的多尺度一体化数值预报系统。AREMS 模式是中国气象局武汉暴雨研究所牵头研制的模式，它综合考虑了国内外数值模式中复杂地形的处理方法，较适合于我国的地形特点。在此基础上，针对水汽过程的重要性和复杂性，建立了特有的水汽传输和显式云雨方案；对江淮流域暴雨过程的预报情况较好。表 2.15 对业务常用区域模式的主要性能和参数作了简单对比。

表 2.15　业务常用区域模式简介

模式名称	GRAPES3.0 模式	WRF 模式	MM5 模式
模式精度	33 层模式面分析，模式层顶 28768 m，以 NCEP 全球模式 GFS 作为零场和边界条件，水平分辨率 15 km，积分步长 90 秒	三层嵌套，格距：30 km，10 km，3.333 km	地形追随坐标，垂直 23 层，三层嵌套，格距：30 km，10 km，3.333 km
模式动力框架	全可压原始方程、半隐式半拉格朗日的时间平流方案、经纬度格点的网格设计、高度地形追随坐标和水平方向 Arakawa-C 跳点格式等设置，垂直为 Charney-Phillips 变量隔层设置	水平方向上采用 Arakawa-C 型网格，时间积分采用三阶 Runge-Kutta 积分方案	σ 坐标系，静力和非静力模式，半隐式时间积分
物理过程参数化	NOAH LSM＋简单路面过程参数化、Xu and Randall 云诊断方案、Betts-Miller-Janjic 积云对流参数化、WSM-6 微物理参数化、RRTM 辐射参数化、MRF 和 M-O 近似边界层参数化	显式和隐式微物理，积云对流参数化，长波辐射，短波辐射，边界层湍流(PBL)，地表层，陆面过程参数化和次网格涡动扩散	RRTM 长波辐射方案；Dudhia 短波辐射方案；MRF 边界层方案；graupel 和 Schultz 微物理过程；Kain-Fritsch 和 Grell-Devenyi 积云参数化方案
同化系统	三维变分同化	三维变分同化	三维变分同化
模式产品	00、12 时（世界时）初始场预报 72 小时，逐小时输出	00、12 时（世界时）初始场预报 72 小时，逐小时输出	00、12 时（世界时）初始场预报 72 小时，逐小时输出

2.2.1　MM5 模式

中尺度气象预报模式 MM5 是由美国国家大气研究中心（NCAR）和宾夕法尼亚州立大学联合开发的第 5 代中尺度天气预报模式。美国国家大气研究中心和宾州大学从 20 世纪 70 年代中期起研制中尺度数值模式 MM4（早期为 MM2），经过不断改进和应用，先后形成了 8 个版本，这些版本被美国大学和科研单位广泛应用于对热带风暴、中纬度气旋锋面系统、暴雨、中尺度对流系统等重要天气过程的中尺度数值模拟以及对环境科学的研究。到了 90 年代初，在 MM4 的基础上，进一步研制出了 MM5。

MM5 是用于气象预报模拟的中小尺度非静力动力气象模式。它的一个特点是，使用者可以根据需要选用非静力学模式，这样网格格距可以小到 1 公里量级，从而可以深入细致地研究中小尺度系统，它是气象领域中使用最为广泛的中尺度预报模式之一。在我国已经建成的有限区域数值天气预报业务系统中，绝大部分都采用该模式作为业务模式。MM5 模式的另一个突出点是提供了降水处理的显式计算方案。也就是说，提供了从云和降水形成的微物理过程着眼计算降水的方案。MM5 的最新版本是 MM5V3，有关它的研发工作已经停止，目前更为关注的是 WRF 模式。

2.2.2 WRF 模式

WRF(Weather Research Forecasting Model)模式是在 MM5 模式上发展起来的新一代中尺度模式。WRF 是由许多美国科研部门及大学的科学家共同参与开发研究的中尺度预报模式和同化系统。WRF 模式系统具有可移植、易维护、可扩充、高效率、方便等诸多特性。WRF 模式作为一个公共模式，由 NCAR 负责维护和技术支持，免费对外发布，拥有全球 150 多个国家超过 3 万的用户。2000 年 11 月发布了第一版，2016 年 4 月升级更新到 V3.8。

WRF 模式系统成为改进从云尺度到天气尺度等不同尺度重要天气特征预报精度的工具，重点聚焦 1～10 km 的水平网格。模式结合先进的数值方法和资料同化技术，采用经过改进的物理过程方案，同时具有多重嵌套及易于定位于不同地理位置的能力，能很好地适应从科研到业务预报等的需求，并具有便于进一步加强完善的灵活性。

2.2.3 GRAPES 模式

GRAPES(Global/RegionalAssimilation and Prediction Enhanced System)模式是中国气象局自主开发的全球/区域一体化模式(Unified Model)，可作为 GRAPES_GFS 全球模式应用，也可作为 GRAPES_Meso 区域中尺度模式应用。

GRAPES 系统是集常规与非常规变分同化、静力平衡与非静力平衡、全球与区域模式、科研与业务应用、串行与并行计算、标准化与模块化程序、理想实验与实际预报等为一体，是中小尺度与大尺度通用的先进数值预报系统。它的预报时效、垂直层次和水平网格距可以根据计算条件和业务需要来进行设置和调整。

图 2.4 给出了区域 GRAPES_Meso 中尺度模式业务化应用的历程。2001 年 GRAPES 国家科技攻关计划正式启动，2004 年 4 月 GRAPES_Meso-V1.0-60 km 版本在广州、国家气象中心开始试验性实时应用，2005 年 GRAPES_Meso 一模式的水平分辨率由 60 km 提高到 30 km，并在国家气象中心实现准业务应用；GRAPES_Meso-V2.0-30 km 版本于 2006 年 7 月并在国家气象中心实现正式业务应用，随后，

模式分辨率升至 15 km，版本由 V2.5 升级至 V3.0。GRAPES_Meso 的版本 2013 年 6 月升级为 3.3 版，2014 年 6 月升级为 4.0 版本。

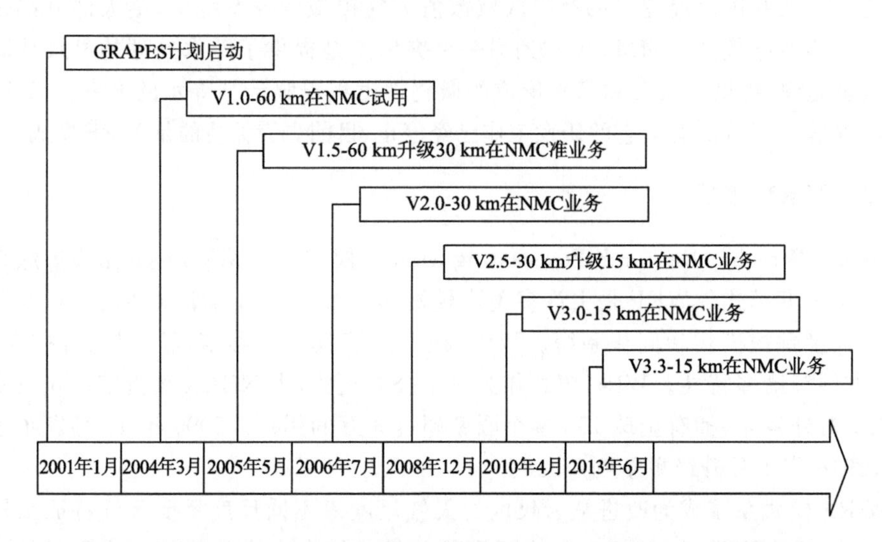

图 2.4 GRAPES_Meso 中尺度模式业务化应用历程(来源：中国气象局数值预报中心)

GRAPES_Meso 系统面世后，仍在不断地发展、更新和升级，它的可移植性较好，可以在微机、多种大型高性能计算机平台上运行和高效并行计算。GRAPES_Meso 即可应用于业务预报，也可用于理论模拟研究，其广大的应用范围包括：

(1)理想试验(平衡流、密度流、地形重力波、变形流等 10 多种标准理想试验)；

(2)理想模拟(large eddy simulation，GRAPES_LES 模式)；

(3)物理过程研究(single column model，GRAPES_SCM)；

(4)资料同化研究(GRAPES_VAR)；

(5)实时业务预报(GRAPES_Meso，GRAPES_TMM…)；

(6)台风预报与模拟研究(GRAPES_TYM，GRAPES_TCM)；

(7)海气耦合模拟研究(GRAPES_ECOM)；

(8)中气度区域集合预报应用与研究(GRAPES_ETKF)；

(9)沙尘暴、气象水文应用与研究(GRAPES_SDM，GRAPES_HM)；

(10)教学工具。

2.2.3.1　GRAPES_Meso 系统架构

从图 2.5 看出，GRAPES_Meso 系统主要包括 4 大模块。

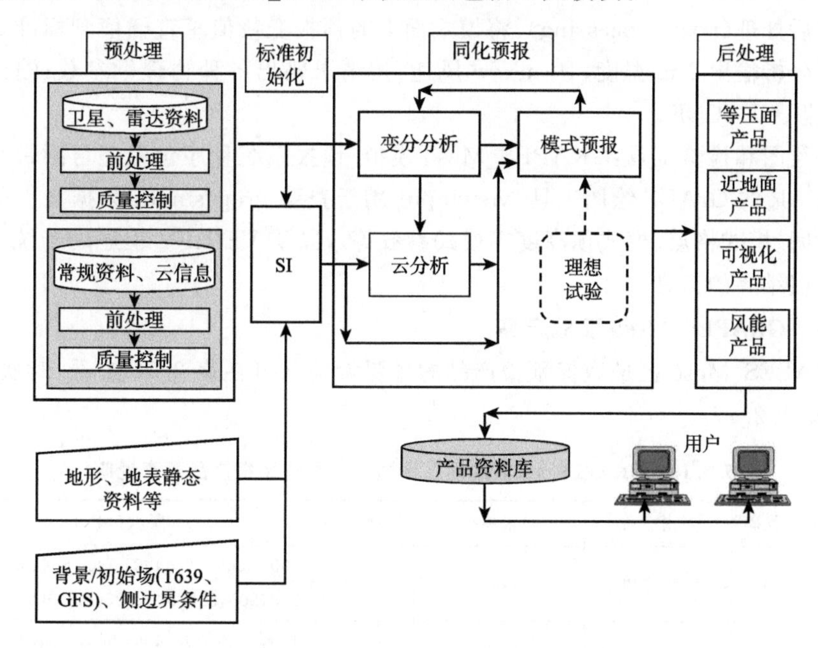

图 2.5　GRAPES_Meso 系统结构图

(1)预处理(pre-processing and quality control)：主要功能是连接观测资料库，对卫星资料、雷达遥感资料、常规观测资料(包括地面云观测信息)进行预处理，为资料同化和云分析做准备；同时，对地形、地表面静态参数(如反照率、植被、土壤类型等)以及大模式(如 T639、NCEP 的 GFS)提供的背景场、侧边界数据和其他替代的初始场(如在分析场)进行处理，统一资料接口和数据格式。

(2)标准初始化(standard initialization)：主要功能是定义模式计算覆盖区域和模式分辨率(水平网格距、垂直分层设置)；根据设定的模式分辨率，将静态资料、背景场、侧边界数据(或替代的初始场)插值到模式网格点上，并按水平 Arakawa-C 交错网格(staggering grid)、垂直 Charney-Philipps 分层设置，将动量(u,v,w)和标量(T,π,q)预报变量值在模式网格上进行交叉配置；估计计算大气参考廓线，并对模式大气进行参考廓线进行扣除；计算一些中间参数，如水平格距、垂直层厚度、赫姆霍兹方程系数等；目前地图投影只有经—纬度网格一种选项，嵌套网格只有单向嵌套一种选项，多重、双向、可移动网格的功能正在开发中。

(3)同化预报(assimilating and forecasting)：该模块主要包括资料同化和模式预报两部分。

资料同化部分包含了变分分析和云分析。模式预报部分包含了理想试验初值生成、模式动力框架和物理过程。

(4)后处理(post-processing):将模式面上的预报变量值垂直插值到标准等压面上;诊断分析输出 2 m 温度、10 m-u-v 风速;按请求输出各种物理量参数;输出格式为 ASCⅡ、NETCDF。

(5)绘图和检验工具:GRAPES_Meso 模拟/预报系统程序包里还可附带常用的美国 NCAR 的 GrADS 绘图工具,viewinput 用于查看 grapesinput 数据文件的工具(数据时间、模式格点、模式顶高度等模式参数等),以及 VERIFY 程序用于统计检验模拟、预报结果的工具。

2.2.3.2 GRAPES_Meso 预报产品

GRAPES_Meso 区域数值预报产品的各要素信息可在表 2.16 查看,时次、预报时效参见表 2.17。

表 2.16 GRAPES_Meso 中国及周边区域数值预报产品要素说明

序号	要素代码	要素名称	要素单位	层次类型	层次(hPa)
1	GPH	位势高度	gpm	100	100,200,300,400,500,600,650,700,750,800,850,900,925,950,975,1000
2	TEM	温度	K	100	100,200,300,400,500,600,650,700,750,800,850,900,925,950,975,1000
3	WIU	风的 U 分量	m/s	100	100,200,300,400,500,600,650,700,750,800,850,900,925,950,975,1000
4	WIV	风的 V 分量	m/s	100	100,200,300,400,500,600,650,700,750,800,850,900,925,950,975,1000
5	VVM	垂直速度(几何的)	m/s	100	100,200,300,400,500,600,650,700,750,800,850,900,925,950,975,1000
6	SHU	比湿	kg/kg	100	100,200,300,400,500,600,650,700,750,800,850,900,925,950,975,1000
7	RHU	相对湿度	%	100	100,200,300,400,500,600,650,700,750,800,850,900,925,950,975,1000
8	RVO	相对涡度	s^{-1}	100	100,200,500,700,850,925,950
9	RDI	相对散度	s^{-1}	100	100,200,500,700,850,925,950
10	TEAD	温度平流	10^{-6}K/s	100	100,200,500,700,850,925,950
11	MOFU	水汽通量	10^{-1}g/(hPa·cm·s)	100	100,200,500,700,850,925,950
12	MFVO	水汽通量散度	10^{-7}g/(hPa·cm^2·s)	100	100,200,500,700,850,925,950

续表

序号	要素代码	要素名称	要素单位	层次类型	层次(hPa)
13	DPD	温度露点差	K	100	100,200,500,700,850,925,950
14	PPT	假绝热位温/假相当位温	K	100	100,200,500,700,850,925,950
15	SSP	海平面气压	Pa	101	0
16	KIDX	K 指数	K	101	0
17	PRS	气压	Pa	1	0
18	TPE	总降水量	mm	1	0
19	CAPE	对流有效位能	J/kg	1	0
20	COIH	COIH	J/kg	1	0
21	SWID	SWID	无	1	0
22	PLI	气块抬升指数(到 500 hPa)	无	1	0
23	PC	抬升凝结高度	Pa	1	0
24	WIU	风的 *U* 分量(10 m)	m/s	103	10
25	WIV	风的 *V* 分量(10 m)	m/s	103	10
26	TEM	温度(2 m)	K	1	2
27	RHU	相对湿度(2 m)	%	1	2

注:层次类型:等压面—100,海平面—101,地面或水面—1,特定高度(10 m)—103

表 2.17　GRAPES_Meso 模式运行时次、预报时效

时次(世界时)	00,12
预报时效(h)	000,003,006,009,012,015,018,021,024,027,030,033,036,039,042,045,051,054,057,060,063,066,069,072,075,078,081,084,087,090,093,096,099,102,105,108,111,114,117,120126,132,138,144,150,156,162,168,180,192,204,216,228,240

2.2.4　AREMS 模式

AREMS 是中国气象局武汉暴雨研究所和中国科学院大气物理研究所以 REM 模式(也称 ETA 模式)作为基础框架之一,综合考虑中国区域的地形特点和复杂的水汽演变过程改进建立的一个对中国区域暴雨有较强预报能力的暴雨数值预报模式。该模式已在国内气象、水文、环境和军事保障等领域的科研和业务单位得到广泛使用，在淮河流域、长江流域暴雨预报试验中，使用效果良好。

AREMS的动力框架采用了曾庆存设计的唯一能构造出完全能量守恒时空差分格式的数学模型，具有很好的计算稳定性。模式采用 η 坐标，能较好地考虑真实地形(陡峭地形)的作用。对水汽平流方程采用简单而有效的保形正定平流差分方案，并解决了在E网格中的应用问题，避免了大多数模式中常出现的负水汽现象或平滑耗散过强过程现象保证了模式对降雨范围、降水强度、暴雨中心位置以及雨带的移动有较好的预报能力。变量在网格上的分布形式采用了跳点网格方式，跳点网格可以提高水平分辨率，减少计算量，是一种较经济的变量分布格式。垂直方向分35层，水平分辨率为37 km。模式在资料前处理上运用三维变分方法进行资料同化，边界条件每6 h替换一次，在一定程度上能解决固定边界条件带来的弊端。

2.3 专业模式产品及性能

2.3.1 GRAPES家族

在GRAPES家族中，除了前面介绍的全球预报模式(GRAPES_Global)、中尺度预报模式(GRAPES_Meso)外，还有诸多专业数值预报模式，包括台风预报模式(GRAPES_TCM)、热带气象预报模式(GRAPES_TMM)、沙尘气溶胶预报模式(GRAPES_DAM)、临近预报模式(GRAPES_SWIFT)和雷电研究模式(GRAPES_LM)等。

2.3.2 台风预报模式

台风是严重的自然灾害，可带来暴雨、大风和风暴潮等，准确预报台风路径具有非常重要的意义。数值预报方法是目前国内外台风业务预报的主要工具。近年来，台风路径预报性能稳步提高，而台风强度、风雨的预报进展相对缓慢。究其原因在于，路径预报通常依赖于大尺度过程，而台风强度、风雨预报依赖于台风内核动力、热力过程及其与环境场的关系，是一个多尺度的问题；它依赖于数值模式对台风涡旋结构、多尺度物理过程等的合理描述。目前大多数的数值模式能够较合理地描述大的环流背景，因而可以对台风路径做出较为合理的预报。

2.3.2.1 国外台风模式

国外，美国国家飓风中心(NHC)除了运用一些客观统计预报方法外，也运行业务台风路径数值预报模式，运用的热带气旋路径的数值预报产品有AVN(NCEP中期预报谱模式)，NOGAPS(美国海军全球大气预报谱模式)，UKMET(英国气象局全球谱模式)，GFDL(美国海洋大气局地球流体动力实验室有限区域数值预报模式)。以上模式在北大西洋和东太平洋的24、48和72 h预报平均误差一般稳定在

140、250、360 km。日本气象厅目前运行的台风数值预报业务模式有两个，一个是全球谱模式(GSM)，另一个是有限区域谱模式(TYM)，预报的精度为 24 h 路径平均误差小于 150 km，48 h 接近 250 km，而 72 h 平均距离误差在 400 km 左右，GSM 预报精度与 TYM 基本接近。

2.3.2.2　国内台风业务模式

国内台风数值预报业务模式发展起源于 20 世纪 60 年代，早期主要是发展区域数值模式，发展至今，经历了从区域到全球模式、从线性插值到三维变分资料同化、从简单的人造涡旋技术升级到资料同化与模式约束相结合的涡旋初始化、从确定性预报到集合概率预报的升级，目前已形成全球区域各有侧重、引进和自主研发协调发展、确定性预报与集合预报互为补充的模式发展局面。确定性区域模式主要面向区域层面的预报业务需求，预报 2～3 天内影响华东、华南的台风路径和风雨、强度预报；全球模式主要面向国家级业务需求，在描述全球环流形势背景的基础上，预报 5 天内可能影响我国的台风路径；台风集合预报模式则通过考虑全球和区域模式及其初始条件的不确定性，建立集合成员，提供台风集合概率预报结果。表 2.18 全面系统给出了自 20 世纪 60 年代至今中国台风模式的技术特点及发展历程。

表 2.18　国内台风业务模式的发展历程(马雷鸣，2014)

年份	模式名称	技术特点及说明
20 世纪 60—80 年代	东海台风模式	20 世纪 60 年代建立正压模式，之后经历了 70 年代建立的准地转平衡模式，80 年代建立的 5 层原始方程模式的过程
1996	华东区域(东海台风)模式	模式于 1994 年基于 NCAR/MM4 建立，1994—1995 年进行了业务试验。对模式边界层物理过程中摩擦拖曳系数、二次台风 Bogus 技术、三维最优插值客观分析方法和资料同化等影响热带气旋移动的作用进行了试验研究；实现间歇资料同化
	HLAFS(High resolution Limited Area Forecast System)区域模式	分辨率为 1°×1°，垂直 15 层
1998	HLAFS 区域模式	分辨率为 0.5°×0.5°，垂直 20 层
2002	HLAFS 区域模式	分辨率为 0.25°×0.25°
2003—2004 年	华东区域(东海台风)模式	由 MM4 升级到 MM5，资料同化由最优插值升级到三维变分，同化常规地面高空资料，使用 Bogus 技术
2004 年	T213 全球模式	基于 T213 的全球台风模式业务运行，水平分辨率为 60 km，垂直 31 层，静力近似，半隐式半拉格朗日时间差分，初始化采用 OI 技术，采用非对称人造涡旋以考虑台风预报。建立之前经历了 T42L9(1991)、T63L16(1995)、T106L19(1997)、T213L31(2002)全球模式的研发

续表

年份	模式名称	技术特点及说明
2005 年	上海台风模式(区域)	基于 MM5 模式建立;采用 BDA 技术进行台风初始化,尝试了云迹风、TRMM、QuickSCAT、AMSU 等多种卫星资料的同化应用,建立了卫星资料同化实验流程
2006 年	GRAPES-TCM(Global and Regional Assimilation and PrEdictiona System-Tropical Cyclone Model)区域模式	基于我国 GRAPES 区域模式框架建立,水平分辨率为 0.25°;使用涡旋重定位技术进行台风初始化,对台风预报中的物理过程参数化进行了优选和检验
	GRAPES-TMM(Global and Regional Assimilation and PrEdiction System-Tropical Monsoon Model)区域模式	基于 GRAPES 区域模式框架建立,水平分辨率为 0.36°;平流和物理过程的水物质反馈插值技术;采用三维变分同化观测资料
2007 年	全球台风集合预报模	15 个集合成员,开展台风袭击概率预报
	GRAPES-TCM 区域模式	台风初始化更新为涡旋循环重定位技术
	GRAPES-TMM 区域模式	改进了对流参数化方案中的动量传输方案
2008 年	T213 全球模式	采用 3DVAR 方法同化 NOAA-15、NOAA-16 卫星反射率
2009 年	T639 全球模式	该模式作为 T213 的升级模式,于 2007 年 12 月起业务试运行,2009 年业务运行,模式水平分辨率为 30 km,垂直分为 60 层。动力框架上使用线性高斯格点、稳定外插的两个时间层的半拉格朗日时间积分方案;直接同化美国极轨卫星系列 NOAA 15/16/17 的全球 ATOVS 垂直探测仪资料;可用预报时效在北半球达到 6.5 天
	GRAPES-TCM 区域模式	基于 MC-3DVAR 的涡旋循环同化技术
2010 年	GRAPES-TCM 区域模式	模式物理过程中采用 Ma and Tan(2009)对流触发机制参数化,考虑了大风条件下的拖曳系数参数化;建立分辨率为 0.15°版本,并业务试运行;台风初始化更新为涡旋循环同化方法
	GRAPES 区域台风集合预报模式	在 GRAPES-TCM 模式框架基础上,使用 BGM 方法进行初始扰动并建立集合成员;在 2008—2009 年研发基础上,2010 年实现业务试运行
2011 年	GRAPES 区域海陆气耦合模式	建立了较全面考虑海洋和大气相互作用的海—陆—气耦合模式,进行了批量个例试验
	GRAPES-TYM(Global and Regional Assimilation and PrEdictiona System-TYphoon Model)区域模式	分别建立了水平分辨率为 15 km 和 3 km 的高分辨率模式,考虑大风条件下的拖曳系数参数化
2012 年至今	GRAPES 全球/区域台风模式	国家级和区域级科研业务单位协调发展全球和区域台风模式

在国内，国家气象中心、上海台风研究所及广州区域气象中心已建立了用于实时预报的台风路径业务数值预报系统。国家气象中心的台风路径预报模式是在有限区暴雨预报模式(LAFS)基础上发展起来的，之后又扩大预报区域，扩展了初始时刻细网格位置可随台风位置移动等功能，并于 1997 年投入业务运行。上海区域气象中心和广东区域气象中心则分别建立了东海和南海的台风路径数值预报系统。东海区域数值预报系统是在 MM4 基础上发展起来的。

2.3.2.3　台风区域模式

国内台风预报区域模式的发展起源于上海市气象局 20 世纪 60 年代自主建立的正压模式(上海台风模式、东海台风模式)，主要用于东海台风预报。之后，70 年代建立了准地转平衡模式，80 年代建立了 5 层原始方程模式。90 年代开始从美国引进 MM4 模式，2003 年升级到 MM5 模式，并使用人造涡旋(Bogus)技术进行台风初始化。自 2004 年开始，上海台风研究所基于中国气象局区域 GRAPES 模式进行了新一代区域台风模式的开发，基于美国 GFDL 的涡旋重定位技术，发展了水平分辨率为 0.25°的 GRAPES-TCM 台风数值预报系统。该模式背景场采用 NCEP/GFS 全球模式水平分辨率为 1°×1°的分析和预报场，垂直层次为 26 层，最高达到 10 hPa。该模式在 2005 年投入准业务运行，2006 年正式投入业务使用，每日 2 次预报(世界时 00 时，12 时，下同)。在 2007 年汛期之前，GRAPES-TCM 系统进行了升级，处理多台风时，预报区域扩大到 90°—170°E，0°—50°N，覆盖了西北太平洋大部分海域；预报时效也延长到 72 h；每日预报次数从 2 次增加到 4 次(起报时间为世界时 00、06、12、18 时)。在涡旋重定位的基础上循环使用区域模式预报(约束)的涡旋，使24 h 路径预报误差减小到 133 km，48 h 路径预报误差在 248 km 左右。2009 年，在 GRAPES-TCM 模式中使用 MC-3DVar 同化方法取代 BDA 技术中的四维变分方法，开发了循环同化方法。与 4DVar 相比，MC-3DVar 技术不需要长时间积分伴随模式，对计算资源要求不高；同时，MC-3DVar 可将数值模式全动力、物理过程作为约束条件引入到初始化过程中，得到比常规 3DVar 更优的模式初始场。该涡旋循环同化方法在 2009 年台风季节准业务运行；与原业务系统相比，该方法对西北太平洋台风 24/48 h 路径预报误差由 151 km/231 km 下降到 130 km/201 km。在物理过程参数化方面，自 2010 年至今，针对对流参数化方案触发机制和大风条件下的边界层拖曳系数等进行了改进。最新的研究将边界层模式约束、卫星反演海面风、云顶亮温资料同化应用于台风初始化也取得进展并应用于 GRAPES-TCM 中。

针对南海台风预报，广州热带海洋气象研究所于 2006 年基于 GRAPES 区域模式开发建立了南海台风模式系统(GRAPES-TMM)。该模式每天两次 120 小时积分稳定运行。南海台风模式水平分辨为 0.36°，模式范围为 81.6°—160.8°E，0.8°—50.5°N，垂直层数为 55 层。模式利用三维变分(GRAPES-3DVar)同化台风 Bogus 涡旋，该涡旋利用实测台风中心位置、强度、八级风半径和移动速度构造，可考虑非对称结构。此外，模式还同化了自动气象站、多普勒雷达、卫星、飞机报等观测资料。模式物理过程参数化方案包括：SAS对流参数化、MRF边界层、WSM6微物理过程、SLAB陆面过程以及RRTM长波辐射方案。目前该模式对南海台风预报性能良好。

2.3.2.4 台风全球模式

国家气象中心于2002年开始利用T213全球谱模式开展台风路径数值预报研究，该模式采用人造台风涡旋方法并使用最优插值同化常规资料，于2004年业务化运行，每日运行4次（世界时00、06、12、18时），预报时效为120 h。2006年国家气象中心开发了三维变分同化系统SSI（Spectral Statistical Interpolation），通过同化NOAA-15、NOAA-16卫星资料，明显提高了T213台风路径预报能力。2008年在国家气象中心业务化运行。该模式台风路径预报性能近年来稳步提高，24 h/48 h台风路径预报误差从2004年的150 km/260 km左右下降到2012年的110 km/200 km左右。2009年起，模式提供的台风路径预报参加了国际台风路径数据交换。在T213基础上，国家气象中心研发了分辨率更高的T639全球模式，于2008年业务运行。2009年8月，在T639的同化循环中加入了涡旋初始化技术。

2.3.3 空气质量模式

空气质量模型是在人类对大气物理和化学过程科学认识的基础上，运用气象学原理和数学方法，从水平和垂直方向在大尺度范围内对空气质量进行仿真模拟，再现污染物在大气中输送、反应、清除等过程的工具，是分析大气污染时空演变规律、内在机理、成因来源、建立“污染减排”与“质量改善”间定量关系及推进环境规划和管理向定量化、精细化过渡的重要技术方法。随着我国经济的快速发展、工业化和城市化进程的加快，由大量能源消耗引发了诸多大气污染问题。空气质量模型在研究大气污染演变规律、空气质量预报预警及大气污染控制管理决策等方面发挥着越来越重要的作用。

2.3.3.1 WRF-Chem

WRF-Chem模式是由美国国家大气研究中心（NCAR）等机构联合开发的新一代大气预报模式，真正实现了气象模式与化学传输模式在时空上的耦合。WRF-Chem在原有WRF模式的基础上耦合了化学反应过程，它通过在WRF的辐射方案中引入气溶胶光学厚度、单次散射反照率和不对称因子表现气溶胶的直接辐射效应。另外，还增加了云滴数浓度的计算，改变WRF原有辐射方案中云粒子有效半径的计算方式，从而影响云的反照率，体现气溶胶的Twomey效应（第一间接效应）。它不仅能够模拟污染气体和气溶胶的排放、传输以及混合过程，还可用于分析空气质量、云与化学之间的相互作用等。该模式中的各个物理过程都有不同的参数化方案，用户可以根据研究的需求对湍流交换、大气辐射、积云降水、云微物理及陆面过程等多种物理过程方案进行选取，从而使获得最佳的动力模拟效果。研究表明，WRF-Chem对气象场以及污染物的模拟表现出值得信赖的能力。

2.3.3.2 WRF/CMAQ模式

WRF/CMAQ模式包括WRF和CMAQ两个部分。CMAQ(Community Multiscale Air Quality Model)是美国环保署(USEPA)开发的第三代区域空气质量模式。CMAQ模式秉承"一个大气(One Atmosphere)"的理念，将对流层大气作为一个整体，使用一套各个模块相容的大气控制方程，对环境大气中的物理、化学过程以及不同物种的相关作用过程进行周密的考虑，适用于光化学烟雾、区域酸沉降、大气颗粒物污染等多尺度多物种的复杂大气环境的模拟，为空气质量预报、区域环境规划以调控提供支持。

2.3.3.3 HYSPLIT

中国气象局国家气象中心目前主要使用的污染扩散模式是引进美国国家海洋大气局(NOAA)空气资源实验室开发的污染扩散传输模式HYSPLIT4。国家气象中心全球中期数值天气预报业务模式为HYSPLIT4模式提供的分析场和预报场作为气象背景场，将气象模式与HYSPLIT4模式进行单向耦合，参与污染扩散模式的计算，从而实现对污染物扩散的路径、浓度和沉降的预报。输入HYSPLIT模式的大气背景预报资料包括：U/V水平风分量，温度，高度，垂直速度，相对湿度，地面气压，海平面气压，降水，10 m水平风分量以及2 m温度。

2.3.4 水文气象数值预报模式

数值天气预报模式与水文模型耦合有单向耦合和双向耦合两种方式。单向耦合是将数值天气预报模式预报的降水、温度等气象要素直接输入到水文模型中做水文预报；双向耦合则是把数值天气预报模式与流域水文模型结合起来，考虑两者间的相互作用来进行水文气象预报。融合天气雷达、卫星遥感和实况降水等多源信息是精细化定量降水估测产品的主要发展方向；采用多模式降水预报集成技术是提高定量降水预报精度的重要途径；引入定量降水预报的水文气象耦合预报模式可以延长洪水预报预见期。

中央气象台利用T213和陆面水文模式(VIC)单向耦合建立了大尺度水文模式系统。2007年，国家气象中心着手开展与中尺度模式耦合的精细水文模型并对水文模型的输出产品进行释用，已建立了基于淮河流域的精细渍涝风险预报系统以及重点水库流量的动态预报系统。

2.3.5 海浪预报模式

海浪的数值预报业务是为海洋气象预报人员提供洋面海浪的客观预报参考，进而为船舶导航、油井勘探、近海养殖、旅游等提供海浪预报指导产品。在我国，海浪和风暴潮预报由海洋部门对外发布，但国家气象中心和沿海的气象台站为海洋预报提供了相关的数值预报产品。目前，国际上普遍使用第三代海浪模式，这些模式包括WAM模式，WAVEWATCHIII模式和针对近岸浅水设计的SWAN模式，第三代海浪模式被利用到从全球尺度到精细至百米尺度的海浪预报系统中。在业务中，需要使用数值天气预报的预报场尤其是风场来驱动海浪模式，波浪预报的精度在很大程度上依赖于海面风场的预报精度。

海浪数值预报的检验主要通过海洋上的浮标站观测资料与模式插值到该站的预报结果相对比，对海浪数值预报的检验指标包括预测值与观测值的平均相对误差、均方根误差、点聚指数和相关系数等。近年来，使用卫星遥感资料与模式预报结果进行对比检验也越来越普遍。

2.3.6 沙尘暴预报模式

沙尘暴是指强风将地面尘沙吹起使空气很混浊，水平能见度小于1 km的天气现象。每年春季，沙尘暴给人们的财产和身体健康带来了严重的损害。世界气象组织致力于建立一个全球性的沙尘暴预报和预警系统，以提高全球沙尘暴的预报能力。2004年，中国的CUACE/Dust系统投入业务运行。该系统包含研究沙尘起沙及干/湿沉降等其他大气动力过程的综合性沙尘气溶胶模块，以及建立在中国气象局地面沙尘暴监测网的观测资料和中国风云二号地球静止气象卫星所收集到的沙尘繁衍资料上的资料同化系统，所包含的4个功能模块分别处理气溶胶、气相化学、排放源以及资料同化方面的问题。该系统的接口性设计，使其可以与任何一个气象模式，如区域空气质量模式或气候模式，结合在一起使用。2006年，MM5和GRAPES引入了CUACE/Dust系统。该系统的水平分辨率分别为108 km和50 km。MM5和GRAPES利用CUACE/Dust系统为亚洲地区提供一日2次24 h/48 h/72 h的沙尘暴预报。

2009年，基于中国气象局数值预报中心的新一代全球/区域同化、预报系统(GRAPES)的中尺度预报模式(GRAPES_Meso)和中国气象科学研究院大气成分中心开发的大气化学模块(CUACE/Dust)，建立了中国沙尘天气预报系统(GRAPES-CUACE/Dust)。该系统引入了中国地区最新的土地沙漠化资料、中国沙漠沙尘气溶胶的光学特性资料、逐日变化的土壤湿度和雪盖资料。模式能够比较准确地预报中国以及东亚地区沙尘天气发生、发展、输送以及消亡过程，能够对起沙量、干/湿沉降量、沙尘浓度以及沙尘光学厚度等一系列要素进行实时定量预报。中央气象台每日对外发布全国沙尘预报，如图2.6所示。

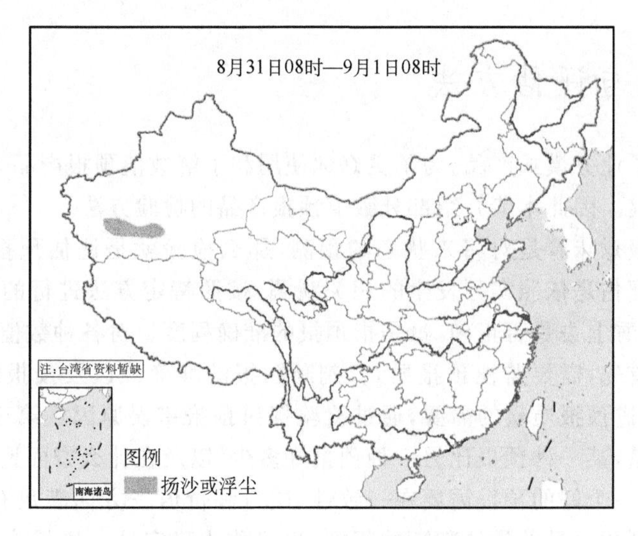

图 2.6　全国沙尘预报

2.3.7　雾-霾预报模式

2016 年中国气象局雾-霾数值预报系统(CUACE/Haze-fog)升级到 2.0 版本。该版本在原有基础上,完善升级了液相化学反应、气溶胶和雾的辐射反馈效应、微量气体和气溶胶排放源的边界层内扩散等物理化学方案,并且更新了排放源清单和排放源处理方式;采用多项技术提高模式运行效率。该系统可把全国范围的雾-霾预报水平从 54 km 分辨率提高到 15 km。同时,CUACE/Haze-fog V2.0 还具备套网格预报能力,可把省级区域的雾-霾数值预报精细化程度提高到 3～9 km 分辨率。图 2.7 为全国雾霾预报图形产品。

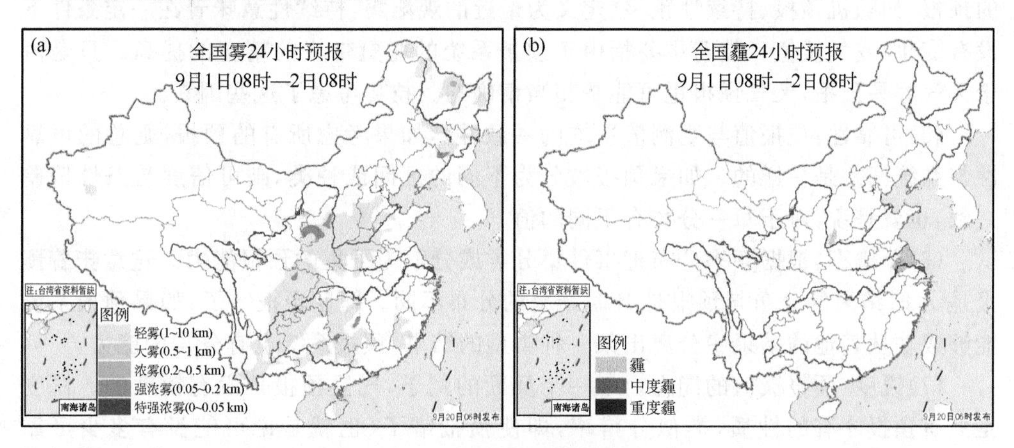

图 2.7　全国雾和霾预报

(a)雾的预报;(b)霾的预报

2.4 检验与评估方法

前面介绍了业务模式产品，为了更好地使用和了解数值预报产品，需要对数值预报产品进行检验。因此本节介绍部分数值预报产品的检验方法。

如果说预报意味着是对将来状态的预测，那么检验就是评估预报质量的过程。对预报的检验评估是依照实际发生的相关观测，按照特定方法进行的。检验分质和量，质是指预报看上去是否正确，量是指预报的准确程度。对各种数值预报进行检验有三个目标。首先，需要监视预报质量，判断预报的准确性以及预报质量是否在提高。其次，是改进预报质量的需要，通过检验探讨预报错误原因。第三，要比较不同系统的预报质量，某一种预报比另一种预报好多少，以及在什么方面比较好。

一般来讲，一个好的预报需要在一致性、质量和价值三方面满足有如下属性：一致性指预报达到预报员的最佳判断的程度，也可称为稳定性。质量指预报与实况相符合的程度。价值指预报有助于决策者受益的程度。

2.4.1 与预报质量有关的因素

与预报质量有关的9个因素如下。

(1)偏差：平均观测与平均预报之间的一致性。

(2)关联性：预报与观测线性关系的程度(例如相关系数可以衡量这种线性关系)。

(3)准确性：预报与真值(一般由观测代表)之间一致性的水平。预报与观测之间的差就是误差，误差越小，精度越高。

(4)技巧性：预报相对一些参考预报的相对精度。参考预报一般是一些没有技巧的预报，如随机预报、持续性预报(定义为最近的观测集，持续性意味着在一定条件下没有变化)或气候值。技巧主要指由于预报系统的聪慧带来的精度的提高。只是由于天气容易预报，天气预报也可能是相当精确的。技巧考虑了这些因素。

(5)可靠性：预报值与观测值平均的一致性。如果考虑所有的预报，则总的可靠性与系统偏差是一样的。如果预报被分为不同的区间或种类，则可信度与条件偏差一致，也就是说，对于每一分类有不同的值。

(6)分辨率：根据频率分布把事件集分类或分解为子集的预报能力。这意味着预报是A时结果的分布与预报是B时结果的分布不同。即使预报错了，如果预报系统能够成功从其他的结果中分离出某一种类型的结果，预报系统也有分辨的能力。

(7)锐度：预报极值的能力。举一个反面的例子，气候预报是没有锐度的。锐度是只有预报才有的性质，类似分辨率，即使预报错了(也就是说可能没有多少可靠性)，但预报仍可以具有这种属性。

(8)识别性:从实况中判别预报的能力,也就是说对于无论什么时候那种结果发生时,都会有更高的预报频率。

(9)不确定性:观测的可变性。不确定性越大,预报越难。

传统上,预报检验一般较重视预报精度和技巧。值得注意的是,预报的其他属性对预报的价值也有较强的影响。比如对极端事件的预报能力,常常是影响一个单位声誉的关键因素。

预报质量和价值是不一样的。如果按照某些主客观的域值标准,可以很好地预报观测条件,我们说预报质量很高。而预报价值是指预报是否有助于用户做出更好的决定。如一个高分辨率数值预报模式预报在一个特定的区域有一个孤立的雷暴发展,雷暴在实际观测中的确有,但并不在模式预报的区域。如果按照标准检验方法,这个预报的质量很低,但对于发布公众预报却可以有很好的使用价值。而预报质量很高但几乎没有使用价值的预报例子是撒哈拉沙漠干季时的晴空预报。对机场的雾进行预报时,若漏报的损失很高,对这种稀有事件故意的过量预报也可以被认为是正当的,即便这会导致大量的空报。在这种情况下,二次评分(包括方差)对这种预报会有严厉的惩罚,但一个正面的指导评分如击中率的评分可能更有用。

2.4.2　检验方法

目前业务中常用的主要检验方法有:定性检验方法(如目视检验方法)、定量检验方法(如 TSS 检验方法)。检验和评估的方法还要根据评估的不同对象、不同目标选择合适的检验方法,如两分类预报检验方法、多级分类预报检验方法、连续变量检验方法、概率预报检验方法、空间预报方法等方法。下面根据评估对象,分类具体介绍相关的检验方法。

2.4.2.1　目视检验方法

最好最古老的检验方法就是目视检验方法。该方法是一边看观测,一边看预报,用人的判断来辨别预报误差。对于近期资料,通常的方法是时间序列和图形方法。

2.4.2.2　两分类预报检验方法

两分类预报是指当事件发生时为"有",事件没有发生时为"无"。例如降水和雾的预报通常用"有"和"无"来表示。在一些应用中可以指定一个阈(如风速大于 10 m/s)来定义"有"和"无"的界限。检验这一类预报,我们用列联表来表示预报事件"有"和"无"的发生频率。预报和观测的四种组合称作联合分布(表 2.19)。击中(hit):预报发生,实况也发生的事件(A);漏报(miss):预报不发生,但实况发生了的事件(B);空报(false alarm):预报发生,但实况未发生的事件(C);反击中(correct negative):预报不发生,实况也未发生的事件(D);列联表中下面一行和右边一列中显示的观测和预报发生和未发生的事件总数称作边际分布。

表 2.19 两分类预报检验列联表

预报＼实况	有	无	合计
有	击中(A)	空报(C)	预报发生($A+C$)
无	漏报(B)	反击中(D)	预报不发生($B+D$)
合计	实况发生($A+B$)	实况未发生($C+D$)	合计($T=A+B+C+D$)

列联表对分析预报错误属于哪一类型是很重要的。理想的预报结果只有击中和反击中事件，而没有空报和漏报。也就是理想预报的预报结果只有图 2.8 中的 H 和 C 区域。这里的降水也可以是大风、雾、沙尘暴、雷暴、高温等预报或用户关心的天气现象。

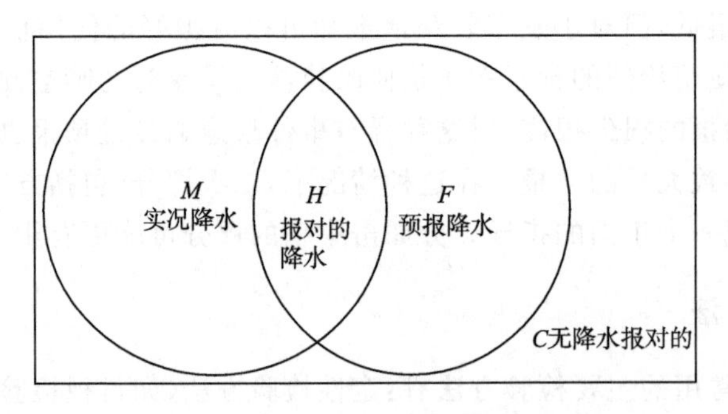

图 2.8 两分类预报检验示意图

根据以上事实的定义，可以得到以下检验评估方法的计算方法。

(1)准确率(PC)

$$PC = \frac{A+D}{T} \times 100\% \tag{2.1}$$

PC 值域：0～100%，理想值：100%。准确率简单、直观。但由于“反击中”的权重与“击中”一样，反映不出极端天气的预报准确性。在降水预报中，用对晴雨预报的检验，击中(A)表示有降水预报正确，反击中(D)表示无降水预报正确。

(2)TS 评分或 CSI 评分

$$TS = CSI = \frac{A}{A+B+C} \times 100\% \tag{2.2}$$

TS 值域：0～100%，理想值：100%。TS 评分反映了预报和实况都发生的情况比例，它对击中(A)事件敏感，也惩罚空报和漏报事件，如果不考虑反击中(D)事件，则可以认为评分是精确的。由于 TS 评分不能区分预报错误来源，所以常和空报率(FAR)与漏报率(PO)一起考虑。TS 评分依赖事件的气候频率。对小概率事件，由于击中是偶然产生的，所以评分较低。

(3)空报率(FAR)

$$FAR = \frac{C}{A+C} \times 100\% \tag{2.3}$$

FAR 值域:0～100%,理想值:0。

(4)漏报率(PO)

$$PO = \frac{B}{A+B} \times 100\% \tag{2.4}$$

PO 值域:0～100%,理想值:0。

(5)偏差(BIAS)

$$BIAS = \frac{A+C}{A+B} \tag{2.5}$$

$BIAS$ 值域:0～+∞,理想值:1。预报偏差不比较预报的好坏,只比较预报和实况发生事件的相对频率,揭示了预报击中(A)事件是过多或过少的倾向。

(6)ETS 评分(equitable threat score)

$$ETS = \frac{A + hits_{\text{random}}}{A+B+C-hits_{\text{random}}} \tag{2.6}$$

式中,

$$hits_{\text{random}} = \frac{(A+B)(A+C)}{T} \tag{2.7}$$

ETS 值域:−1/3～1,理想值:1。ETS 评分吸收了 TS 的一些优点,又降低了随机概率对评分的影响。譬如,因为在湿季要比干季容易预报降水,ETS 评分就更能体现预报能力。ETS 评分经常用来检验数值模式的降水预报。ETS 评分对空报和漏报采用了同样的惩罚措施,而并没有区分预报误差来源。

(7)HSS 评分(Heidke skill score)

$$HSS = \frac{(A+D)-(ExpectdCorrect)_{\text{random}}}{T-(ExpectdCorrect)_{\text{random}}} \tag{2.8}$$

$$(ExpectdCorrect)_{\text{random}} = \frac{(A+B)(A+C)+(D+B)(D+C)}{T} \tag{2.9}$$

HSS 值域:−∞～1,理想值:1。HHS 评分消除了纯粹由于随机变化而产生预报正确的因素,是属于广义的技巧评分。公式中分子是剔除了随机变化的预报正确数。在气象学中,随机变化和气候值预报、持续性预报等相比通常并不是最好的预报。

(8)探测率(POD)

$$POD = \frac{A}{A+B} \tag{2.10}$$

POD 值域:0～1,理想值:1。应与空报率一起考虑。表示在所有观测事件中被正确预报的比率。$POD+PO=1$。

(9)空报探测率(POFD:probability of false detection)

$POFD$ 值域:0～1,理想值:0。表示空报在所有观测的非事件中所占的比率。

$$POFD = \frac{C}{C+D} \tag{2.11}$$

(10)TSS 评分(Hanssen and Kuipers discriminant)

$$TSS = \frac{A}{A+B} - \frac{C}{C+D} = \frac{AD-BC}{(A+B)(C+D)} \tag{2.12}$$

TSS 值域：$-1\sim1$，0 表示没有预报技巧，理想值：1。又称 HK(Hanssen and Kuipers discriminant)、PSS(Peirces's skill score)。特点是利用列联表中的所有要素，不依赖于气候事件的发生频率，但对大概率事件检验效果会更好。像 POD 一样，在第一项中给极端事件的权重过大，所以可能对常发事件更有用。该评分对漏报事件敏感而对假警报事件不敏感。如果一个事件发生了几次都没有预报出来，即便总的精度很高，评分也可能是负值。

(11)后一致性(PAG)

$$PAG = \frac{A}{A+C} \tag{2.13}$$

PAG 值域：$0\sim1$，理想值：1。表示所有预报事件中正确的比率。只与预报数有关，与实况的关系不确定。注意与 POD 的区别。

(12)OR 让步比(odds ratio)

$$OR = \frac{A\times D}{B\times C} \tag{2.14}$$

OR 值域：$0\sim\infty$，理想值：∞。在医学上用得较多，现在有人用在气象的极端事件的检验上。也就正确预报与错误预报的一个比值，越大越好。

2.4.2.3 多级分类预报检验方法

天气预报有的要素是按级别分级或者分类预报的，对于此类问题的预报有相应的检验方法。表 2.20 是多级别的分类表。表中 $n(F_i,O_j)$ 表示 i 分类预报和 j 分类观测的事件数，$N(F_i)$ 表示 i 分类预报事件总数，$N(O_j)$ 表示 j 分类实况事件总数。N 为总事件数。多分类检验是两分类检验的拓展，多分类列联表显示了预报和实况事件的发生频次。以下是几种多级别分类的检验方法。

表 2.20 多分类列联表

预报＼实况	1	2	…	k	合计
1	$n(F_1,O_1)$	$n(F_1,O_2)$	…	$n(F_1,O_k)$	$N(F_1)$
2	$n(F_2,O_1)$	$n(F_2,O_2)$	…	$n(F_2,O_k)$	$N(F_2)$
…	…	…	…	…	…
k	$n(F_k,O_1)$	$n(F_k,O_2)$	…	$n(F_k,O_k)$	$N(F_k)$
合计	$N(O_1)$	$N(O_2)$	…	$N(O_k)$	N

(1)准确率(PC)

$$PC = \frac{1}{N}\sum_{i=1}^{k} n(F_i, O_i) \times 100\% \tag{2.15}$$

PC 值域:0～100%,理想值:100%。

(2)HSS 评分(Heidke skill score)

$$HSS = \frac{\frac{1}{N}\sum_{i=1}^{k} n(F_i, O_i) - \frac{1}{N^2}\sum_{i=1}^{k} N(F_i)N(O_i)}{1 - \frac{1}{N^2}\sum_{i=1}^{k} N(F_i)N(O_i)} \tag{2.16}$$

HSS 值域:－∞～1,理想值:1。

(3)HK 评分(Hanssen and Kuipers discriminant)

$$HK = \frac{\frac{1}{N}\sum_{i=1}^{k} n(F_i, O_i) - \frac{1}{N^2}\sum_{i=1}^{k} N(F_i)N(O_i)}{1 - \frac{1}{N^2}\sum_{i=1}^{k} (N(O_i))^2} \tag{2.17}$$

HK 值域:－1～1,理想值:1,0 表示没有预报技巧。

2.4.2.4　连续变量检验方法

如果要比较较长时间的预报或同一时间的大范围空间变量的预报效果,也就是对连续变量的预报检验,可以利用以下的预报检验方法。

(1)平均误差(mean error)

$$MeanError = \frac{1}{N}\sum_{i=1}^{N} (F_i - O_i) \tag{2.18}$$

平均误差值域:－∞～＋∞,理想值:0。平均误差反映了预报值与实况相比平均偏离的程度,代表预报的系统误差,对于订正模式产品预报最有用。平均误差显示了误差的方向,由于($F_i - O_i$)值正负抵消,因而可能出现好的评分但却是差的预报的情况。如果与平均绝对误差联用,可以判断进行偏差订正的可信度。

(2)平均绝对误差(MAE:mean absolute error)

$$MAE = \frac{1}{N}\sum_{i=1}^{N} |F_i - O_i| \tag{2.19}$$

平均绝对误差值域:0～＋∞,理想值:0。平均绝对误差没有显示误差的方向。当平均误差与平均绝对误差接近时,说明系统误差明显,可用系统误差做模式订正。相反,则比较危险。

(3)偏差(bias)

$$Bias = \frac{\frac{1}{N}\sum_{i=1}^{N} F_i}{\frac{1}{N}\sum_{i=1}^{N} O_i} \tag{2.20}$$

偏差值域:－∞～＋∞,理想值:1。预报与实况误差的相对程度,可能出现好的评分但却是差的预报的情况。

(4)均方根误差(RMSE:root mean square error)

$$RMSE = \sqrt{\frac{1}{N}\sum_{i=1}^{N}(F_i - O_i)^2} \tag{2.21}$$

均方根误差值域:0～＋∞,理想值:0。均方根误差没有显示误差的方向。均方根误差对大误差很敏感,这对预报出现预料之外的情况容易检验,但却鼓励了保守预报。它是衡量预报误差最常用的一个统计参数。

均方根误差是模式误差大小的量度。只有当预报和检验观测处处完全一致时才等于0。该评分具有显著的季节差异,秋、冬季误差较大,春、夏季误差较小。与天气系统的季节变率有关。季节变率越大,均方根误差越大。

(5)均方差(MSE:mean squared error)

$$MSE = \frac{1}{N}\sum_{i=1}^{N}(F_i - O_i)^2 \tag{2.22}$$

均方差值域:0～＋∞,理想值:0。一些特点和均方根误差类似。

(6)相关系数(r:correlation coefficient)

$$r = \frac{\sum_{i=1}^{N}(F_i - \overline{F})(O_i - \overline{O})}{\sqrt{\sum_{i=1}^{N}(F_i - \overline{F})^2}\sqrt{\sum_{i=1}^{N}(O_i - \overline{O})^2}} \tag{2.23}$$

相关系数值域:－1～1,理想值:1。能较好地度量预报和实况是否线性相关,但也有可能出现存在大的误差,却有好的相关系数的情况。

(7)距平相关系数(AC:anomaly correlation)

$$AC = \frac{\sum_{i=1}^{N}(F_i - C)(O_i - C)}{\sqrt{\sum_{i=1}^{N}(F_i - C)^2}\sqrt{\sum_{i=1}^{N}(O_i - C)^2}} \tag{2.24}$$

$$AC = \frac{\sum_{i=1}^{N}((F_i - C) - \frac{1}{N}\sum_{i=1}^{N}(F_i - C))((O_i - C) - \frac{1}{N}\sum_{i=1}^{N}(O_i - C))}{\sqrt{\sum_{i=1}^{N}(F_i - C)^2}\sqrt{\sum_{i=1}^{N}(O_i - C)^2}} \tag{2.25}$$

距平相关系数值域：－1～1，理想值：1。距平相关系数是在每一个点上减去气候平均值，而不是样本平均值。距平相关系数常常用来检验数值预报的输出。距平相关系数对预报偏差并不敏感，好的距平相关系数并不代表准确的预报。

该方法通常用于描述两组数据空间位相差的量度。多用于高度场的评价。相关通常指的是“距平”间的相关，即每个格点上变量的瞬时值减去了它的“气候”值。AC 位于 1 和 －1 之间。当位相完全相同时，AC 有最大值 1，当位相完全相反时有最小值－1，当距平的位相相差±45°或∓135°，AC 值为±40.318%。而当距平位相相差 90°时，AC 值为 0。

对于连续变量，除了以上评分外，还有倾向相关系数、技巧 SI 评分、误差标准差等参数评分方法，以后根据需要可以查阅相关参考书。

2.4.2.5　概率预报检验方法

所有预报都含有一些不确定性。确定预报无法给出事件天气参数方面的内部不确定性。集合预报的结果常以概率预报的形式给出。检验集合预报的目的，一方面是评估集合预报的准确性以及其相对于常规确定性预报或者气候值所能提供的额外信息，另一方面是评估系统的偏差并分析误差来源。一个好的集合预报系统，不仅具有较高的可靠性和适宜的离散度，能够代表观测值的分布特征并恰当地体现数值模式预报的不确定性，还应该对不同的观测事件具有一定的分辨率，即观测事件出现的频率与集合预报概率相符合。下面是关于概率预报的几种检验方法。

(1)BS 评分(Brier score)

$$BS = \frac{1}{N}\sum_{i=1}^{N}(F_i - O_i)^2 \tag{2.26}$$

式中，F_i 为预报概率，0.0～1.0；O_i 为观测，0 或 1。BS 值域：0～1，理想分为 0。均方概率误差，可用来检验集合预报准确性。用于计算平均概率方差，对气候频率高的事件评分高。

(2)Brier 技巧评分(Brier skill score)

$$BSS = \frac{BS - BS_{\text{reference}}}{0 - BS_{\text{reference}}} = 1 - \frac{BS}{BS_{\text{reference}}} \tag{2.27}$$

式中，$BS_{\text{reference}}$ 为 BS 参考评分，常用气候平均值或样本平均值。BSS 值域：$-\infty$～1，理想分为 1。考察概率预报相对于参考预报水平的提高，在样本少时很不稳定，特别对于发生频率少的事件，需要较长的样本。

(3)RPS 评分(ranked probability score)

$$RPS = \frac{1}{M-1}\sum_{m=1}^{M}\left[\left(\sum_{k=1}^{m}F_k\right)-\left(\sum_{k=1}^{m}O_k\right)\right]^2 \tag{2.28}$$

式中,F_k 为第 k 类预报,O_k 为第 k 类观测。RPS 值域:0～1,理想分为 0。用于计算多类别的概率预报。当只有 2 类时,和 BS 一样。

(4)相对作用特征 ROC(relative operating characteristics)

相对作用特征 ROC,表示预报区分时间发生和不发生的能力,把 1 分为 K 个概率区间(如 0～0.1,0.1～0.2,等),每个分位数所对应的命中率(POD)相对于空报探测率($POFT$)的变化曲线称为 ROC 曲线,曲线下的面积称为 ROC 面积,曲线越靠近命中率,则预报越好;ROC 面积取值范围 0～1,越大越好,1 为理想值(如图 2.9)。

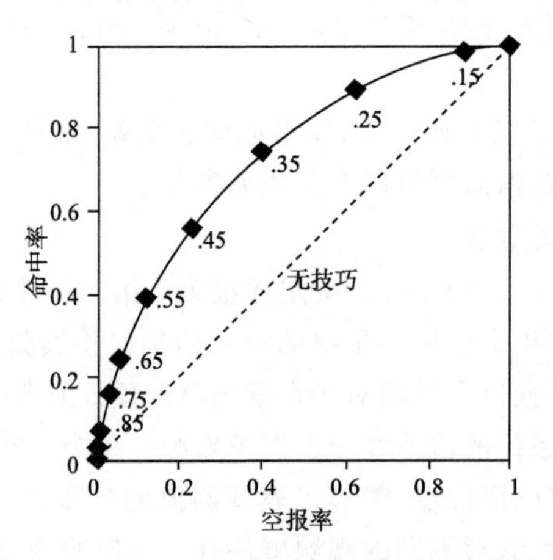

图 2.9 相对作用特征 ROC 示意图

2.4.2.6 转折天气降水预报评分方法

作为现有降水预报检验方法的补充,人们通过分析降水预报检验的特点,还设计出了转折天气降水预报评分(CTS 评分)方法。这种降水检验评估方法,主要是针对转折天气降水预报能力检验,能从不同的角度评价模式降水预报能力。转折天气降水预报评分(CTS 评分)中所指的转折天气是指从无降水到有降水或从有降水到无降水的天气。当实况(或预报)第一天无降水而第二天出现降水或第一天有降水而第二天无降水,则表明实况(或预报)出现了转折天气。CTS 评分方法包括以下转折天气预报评分、转折天气空报率和转折天气漏报率的评分。

(1)转折天气预报评分(CTS):

$$CTS = \frac{CNA}{CNS + CNY - CNA} \tag{2.29}$$

(2)转折天气空报率(CFAR)：

$$CFAR = \frac{CNY - CNA}{CNY} \tag{2.30}$$

(3)转折天气漏报率(CPO)：

$$CPO = \frac{CNS - CNA}{CNS} \tag{2.31}$$

式中，CNS 为实况出现转折天气的总次数；CNY 为预报出现转折天气的总次数；CNA 为实况出现转折天气，预报也出现转折天气，且转折天气的类型相同的总次数。CTS 降水检验主要目的是用来检验模式对转折天气过程中降水的预报能力，避免了有过程预报评分低，无过程预报评分高的现象，是专门针对降水过程的评分检验。

转折天气预报评分有一定的优势，但还有值得改进的地方，如转折天气降水评分目前只从有降水至无降水或从无降水至有降水考虑，还没有分析降水的量级变化，今后的工作可以从分降水量级来考虑转折天气降水的变化。

统计检验评分的不同方法均具有其局限性，所以在选择任何一种检验评分时都必须很好地了解评分的所有特征，否则的话，由这一评分所得出的结论都只能是建立在不可靠基础上的。

第3章 数值预报产品释用

了解数值预报业务及其产品性后，我们就需要知道如何使用模式产品，这就是本章要介绍的内容。合理地使用数值模式产品以达到提高预报效果的目的，就是数值预报产品释用技术。目前数值预报产品释用的方法从技术方法上归纳，主要有天气学释用、统计学方法和动力释用(模式)三大类。其中，天气学释用主要有预报经验、聚类分析和相似分析等；统计学方法主要包括多元回归、逐步订正、判别分析、卡尔曼滤波、人工神经网络等；动力释用主要包括区域模式和局地物理量的动力学计算或反演等。也有人把模式产品的统计降尺度应用单独列为模式直接输出方法(DMO)。

美国从20世纪50年代末进行PP试验，60年代投入业务运行，70年代MOS方法进入业务运行，其他发达国家也相继开展了MOS方法和PP方法的试验或业务运行。美国区域模式的MOS方法业务化程度很高，其预报要素包括降水概率、温度、强对流指数等；英国用于业务的数值预报产品释用方法主要是卡尔曼滤波方法，它所使用的模式主要是全球模式；加拿大利用PP方法制作降水概率预报，并在预报系统之后接上了一个误差反馈系统，以此来订正系统误差，同时还利用PP方法制作云量、气温、空气质量预报，利用相似方法制作降水概率、云量和风的预报；日本利用卡尔曼滤波方法预报温度，MOS方法预报云量和降水。

我国对数值产品释用技术的研究始于20世纪80年代，并且很快就与预报业务紧密结合。

3.1 天气学释用方法

应用数值预报产品定性制作天气预报，实际上就是把天气学理论和天气图预报方法进行移植和扩展。天气学释用方法就是利用天气学理论、技术和预报员的经验，分析数值预报提供的各种尺度环流场、温湿场、物理量场等产品，建立一系列天气预报的概念模型或天气指标，利用这些模型或指标分析判断对本地区天气可能产生的影响，订正修改其误差，最后做出主客观相结合的本地天气预报。在形势分析、预报的基础上，与天气学方法相应的一些具体预报方法也可用于数值预报产品的应用。

在利用天气学释用方法时应注意以下几方面问题。

(1)了解数值预报

数值预报已经取得了很大进展，今后还将获得进一步发展，不仅在形势场的预报已经超过有经验预报员的预报水平，而且天气要素的预报水平也有很大的提高，这是天气学释用方法被广泛应用的原因之一，同时也是天气学释用方法的基础。所以预报员在利用此方法时，要了解数值预报，从客观分析到模式的性能及其模式中所考虑的物理过程，这样才能恰当地结合预报经验进行对数值预报的订正，虽然预报员不必像数值预报工作者那样了解得很清楚，但至少对数值预报一般性能应该知道。

(2)释用数值预报

天气学释用方法的关键是利用较长序列的历史资料对各种信息进行综合归纳，建立不同类型的天气预报模型或预报指标，这些模型或指标质量的优劣直接影响天气学释用的结果，也就是直接影响预报水平。我国数值预报产品已有积累多年的历史资料，为开展数值预报产品的天气学解释和应用工作奠定了基础。要充分利用这些资料进行个例分析，合成对比分析及综合分析等，提炼出有用的预报信息，不断积累天气学释用的预报经验。尤其应总结当地高影响天气、重要天气、灾害天气及转折性天气的环流特征与尺度环流间的相互作用，深入分析研究各类天气过程的物理机制，为天气学释用提供高质量、好效果的预报经验和预报指标。

(3)检验数值预报产品

分析检验数值预报产品的误差、修正预报模型、订正预报员的预报经验，是天气学释用方法的重要环节。数值预报产品的精度虽然有了很大提高，但不可避免地存在着复杂的误差特征。在天气学释用时，预报员对分析和检验的误差要心中有数，要考虑误差特征随着产品种类、时效、层次、地域、季节的不同而存在的差异，对于同一天气系统，包括系统的地域位置、强度、移向移速等均受到这些因素的制约，其差异也是不同的。

(4)数值预报产品定性应用的基本方法

目前数值预报尤其是短期数值预报对形势的预报已超过人工主观预报的水平，所以在形势分析中要贯彻以数值预报结果为基础的思想，但还应充分发挥预报员经验，即用天气学分析方法来修正数值预报可能出现的明显失误。当数值预报结果与主观预报结论差异很大，或有转折性天气过程发生，或经误差检验分析表明数值模式预报能力较差的天气系统将影响时，更要做细致分析，以便得出更符合实际的预报结论。

在形势分析预报的基础上，我们就可运用天气学概念模式。根据一般的天气学预报方法和预报员的经验做出相应要素的定性预报了。当然，在做要素预报时，充分利用其他资料，包括数值预报产品中的部分要素预报(如温度、降水量等)是十分必要的。

3.1.1 天气学释用方法基本概念

(1)相似形势法

相似形势法也叫天气-气候模型法,它是天气图预报具体方法的一种。它的理论依据是相似原理,即认为相似的天气形势反映了相似的物理过程,因而会有相似的天气出现。用传统的相似形势法做气象要素预报,要在事先用历史资料把各种天气出现时的地面或空中形势归纳成若干型天气-气候模型,并统计各型的相似天气过程与预报区天气的关系。做预报时,只要根据当时的天气形势及其演变特点,找到历史相似天气型,即可做出相应的天气预报。

有了数值预报产品,我们可以将传统的相似形势法加以改造和利用。方法是用预报的形势场到历史资料中找出相似个例或相似模型,则该相似个例或相似模型对应出现的天气,就是我们要预报的结论。可见,应用了数值预报产品,是我们把衡量天气形势和天气过程相似的标准,从前期和当前推进到了未来,无疑这对提高预报准确率是有利的。

(2)落区预报法

将表征某种天气现象发生时的一些物理条件的特征量(线),描绘在同一张天气图上,然后综合这些条件,把各特征量(线)重合的范围认为是该种天气现象最可能出现的区域,这种方法叫作落区预报法。

实践表明,某些天气(特别是对流性天气)形成的物理条件常常在天气产生前不久才开始明显。因此,在有数值预报产品以前,落区预报法所能预报的时效是非常有限的,一般只能做12小时以内的预报。因为用当时的观测实况资料组成的各特征量(线)来确定某天气现象的落区,从本质上讲只是一种实时诊断而非预报。

有了数值预报产品,就有了预报未来的天气形势、有关物理量,也就有了能反映某种天气产生的各物理量(线)的预报值,根据这些特征量(线)确定的天气落区,才是真正意义上的落区预报。

例如,我们要预报雷暴等对流性天气,就需要了解未来的影响系统(触发机制)、垂直运动、湿度及稳定度等情况,并用相应的特征量(线)来确定其未来的落区。根据可得到的数值预报产品和有关的天气学知识,一般认为槽前型雷暴多出现在500 hPa槽前、低空SW风急流的左前方、有上升运动($\omega<0$)、正涡度($\zeta>0$)或正涡度平流($-\mathbf{V}\Delta\zeta>0$),中低层湿度大($T-T_d<3$ ℃)和条件不稳定区域,据此就可得雷暴的预报落区(图3.1)。

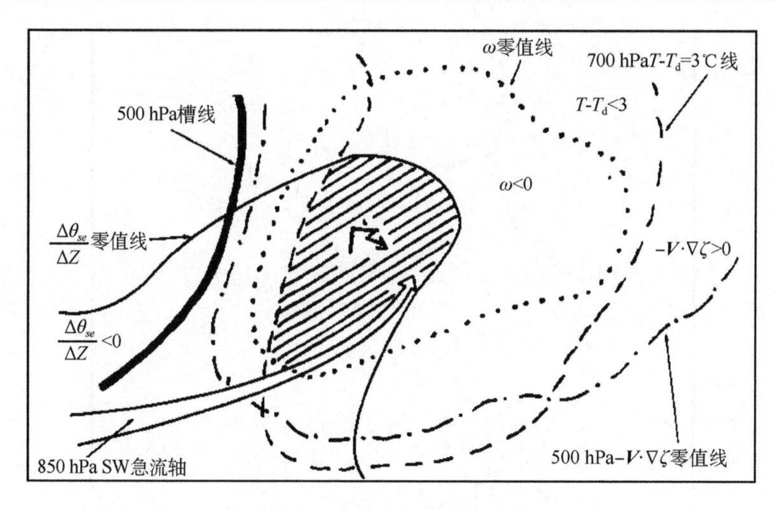

图 3.1　雷暴落区预报示意图

需要指出，由于公开发布的数值预报产品是有限的，有时还不能完全满足预报工作的需要，因而根据需要有时还要对已有的数值预报产品进行再加工，国外称此为数值输出产品的再诊断(model output diagnoses，简称 MOD)。比如，我们可以根据位势高度场或风场的预报结果，分析出相应的槽线(切变线)；根据 850 hPa 风场预报确定低空急流；根据 850 hPa 温度场预报确定锋区及锋面性质；根据 850 hPa 和 500 hPa 上预报的温度计算出两层的温差，来近似地反映稳定度；根据预报的涡度场和高度场，分析正负涡度平流等。MOD 使数值预报的再生产品更丰富，有效地了数值预报产品的使用范围。

(3)纵横分析法

即天气图外推预报方法的移植和扩展。横向分析是对各类图作时间连续的演变分析，着重分析影响系统的移动及移动中各时段的强度变化(包括生消)，分析中应对各物理量场的演变情况结合起来进行。纵向分析是对同一时间的各类图作垂直对比分析，从中了解主要影响系统的空间结构和有关物理量的配置关系及其演变情况。

3.1.2　应用举例

个例 1　2007 年 7 月 30—31 日华北暴雨的数值预报分析

(1)降水实况分析

从中央台的降水预报图来看(图 3.2)，2007 年 7 月 29—30 日我国中东部北方局地(河北到北京之间)有可能出现>100 mm 的降水。图 3.3 是 7 月 30 日 08 时过去 24 小时的实况降水量分布图，由图可知，在预报区域里确实出现了大于 100 mm 的降水，预报的降水落区和强降水落区都与实况较为吻合。

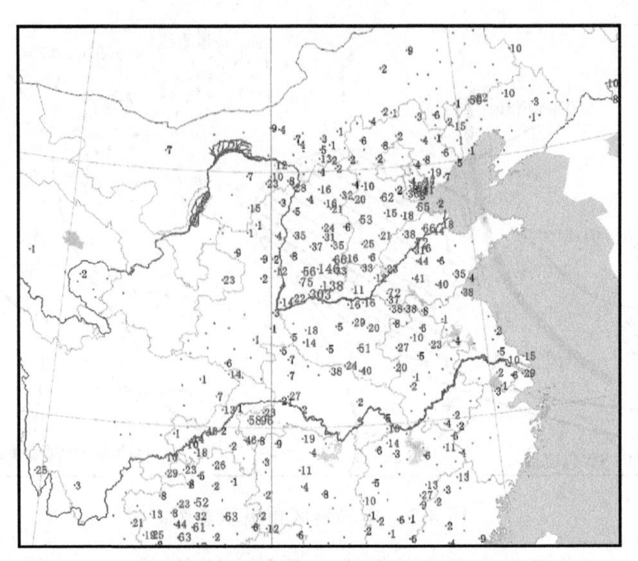

图 3.2　2007 年 7 月 29 日 08 时预报
未来 24 h 降水分布图(单位:mm)

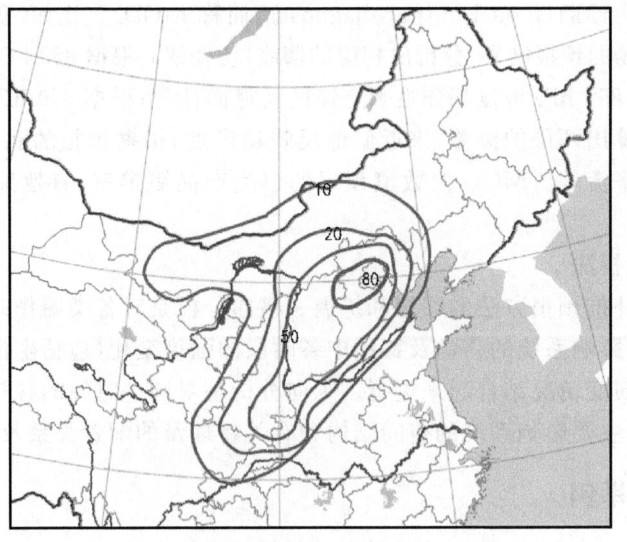

图 3.3　2007 年 7 月 30 日 08 时 24 h
降水实况分布图(单位:mm)

(2)天气型分析

为什么预报暴雨呢？经过分析发现,暴雨过程符合“河套气旋与切变线”华北暴雨模式,黄河气旋切变线暴雨预报模型见图 3.4。强降水落区位于高层 500 hPa 的槽前,副热带高压和大陆高压之间,副高西北侧。低层 850 hPa 上有低涡切变,强降水落区位于暖式切变线附近，并且位于温度露点差较小的区域，也就是此区域水汽充沛。

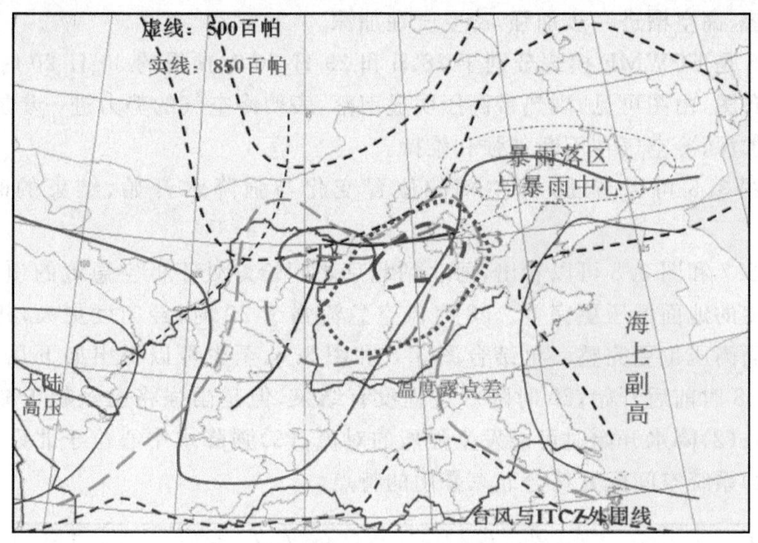

图 3.4　黄河气旋切变线暴雨预报模型

(3)形势场分析

图 3.5 是 ECWMF 模式分别于 27 日、28 日和 29 日 08 时预报的 30 日 08 时 500 hPa

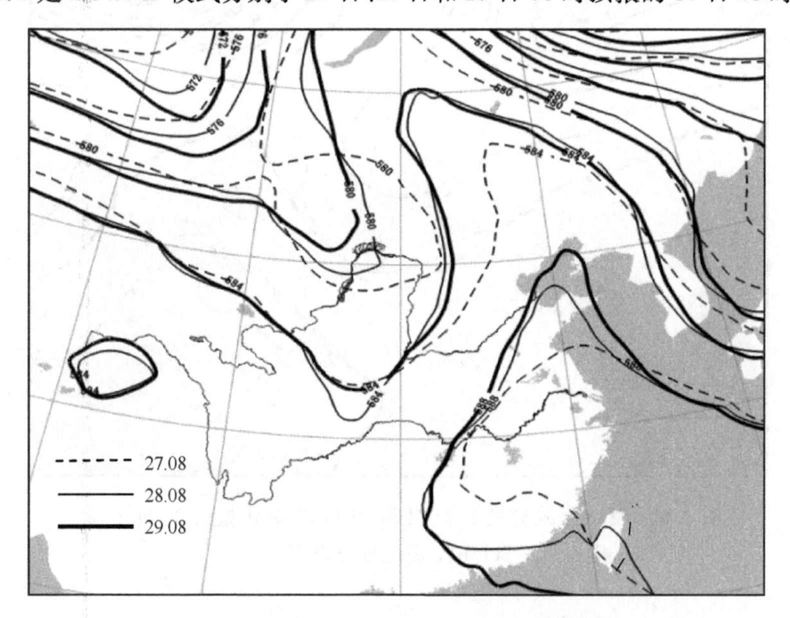

图 3.5　T213 模式分别于 27 日、28 日和 29 日 08 时
预报的 30 日 08 时 500 hPa 高度场分布图

高度场分布图，由图可见，预报的副热带高压有逐渐北抬、块状化趋势，表明暖湿气流有加强趋势，高空槽进一步加强，冷空气在加深。

图 3.6 是 ECWMF 模式分别于 28 日和 29 日 20 时预报的 30 日 20 时 500 hPa 高度场分布图，由图可见，副热带高压明显南落，表明冷空气的势力进一步加强，高空槽进一步加深，冷空气在不断加强和维持。

结合图 3.5 可以看出，高空槽的位置变化与强降水开始、结束的时间关系密切。

从图 3.7 和图 3.8 可以看出，河北到北京之间恰好处于低空急流的顶端，同时，低空急流使的地面低压更完整。08 时低空急流强于 20 时，经向度更大，并且 08 时北侧的地面高压也更完整。再结合图 3.5 和图 3.6，至少可以得出如下几点：(1)强降水将于 08 时前后开始，20 时降水过程没有结束，但是雨强将已经趋于减小(对流趋于减弱)；(2)降水开始时可能发生强烈的对流；(3)强降水中心位于北京与河北交界位置；(4)系统空间配置符合北京暴雨的特点。

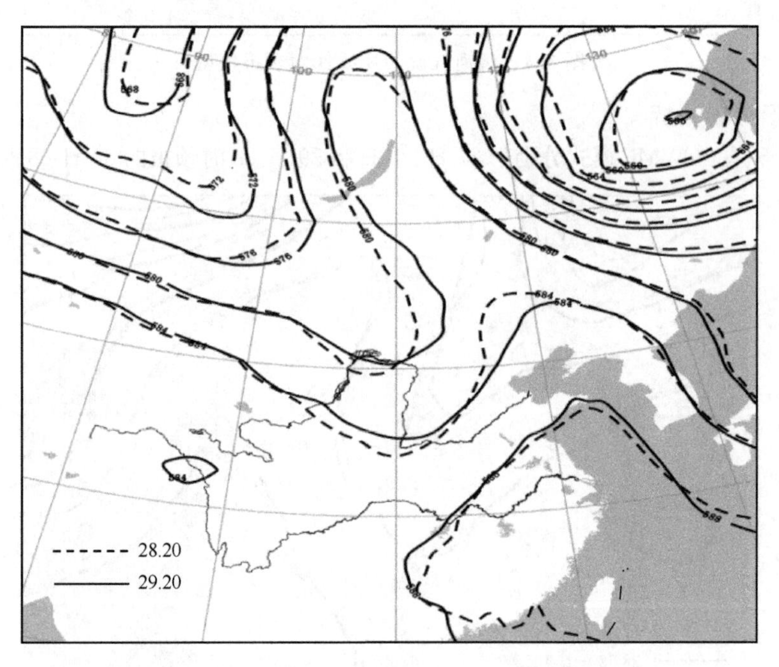

图 3.6 T213 模式分别于 28 日和 29 日 20 时预报的 30 日 20 时 500 hPa 高度场分布图

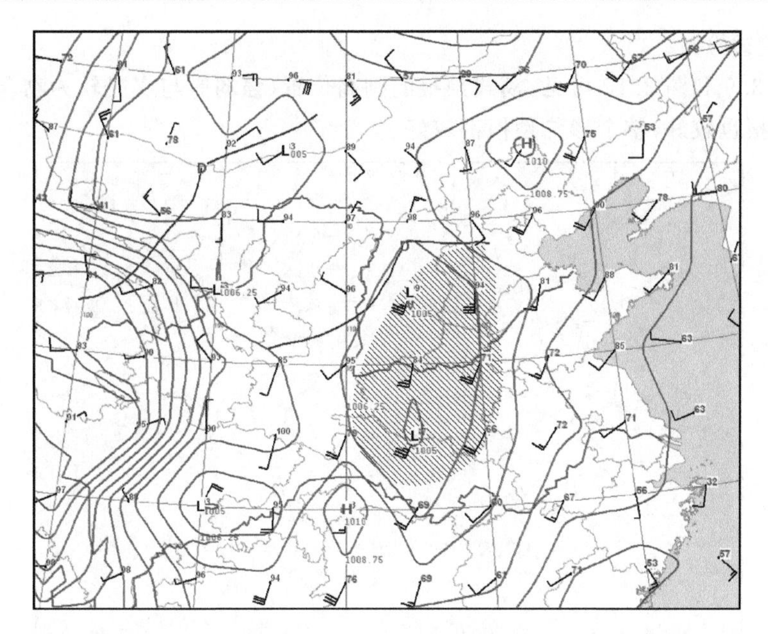

图 3.7 T213 模式 28 日 08 时预报 30 日 08 时 850 hPa 风场和相对湿度场(阴影区)以及地面气压场分布图(为避免叠加图中不同层次高低压中心混淆,地面图中高低压中心用 H 和 L 表示,图 3.8 同)

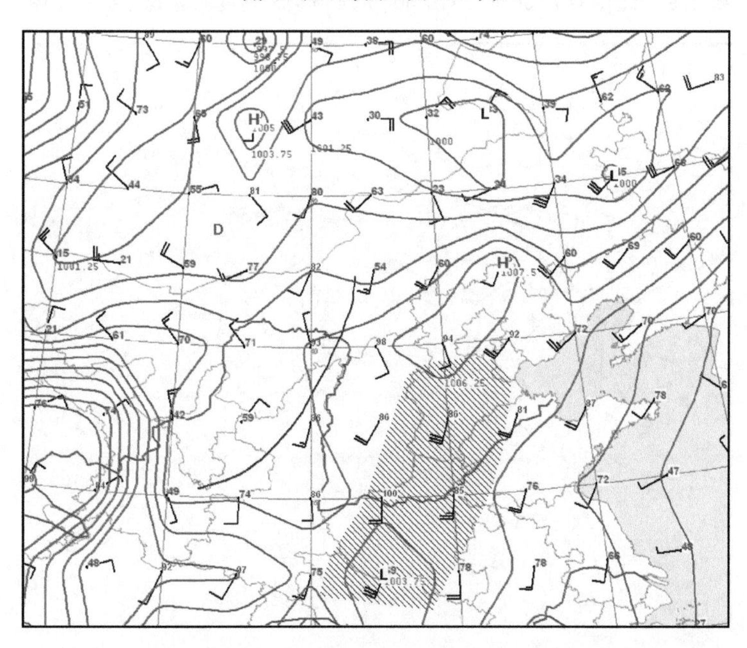

图 3.8 T213 模式 28 日 20 时预报 30 日 20 时 850 hPa 的风场和相对湿度场(阴影区)以及地面气压场分布图

(4)模式检验

由图 3.9 和图 3.10 可见,模式预报的副高位置、强弱等与实况较为吻合,河套附近槽的预报也较好,整个形势预报都较好。

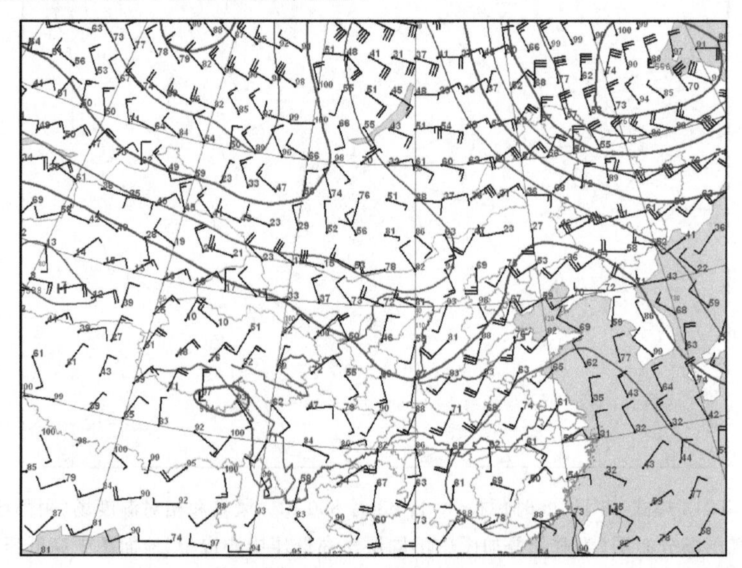

图 3.9 T213 模式 30 日 20 时 500 hPa 风场和高度场客观分析分布图

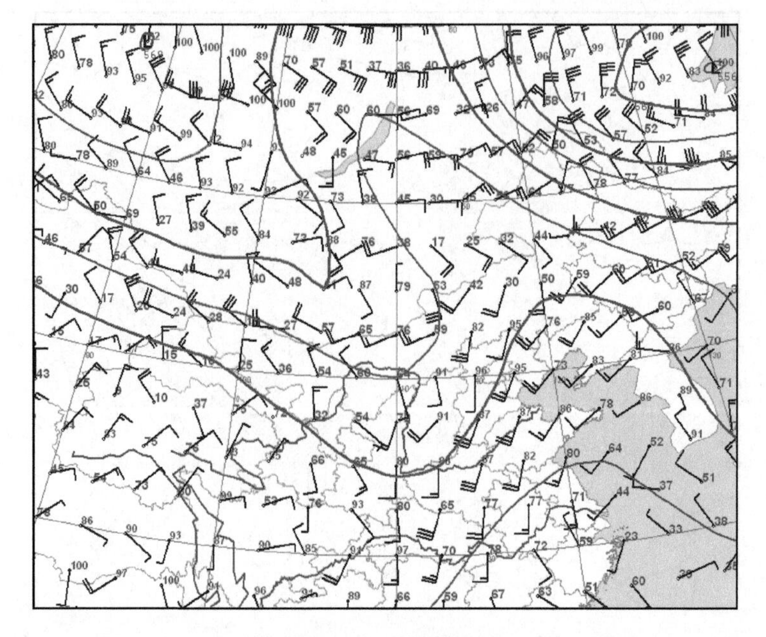

图 3.10 T213 模式 27 日 20 时预报的 30 日 20 时(72 h)
500 hPa 风场和高度场分布图

3.2　数值预报产品统计释用

数值预报产品统计释用方法国内外主要以 MOS 方法和 PP 方法为主。MOS 方法和 PP 方法的数学基础就是通常的统计预报方法，包括回归方法、判别方法、聚类方法等各种统计方法，只是在预报时必须用到模式输出资料。MOS 方法和 PP 方法的数学基础虽然是一致的，但它们的预报思路有不同。

3.2.1　完全预报法(PP 法)

在数值预报还没有业务化以前，统计方法是建立在气象要素时间滞后的相关关系上的，即预报因子和预报量不是同时刻的，而是根据起始时刻 t_0 的观测值 X_0，预报 t 时刻的 Y_t，由于它不考虑预报场或动力模式的任何产品，所以是纯统计性质的，通常称之为经典统计预报方法(classical statistical method)。随着数值预报技术的发展和形势预报精度的不断提高，1959 年 W. H. Klein 等人提出了充分利用形势预报的结果，来改进天气要素预报的思想，其基本思路是：假设数值预报(天气形势或物理量等)是完全正确的，利用实测资料建立预报量和预报因子之间的同时刻关系，就可得到与预报相应时刻的预报值，这就称为完全预报法(PP 法)；在作预报时，将数值预报输出的资料直接代入预报方程，做出局地天气预报。在本方法中假设模式输出和实测值完全一致，所以叫完全预报方法(perfect prognostic method)。

PP 方法与 MOS 方法不同之处主要是 PP 方法以预报因子的客观分析历史值(实况)同预报要素的历史实况建立统计关系(预报方程)，而不是利用模式输出的结果与预报对象建立统计关系。这种方法可利用大量的历史资料进行统计，因此得出的统计规律一般比较稳定可靠，且预报正确率随着数值预报模式水平的提高而提高。但是该方法除含有统计关系造成的误差外，主要是无法考虑数值模式的预报误差，因而使预报精度受到一定影响。

3.2.1.1　基本原理

PP 方法是一种在历史资料中预报量和预报因子的同时相关关系，即在建立统计预报方程时，预报对象和预报因子是同时的实况观测值或者诊断值，实际预报代入预报方程的预报因子是输出的数值预报产品，且用历史天气资料稍作加工可以得到的量，其推导的统计方程可以写为：

$$\hat{y}_t = f_2(x_t) \tag{3.1}$$

式中，y_t是时刻 t 的因变量(预报量)y 的估计(预报)，x_t是能用数值模式报出的那些要素(自变量)。(3.1)式不是一个预报关系式，而是一个大气物理量间的统计关系式。使用 PP 法做预报时，假定数值预报的结果完全正确，将数值模式的输出 $\hat{x}_t$ 代入

(3.1)式,其关系式为:

$$\hat{y}_t = f_2(\hat{x}_t) \tag{3.2}$$

例如:用 n 小时数值预报产品输出的 x_t 代入(3.2)式,即可得到预报对象 y_t 的 n 小时预报结论。

PP 法的基础是假定模式输出的与实测值完全一致的,所以称为完全预报法。这种方法的优点是能从长期的观测资料中导出稳定的统计关系式,在没有足够长的数值预报产品的情况下也能制作,在数值模式改变时也不必重建关系式,因此,不会影响数值预报业务的连续运行。但是,数值预报结果相对于实况是有误差的,因此,用模式输出做统计预报必然会产生相应的误差,一旦 x_t 有误,立即影响预报值 y_t。不过在数值模式不断改进的情况下,PP 法也会自动随之提高准确率。PP 法的统计关系不受数值模式的影响,所以可以同时使用几种不同的数值预报产品,然后进行综合,这样结果一般会更可靠些。

PP 法的优点是可以根据长时期的历史资料对各预报要素、各地区、各季节甚至各时效建立稳定的预报方程,且该预报方程可代入不同的数值预报产品,得到不同预报时效的预报结果。所以 PP 法以丰富的历史资料作后盾,可建立相对稳定的预报方程,减少了应用的复杂性,而且数值预报的质量每提高一次,PP 法预报的准确性也随之改进一次,因此,该方法随着数值模式性能的不断提升在未来具有广阔的应用前景。但 PP 法的缺点是预报结果完全依赖于数值预报的准确性,而任何模式都存在预报误差,且时效越长,误差越大,这使得 PP 法的使用受到模式性能及预报时效的限制。

3.2.1.2 应用举例

例 2 江苏省夏季最高温度定量预报方法

刘梅等(2008)以江苏省徐州、南京、射阳 3 个探空站 2002—2006 年 7—8 月逐日观测资料为基础,选取了影响最高温度变化的因子,利用逐步回归方法建立了以徐州、南京、射阳 3 地为中心的区域预报模型,利用高斯权重插值方法将预报场的格点资料插值到江苏各站点,通过 PP 法用数值预报要素值代入预报模型,完成了预报地区最高温度的定量预报。仅以南京地区当日最高温度预报模型为例:

预报方程为:

$$\begin{cases} T_{\max 1} = 3.485 + 0.939T_{08} + 0.263T_{850-20} - 0.017RH_{850-08} - \\ \qquad 0.016RH_{850-20} \qquad (R^2 = 0.81) \\ T_{\max 2} = 4.19 + 1.11T_{08} + 0.166T_{850-20} - 0.014RH_{850-08} - \\ \qquad 0.019RH_{850-20} + 0.074\Delta H_{500-20} \qquad (R^2 = 0.81) \\ T_{\max 3} = 3.339 + 0.957T_{08} + 0.24T_{850-20} - 0.016RH_{850-08} - \\ \qquad 0.015RH_{850-20} + 0.106\Delta H_{500-20} \qquad (R^2 = 0.82) \end{cases} \tag{3.3}$$

以上模型中的 $T_{\max 1}$、$T_{\max 2}$、$T_{\max 3}$ 分别代表不同变量因子建立模型预报的最高温度。

T_{08}是南京当日 08 时的气温；T_{850-20}是南京 20 时 850 hPa 温度；RH_{850-08}为南京 08 时 850 hPa 相对湿度；RH_{850-08}为南京 20 时 850 hPa 相对湿度；ΔH_{500-20}为南京上空 20 时的 500 hPa 变高。利用当日最高温度预报模型进行回代检验其效果如图 3.11 所示，从图中可见实际预报效果比较好，变化趋势也比较一致。证明模型本身所选预报因子较为科学，对温度变化具有一定的预报能力。但就预报的具体数值看仍有一定的偏差，各模型均是在温度偏高时预报效果较好，而最高温度较低时预报效果较差。在出现温度连续稳定变化时，预报效果较好。特别是出现转折性温度变化时预报值与实际值差距较大。这些结果的产生可能和样本的性质有一定的关系，本模型的样本大部分是高温日数样本而转折性日数样本较少，结果产生预报模型的系统性误差。模型效果检验要从长期的实际预报中来体现，为此，对 2007 年 7—8 月实际预报情况进行了统计检验，结果显示，总体平均绝对误差为 1.35 ℃，和实况资料的回代结果差别不大，预报效果比较理想。为了解误差产生原因，对预报误差较大的时段和误差小的时段、地区进行了反查，当出现预报误差较大时并不仅仅是模型本身的问题，数值预报误差而造成的系统误差也是重要来源之一，这时就需要进行误差订正。误差订正时首先考虑误差来源问题，是系统误差还是偶然误差，若是系统误差，其大小可以测定且具有一定的规律性。可以根据一段时间的检验来进行模型订正。而偶然误差的订正相对比较麻烦，且判断比较困难，需要根据对预报模型的分析来讨论偶然误差。

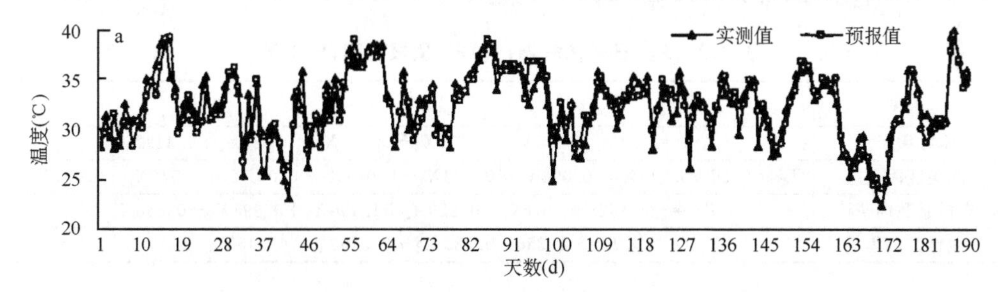

图 3.11　南京最高温度预报值与实测值效果检验

例 3　用 PP 法制作中期气温趋势预报

余功梅等(1999)利用欧洲数值预报 500 hPa 高度、850 hPa 温度及地面气压场资料，以及利用这些资料计算的 9 种物理量场作为基础资料从 3 个不同侧面(本站因子、相关区因子、车比雪夫系数因子)精选预报因子(表 3.1)，建立北京西郊最高气温的 PP 预报方程及对各类结果的线性回归方程(表 3.2)，制作北京西郊 48～120 h 日最高气温预报。

从 3 个不同侧面选取与日最高、最低气温相关性好的因子，充分利用了有限的资料信息。3 类因子建立的 PP 预报方程对冷空气影响造成的气温变化有较好的预报效果。3 类方程中，本站因子法和相关区因子法的预报效果略好于车氏系数因子法。对这 3 类方程预报结果的线性回归集成使预报效果有一定的提高，多数情况下，线性回归集成预报的绝对误差都是前3类方法中最小的，而预报准确率则超过前3类方法。最高气温的预报绝对误差一般略大于最低气温。预报效果有随着预报时效的延长而降低的趋势。夏季气温预报的绝对误差一般小于其他季节，但相关系数略低。影响气温变化的因素很多，本方法主要考虑了大尺度环流的影响，尚未加入其他因子，如天空云量、近地面风向风速等。

表 3.1 精选预报日最高气温的各类因子(6 月份)

类型	本站因子		相关区因子		车氏系数因子	
序号	因子	相关系数	因子	相关系数	因子	相关系数
1	T	0.741	T	0.661	T_{a3}	0.535
2	H	0.305	T_y	0.594	H_{a3}	0.328
3	V_d	−0.272	T_x	−0.553	T_{20}	−0.278
4	D_t	−0.231	H	0.473	P_{p3}	−0.274
5	D_h	−0.183	V_g	0.445	P_{01}	−0.266
6	P	−0.171	U_g	0.392	T_{a4}	0.263
7			U_d	0.347	T_{00}	0.252
8			V_d	−0.346		

注：表中车氏系数 T_{a3}、H_{a3} 为第3行平均温度与高度场，T_{a4} 为第4行平均温度场，P_{P3} 为第3行梯系数气压场，T_{20}、T_{01}、T_{00} 为各种形势下的二维要素场。

表 3.2 3 种日最高气温(T_a)PP 预报方程(6 月份)

类型	方程
本站因子法	$T_{a1}=23.15+1.232X_1-0.205X_2-0.221X_3-0.229X_4+0.319X_6$
相关区因子法	$T_{a2}=5.96+0.114X_2-0.098X_3+0.103X_4-0.043X_5-0.051X_6+0.076X_7-0.057X_8$
车氏系数因子法	$T_{a1}=-5.442-1.064X_1+0.229X_2+1.190X_3+0.998X_4-0.348X_7$
线性回归集成	$T=-1.356+0.282T_{a1}+0.579T_{a2}+0.245T_{a3}$

预报结果如图 3.12 所示。

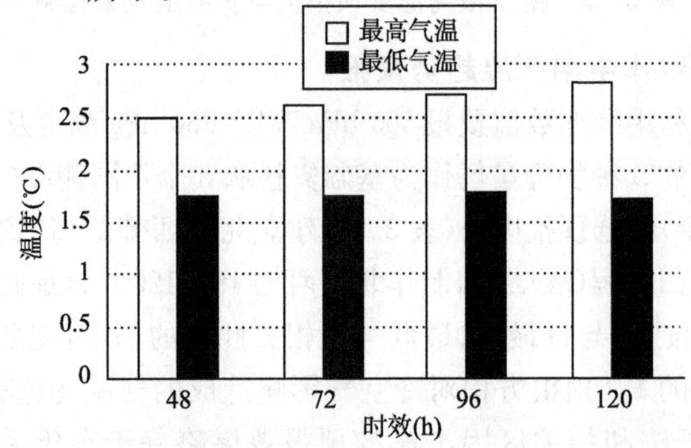

图 3.12 1998 年 6—8 月北京西郊日最高、低气温预报与实况的绝对误差(相关区因子法)

例 4　完全预报(PP)方法在广东冬半年海面强风业务预报中的应用

林良勋等(2004)分别用 59321(东山)、45045(香港)和 59673(上川)观测站作为粤东海面、粤中海面和粤西海面的强风代表站，利用 1990—1999 年共 10 年历史天气图的地面气压和有关强风代表站的地面风资料，进行客观分析，把相关的气压要素内插到与日本数值预报模式一致的网格点上；制作预报时使用日本数值预报模式每日输出的未来 120 h 内各预报时效相应地面气压场和风场(1.25°×1.25°)格点资料。具体根据通过大量历史个例的对比和检验分析，构造出影响广东海面强风的关键区域。如图 3.13。

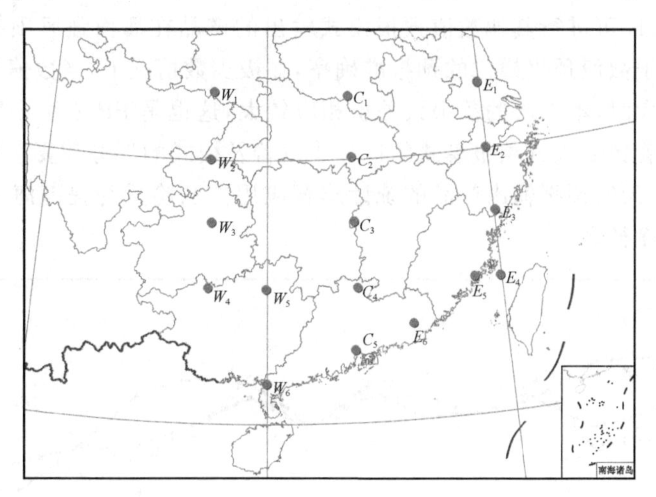

图 3.13　广东海面强风关键区及关键点分布图

其中，关键点 W_i、C_i 和 $E_i(i=1,2,3,4)$ 用于地面气压场的客观定量分型；其余关键点用于各气压分型下各海面强风的因子判别及预报。W_i、C_i 和 $E_i(i=1,2,3,4)$ 的地面气压值 p 分别代表了海面强风的关键区域的西部、中部和东部的气压分布特征。定义：

$$\begin{cases} p_W = (\sum p_{W_i})/4 \quad (i=1,2,3,4) \\ p_C = (\sum p_{C_i})/4 \quad (i=1,2,3,4) \\ p_E = (\sum p_{E_i})/4 \quad (i=1,2,3,4) \end{cases} \tag{3.4}$$

式中，p_W、p_C 和 p_E 分别为关键区西部、中部和东部的平均气压。计算 p_W、p_C 和 p_E 的最大值 p_{MAX}，即：$p_{MAX}=\mathrm{MAX}(p_W,p_C,p_E)$ 如果 $p_W=p_{MAX}$，定义气压场分型为西高型；如果 $p_C=p_{MAX}$，则定义气压场分型为中高型；如果 $p_E=p_{MAX}$，则定义气压场分型为东高型。如果 p_W、p_C 和 p_E 有其中任意二个值同时为最大值或三个值相等时(这种情况极少出现)，则定义气压场分型为中高型。统计分析发现这种极少出现的气压分布情况(大约占样本的1.5%)其相应的海面强风特点也与中高型的强风特点相似。再根据经验加统计的因子挑选并经过信度检验用点W_5和点W_6(见图3.13)的气压差$\Delta p_{W_5W_6}$作为粤中、粤西部海面偏北强风的预报判别因子之一;用点E_3和点E_6的气压差$\Delta p_{E_3E_6}$作为粤东海面东北强风的预报判别因子;用点E_5和点C_5的气压差$\Delta p_{E_5C_5}$作为粤中海面偏东强风的预报判别因子之一;用点C_5和点W_6的气压差$\Delta p_{C_5W_6}$作为粤西海面偏东强风的预报判别因子之一等。

本方法具有较高的预报准确率,完全达到日常预报业务的质量要求;特别是预报时效长达120 h的预报准确率仍能保持较高的水平(见图3.14),对资料格式作适当的修改,本方法即可进行其他数值预报模式输出的产品在海面强风预报的释用。但本方法较依赖于数值预报模式的预报准确率,在极少数情况下,当数值预报模式输出的预报误差较大时,本方法的预报误差也相应较大,这也是PP方法今后有待进一步完善之处。随着数值天气预报模式的进一步改善及模式的形势和要素预报能力的进一步提高,数值天气预报输出产品的统计解释应用方法将成为提高海面强风预报能力的更有效的途径之一。

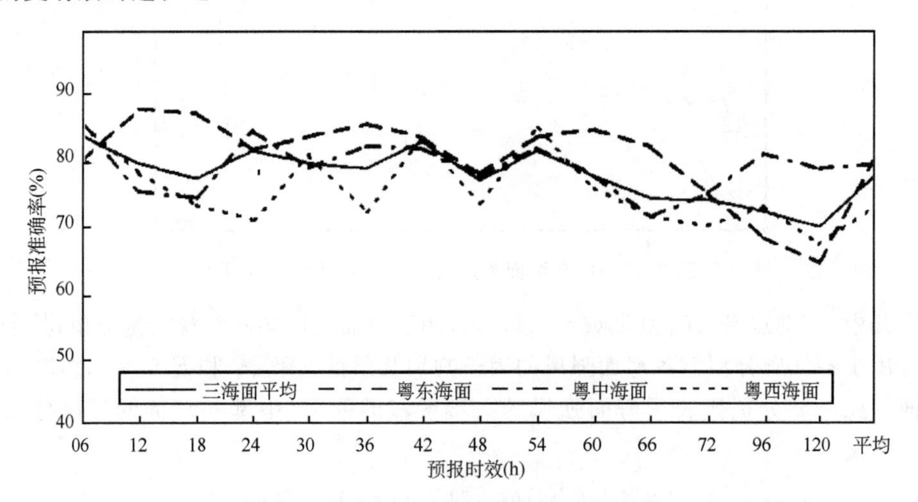

图3.14　120 h内各预报时效各海面强风风级预报准确率分布图

例5　云量时间精细化预报研究——以榆中为例

赵文婧、赵中军和尚可政等(2015)用2001年7月至2011年7月甘肃省榆中县地面观测站每日8次云量资料和同期NCEP每日4次等压面资料,由NCEP资料构造预报因子,以总云量和低云量为预报对象,分析预报因子和预报对象的相关性,采用逐步回归方法建立榆中县逐月每日8个时次的云量预报方程并进行回代;并利用2012年的资料检验预报方程的预报效果。选取的云量预报因子意义如表3.3所示。

表 3.3　甘肃省榆中县云量预报因子

序号	代码	物理意义	序号	代码	物理意义
1	*I*400	400 hPa 槽强度指数/m	8	*total-de*	整层饱和水汽压差/hPa
2	*I*500	500 hPa 槽强度指数/m	9	*INE*	不稳定能量/K
3	*I*600	600 hPa 槽强度指数/m	10	*ss-tde*	5 与 8 的组合因子
4	*V*or500	500 hPa 涡度/($10^{-5}s^{-1}$)	11	ω	5 层平均垂直速度/($Pa \cdot s^{-1}$)
5	*D*300-700	300 hPa 与 700 hPa 散度差/($10^{-5}s^{-1}$)	12	ω-*max*	5 层最大垂直速度/($Pa \cdot s^{-1}$)
6	*Qfdiv*-700	700 hPa 水汽通量散度/($10^{-1}g \cdot cm^{-2} \cdot hPa^{-1} \cdot s^{-1}$)	13	ω-*tde*	8 与 11 的组合因子
7	*total-q*	整层温度/($g \cdot kg^{-1}$)	14	*Vor*-2	U、V 加权所得 500 hPa 涡度/($10^{-5}s^{-1}$)

试预报结果对比：

(1)总云量试预报对比

以 2012 年 4 月逐日 14 时(图 3.15a)和 12 月逐日 08 时(图 3.15b)为例对总云量的试预报结果进行对比，预报值与观测值较接近，预报值的变化趋势与观测值的变化趋势基本相符。如 4 月 6—30 日 14 时的预报值能较好地模拟观测值的起伏变化，其中个别日期的预报值与观测值相等，预报效果较好。

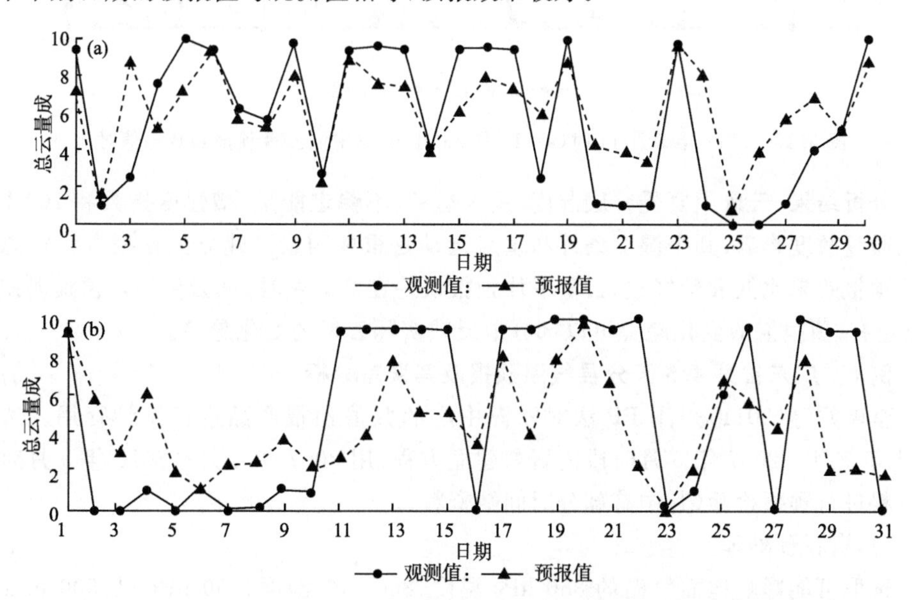

图 3.15　2012 年 5 月 11 时(a)、11 月 23 时(b)榆中总云量预报和观测值对比

(2)低云量试预报对比

以 2012 年 5 月逐日 11 时(图 3.16a)和 11 月逐日 23 时(图 3.16b)为例对低云量试预报结果进行对比,预报值与观测值较接近,预报值的变化趋势与观测值的变化趋势基本相符。如 5 月 14—20 日 11 时低云量观测值偏少且变化较小,预报值此段时间也偏低且变化较平缓;11 月 19—30 日 23 时预报值与观测值的波动变化非常接近,预报效果较好。

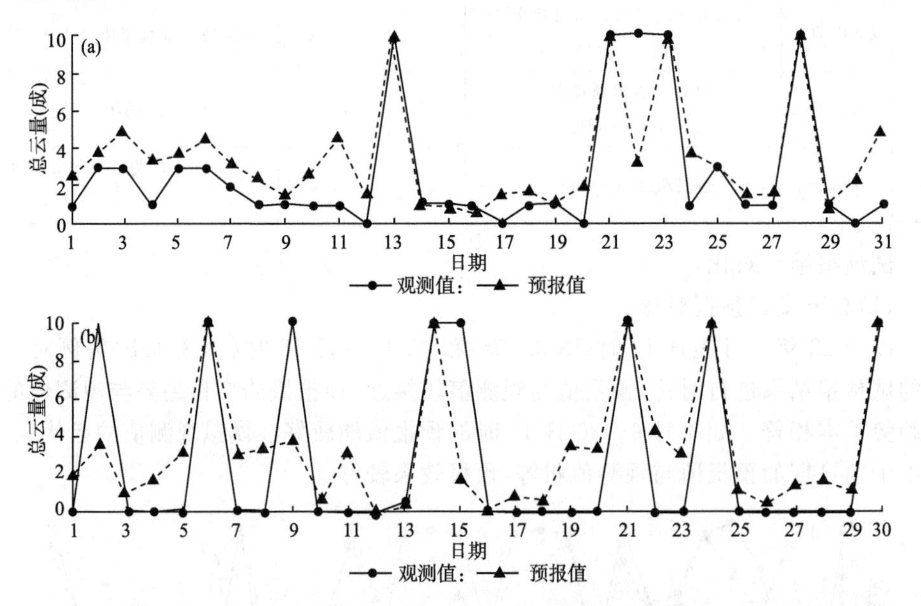

图 3.16 2012 年 5 月 11 时(a)、11 月 23 时(b)榆中低云量预报和观测值对比

分析结果:云量主要受整层湿度、垂直运动、不稳定能量、槽强度指数和 700 hPa 水汽通量散度影响,其中湿度条件和垂直运动是重要因素。建立的预报方程对总云量的预报效果比低云量好;总云量平均预报误差在 2 成左右,低云量平均预报误差在 3 成左右;预报值的变化趋势可以部分地反映实际云量的变化趋势。

例 6 广东省第 4、5 天分县气温预报及其误差分析

李晓娟等(2011)采用 PP 法对欧洲中心的数值预报产品进行统计释用。选用 2004 年 7 月—2007 年 5 月时段内资料建立方程,用 2007 年 6 月—2010 年 9 月时段内资料进行预报检验(其中有部分时间缺资料)。

(1)资料预处理

选取可能影响地而气温的 850 hPa 温度、850 hPa 湿度、850 hPa 风、500 hPa 高度、地面气压等 26 个因子(含分析场和预报场)作为初选因子,因子序号和含义如表 3.4 所示(模式预报场和分析场时次为 20 h)。

读取广东经纬度范围内(107.5°—117.5°E,20°—27.5°N)上述因子逐日的诊断场格点资料,用距离权重法插值到广东各站点,形成 86 站预报因子的时间序列。

表 3.4　因子列表

序号	因子	序号	因子
X_1	t850(idayfor+1)	X_{14}	Tn(−1)
X_2	hum850(idayfor+1)	X_{15}	t850(0)
X_3	h500(idayfor+1)	X_{16}	hum850(0)
X_4	slp(idayfor+1)	X_{17}	h500(0)
X_5	u850(idayfor+1)	X_{18}	slp(0)
X_6	v850(idayfor+1)	X_{19}	u850(0)
X_7	t850(idayfor)	X_{20}	v850(0)
X_8	hum850(idayfor)	X_{21}	t850(1)
X_9	h500(idayfor)	X_{22}	hum850(1)
X_{10}	slp(idayfor)	X_{23}	h500(1)
X_{11}	u850(idayfor)	X_{24}	slp(1)
X_{12}	v850(idayfor)	X_{25}	u850(1)
X_{13}	Tm(−1)	X_{26}	v850(1)

idayfor=4,5;X_1为所预报日(时次为 20 h,下同)的 850 hPa 气温,X_2为所预报日的 850 hPa 湿度,X_3为所预报日的 500 hPa 高度,X_4为所预报日的海平而气压,X_5为所预报日 850 hPa 的 U 风,X_6为所预报日 850 hPa 的 V 风,X_7～X_{12}要素同 X_1～X_6,但时间为所预报日前 1 d;X_{13}为发布预报日前 1 d 的最高气温,X_{14}为发布预报日前 1 d 的最低气温,X_{15}～X_{20}要素同 X_1～X_6,时间为发布预报的当天,X_{12}～X_{26}要素同 X_1～X_6,时间为发布预报的次日。

(2)分季节建立最高、最低气温预报方程

从预报实践可知,气温在不同季节有不同的变化特点,在同一季节内变化相近。考虑到广东的季节和天气特点,以及季节内主要影响系统的规律,将全年分成 4 个时段(3—4 月、5—9 月、10—11 月、12 月至翌年 2 月),分别对应春、夏、秋、冬 4 个季节。

采用逐步回归方法,按上述 4 个季节,分别对广东省 86 个站点建立第 4,5 天的最高、最低气温的预报方程。

如广州冬季(12 月至翌年 2 月)第 4 天最低气温预报方程为:

$$TN = 201.3781 + 0.4051X_1 - 0.1378X_3 - 0.1556X_4 - 0.1640X_5 + 0.2599X_7 + 0.0235X_8 + 0.2842X_9 - 0.2418X_{10} + 0.1060X_{13} - 0.0718X_{17} + 0.1593X_{18} \tag{3.5}$$

方程建立后,制作一个自动运行系统,每天读取 MICAPS 上的气温实况和欧洲中心数值预报产品数据，代入各站点方程，生成86站第4,5天最高气温和最低气温预报释用结果，供预报员制作分县预报时调用和参考。

分析结果：误差大小有明显的季节差异，并具有一定的地域分布特点；最低气温的预报效果明显好于最高气温，夏秋季最低气温、夏季最高气温的平均绝对误差均小于2 ℃，具有较高的参考价值。逐日误差与天气密切相关，并且随季节和天气的不同有一定的偏差规律，较大的误差主要出现在秋冬季降雨天气或强冷空气影响、夏季热带气旋影响下出现明显降水、春季明显回暖期等特殊天气时段。

3.2.2 模式输出统计(MOS)

Glahn和Lowry(1972)提出了模式输出统计(MOS)法。其基本思路是：直接从数值预报产品的历史资料库中选取预报因子，与预报时效对应时刻的预报对象建立统计预报方程。在作预报时，利用最新的数值预报产品和其他物理量产品代入，预报出局地天气或气象要素。MOS方法对模式的系统性误差有明显的订正能力，数值模式不必有很高的精度，只要模式预报误差特征稳定就可以得到比较好的MOS预报效果。目前，MOS预报在国内外天气预报业务中广泛使用，是数值预报产品释用方法中较为成熟的技术。MOS预报的对象既可以是定点气象要素预报也可以应用于不同的天气系统或不同的天气类型的预报预测中。值得注意的是，MOS预报是一种线性预报方法，在预报如降水量这类天气要素时，效果不是很理想；此外，在建MOS方程时，对数值预报产品历史资料要求较高，要求有较长一段时期数值模式稳定的历史资料，这在数值预报模式不断升级变化的历史阶段建立有效的MOS预报方程是困难的。

基本原理：MOS法(model output statistics method)。与PP法不同，MOS方法是直接用数值模式产品作为预报因子(并与预报时效对应时刻的天气实况(预报对象)建立统计关系：

$$\hat{y}_t = f_3(\hat{x}_t) \tag{3.6}$$

在实际使用中，只需把数值模式中输出的结果 $\hat{x}_t$ 代入(3.6)式，即可得到我们所需要预报对象 $\hat{y}_t$ 的预报结论。

3.2.2.1 一元线性回归

一元回归处理的是两个变量之间的关系，即一个预报量与一个因子之间的关系。

如果预报因子 y 在历史观测资料中与预报量 x 之间有线性关系，那么可以用一条适当的直线表示二者的关系，因此预报量的估计值 $\hat{y}$ 与 x 有如下关系：

$$\hat{y} = a + bx \tag{3.7}$$

式中，a 和 b 为两个待定系数，称 a 为常数项，b 为回归系数。这条直线就称为变量 y 对 x 的回归直线。只要 a 和 b 被确定，回归方程也就被确定。若用$(x_i, y_i)(i=1,2,\cdots,n)$表示 n 组观测值(或 n 个观测点)，则对于每组观测值(x_i, y_i)来说，用 x_i 代入(3.7)式

就得到一个 $\hat{y}_i$，

$$\hat{y}_i = a + bx_i \quad (i = 1,2,\cdots,n) \tag{3.8}$$

$$Q = \sum_{i=1}^{n}(y_i - \hat{y}_i)^2 = \sum_{i=1}^{n}(y_i - a - bx_i)^2 \tag{3.9}$$

所求直线是 Q 为最小值时的直线。用微分学中求极值的方法当 Q 有极值出现时，下式成立，

$$\frac{\partial Q}{\partial a} = 0, \quad \frac{\partial Q}{\partial b} = 0$$

即

$$\begin{cases} \sum_{i=1}^{n} y_i - na - b\sum_{i=1}^{n} x_i = 0 \\ \sum_{i=1}^{n} x_i y_i - a\sum_{i=1}^{n} x_i - b\sum_{i=1}^{n} x_i{}^2 = 0 \end{cases} \tag{3.10}$$

求解(3.6)式得回归系数 a 和 b 表示为

$$\begin{cases} a = \overline{y} - b\overline{x} \\ b = \dfrac{\sum_{i=1}^{n} x_i y_i - \dfrac{1}{n}\left(\sum_{i=1}^{n} x_i\right)\left(\sum_{i=1}^{n} y_i\right)}{\sum_{i=1}^{n} x_i^2 - \dfrac{1}{n}\left(\sum_{i=1}^{n} x_i\right)^2} = \dfrac{s_{xy}}{s_x^2} \end{cases} \tag{3.11}$$

求解 a 和 b 的(3.11)式中的数据完全可以由观测数据中得到，因此回归直线(3.7)是确定的。这种求得回归直线的方法是使回归直线与所观测数据误差的平方和达到最小值，所以也称为“最小二乘法”。在做预报时只要知道 x 值用公式(3.7)就可以求得预报量 y。但 y 只是真正预报量的近似值，而且利用回归方程算出的预报值只是一种天气的平均情况，而对于百年一遇的特殊天气往往不易报出。

回归方程建立以后，就要衡量回归方程的效果好坏，所以要对建立的方程进行检验。

事实上，可以证明在原假设总体回归系数为 0 的条件下，统计量

$$F = \frac{\dfrac{U}{1}}{\dfrac{Q}{(n-2)}} \tag{3.12}$$

$$U = \sum_{i=1}^{n}(\hat{y}_i - \overline{y})^2$$

遵从分子自由度为 1，分母自由度为$(n-2)$的 F 分布。

最后得：
$$F=\frac{r^2}{\frac{1-r^2}{n-2}} \tag{3.13}$$

式中，r 是 x 和 y 的相关系数，

$$r_{xy}=\frac{s_x}{s_y}b=\sqrt{\frac{\sum_{i=1}^{n}x_i^2-\frac{1}{n}\left(\sum_{i=1}^{n}x_i\right)^2}{\sum_{i=1}^{n}y_i^2-\frac{1}{n}\left(\sum_{i=1}^{n}y_i\right)^2}}b$$

查表中的 F 分布表，在 $\alpha=0.05$ 或者其他时，分子自由度为 1，分母自由度为 $n-2$ 时，F_α 的大小，如果 $F>F_\alpha$，认为回归方程是显著的，否则不显著。

同样的道理，对回归系数的显著性检验时

$$t=\frac{\frac{b}{\sqrt{c}}}{\sqrt{\frac{Q}{n-2}}} \tag{3.14}$$

遵从自由度为 $n-2$ 的 t 分布，式中 Q 为残差平方和，$c=\left[\sum_{i=1}^{n}(x_i-\overline{x})^2\right]^{-1}$。

预报值的置信区间：

预报值的 68%置信区间可近似估计为　$\hat{y}_i\pm\hat{\sigma}$

预报值的 95%置信区间可近似估计为　$\hat{y}_i\pm1.96\hat{\sigma}$

式中，$\hat{\sigma}=\sqrt{\frac{Q}{n-2}}$。

3.2.2.2 多元线性回归

在气象统计预报中，通常寻找与预报量线性关系很好的单个因子是很困难的，而且实际上某个气象要素的变化是和前面多个因子有关，因而大部分气象统计预报中的回归分析都是用多元回归技术进行。所谓多元回归是对某一预报量 y，研究多个因子与它的定量统计关系。

设有 m 个自变量，一个因变量共 n 个样本记录，用矩阵来表示，即资料矩阵为：

$$\boldsymbol{X}_{n\times m},\boldsymbol{Y}_{n\times 1}$$

若 $\boldsymbol{X}$ 与 $\boldsymbol{Y}$ 之间存在线性相关关系，则我们可以建立一个多重复回归方程：

$$\hat{y}=b_0+b_1x_1+b_2x_2+\cdots+b_mx_m \tag{3.15}$$

写成矩阵形式为：

$$\hat{\boldsymbol{Y}}_{n\times 1}=\boldsymbol{X}_{n\times m}\cdot\boldsymbol{B}_{m\times 1}+(\boldsymbol{B}_0)_{n\times 1} \tag{3.16}$$

式中，$\boldsymbol{B}=(b_1,b_2,\cdots,b_m)^{\mathrm{T}}$，$\boldsymbol{B}$ 中元素称为偏回归系数。

把 $\boldsymbol{X}$ 和 $\boldsymbol{Y}$ 中元素用距平来表示，记为 $x'_{ij}=x_{ij}-\overline{x}_j$，$y'_i=y_i-\overline{y}$。于是在回归方

程中可消去常数项。回归方程可记为：

$$\hat{\boldsymbol{Y}}_{n\times 1} = \boldsymbol{X}_{n\times m} \cdot \boldsymbol{B}_{m\times 1} \tag{3.17}$$

根据线性代数中线性方程组的最小二乘解，即对如下线性方程组求回归系数 $\boldsymbol{B}$ 的最小二乘解：

$$\boldsymbol{XB}-\boldsymbol{Y}=0$$

得到回归系数 $\boldsymbol{B}$ 的最小二乘估计式为：

$$\begin{cases} \boldsymbol{B}_0 = \overline{\boldsymbol{Y}} - \overline{\boldsymbol{X}} \cdot \boldsymbol{B} \\ \boldsymbol{B} = (\boldsymbol{X}^{\mathrm{T}}\boldsymbol{X})^{-1}\boldsymbol{X}^{\mathrm{T}}\boldsymbol{Y} \end{cases} \tag{3.18}$$

同样，回归方程建立以后，我们要衡量多元回归方程的效果好坏。

原假设总体回归系数 $b_1=b_2=\cdots=b_m=0$ 的条件下，统计量

$$F = \frac{\dfrac{U}{m}}{\dfrac{Q}{(n-m-1)}} \tag{3.19}$$

遵从分子自由度为 m，分母自由度为$(n-m-1)$的 F 分布。

最后得：

$$F = \frac{\dfrac{r^2}{m}}{\dfrac{1-r^2}{n-m-1}} \tag{3.20}$$

式中，r 是 x 和 y 的复相关系数

$$r_{xy} = \frac{\sum_{i=1}^{n}(y_i-\overline{y})(\hat{y}_i-\vec{y})}{\sqrt{\sum_{i=1}^{n}(y_i-\overline{y})^2\sum_{i=1}^{n}(\hat{y}_i-\vec{y})^2}}$$

在显著性水平 α 下，根据一次抽样得到的样本计算值 $F>F_\alpha$，则否定假设，认为回归方程是显著的，否则不显著。

预报值的置信区间：

预报值的 95％置信区间可近似估计为 $\hat{y}_i \pm 1.96\hat{\sigma}$

式中，$\hat{\sigma}=\sqrt{\dfrac{Q}{n-m-2}}$。

在气象中利用回归方程进行预报可归纳为下列步骤：

第一步：确定预报量并选择恰当的预报因子；

第二步：根据数据计算回归系数标准方程组所包括的有关统计量(因子的交叉积、矩阵协方差阵或相关阵，以及因子与预报量交叉积向量等)；

第三步：解线性方程组定出回归系数；

第四步：建立回归方程并进行统计显著性检验；

第五步:利用已出现的因子值代入回归方程做出预报量的估计,求出预报值的置信区间。

MOS方法优点:(1)能自动地修正数值预报的系统性误差,如某数值模式对低压中心强度的预报有规律的偏小,那么根据这种预报强度偏小的低压中心与实际天气区的关系建立起来的统计关系式,仍然可以把天气区预报在与实际天气区相近的位置上。也就是说,如果某种数值预报产品对我们建立统计方程要用到的预报因子的预报不够准确,那么MOS的预报精度要优于PP法。(2)能够引用实况资料中不容易取到的预报因子,如垂直速度,边界层的风,辐散,涡度和三维空气轨迹等。其不足之处,此方法是利用数值预报产品来建立预报关系式的,因此预报关系式依赖于数值模式,往往数值模式一旦有了改进或变动,就会在某种程度上影响MOS预报的效果,必须等待新模式有了足够预报样本个例后才能重建稳定有效的预报关系式。

鉴于各方法各有优缺点,后来分别发展了CPP(corrected PP)和CMOS(corrected MOS)方法以及将经典统计方法引入CPP和CMOS的SSM方法(synthetic statisfical method)。实践证明上述方法预报效果优于单一的PP或MOS方法。

3.2.2.3 PLS-MOS统计预报系统

PLS-MOS统计预报系统是基于偏最小二乘回归技术设计的,在变量之间存在多重线性相关性,以及自变量个数大于训练样本长度时,偏最小二乘回归与多元线性回归相比,其更加准确、可靠。PLS-MOS统计预报系统偏最小二乘回归算法流程图见图3.17。

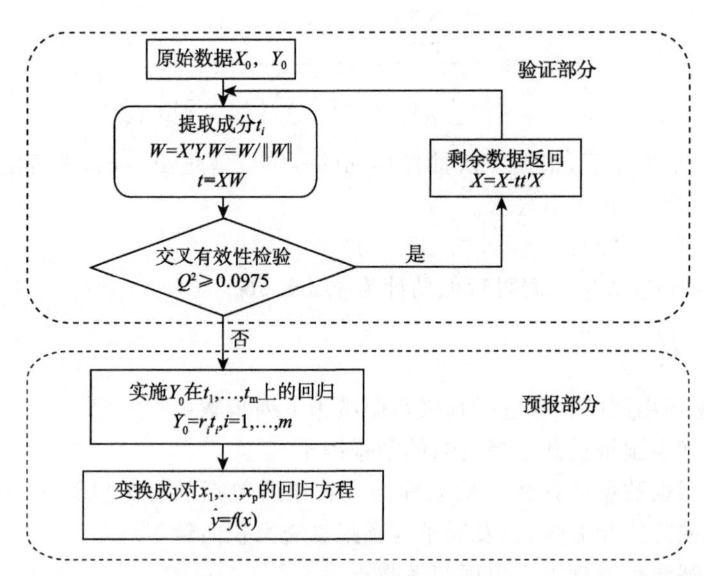

图3.17 PLS-MOS统计预报系统偏最小二乘回归算法流程图

PLS-MOS 统计预报系统将统计模型建立时间大大缩短(从几年可以缩短到 30 天),并随着预报时间的改变,而相应的改变预报回归方程,有能力适应模式和资料同化系统的频繁升级。

3.2.2.4　应用举例

例 7　精细化 MOS 相对湿度预报方法研究

陈豫英等(2006)曾用 MOS 方法做了宁夏地区 2004 年 5—9 月逐时相对湿度的预报试验,取得了较好的效果,大致思路如下:

(1)采用目前在国外比较成熟的 MOS 预报业务中预报因子的处理方法,将数值预报产品的格点预报值直接内插到站点上作为站点的预报因子,再与站点的预报对象建立预报方程;

(2)在考虑宁夏地形、气候背景以及影响相对湿度变化等各项条件后,根据人工经验,初选预报因子,计算预报因子时需对各物理量先进行标准化处理,这里采用方差标准化处理;

(3)在预报对象与预报因子单点相关普查的基础上,选取相关系数大而且相互独立的高相关因子按不同站点、不同时次分别建立因子库,并依据相关系数大小,按能通过 0.05 显著性 t 检验的标准对因子库进行排序筛选,剔除一些与预报量相关不大而且物理意义不明显的因子,将最后入选的因子和实况按一一对应关系建立逐站逐时回归方程;

(4)同时采用多元线性回归和逐步回归建立 MOS 预报方程,其中求解回归系数采用最小二乘法和乔里司基(Kholesky)分解法(即平方根法);

(5)预报结果预处理:相对湿度呈连续的、有规律的变化,对历史拟合率和预报试验情况分析发现,个别站点、个别时次有时会出现预报值异常偏高或偏低,为了降低这种由于统计方法带来的误差,采用 5 点 3 次平滑方法对 48 个时次的预报值进行平滑。

预报结果:通过对数值预报产品的释用,确实使要素预报比模式直接输出的预报效果有明显提高,实践证明 MOS 方法制作 48 h 逐时相对湿度预报结果是可用或可参考的,但出现特殊或转折性天气时,该方法与一般的统计方法类似,预报结果不稳定,误差变率起伏波动大。

例 8　HLAFS 资料在短期降水、气温 MOS 预报方法中的应用

吴爱敏等(2006)通过对 HLAFS 资料建立庆阳市 8 个单站 5—9 月夏半年气温、降水方程中所选的因子进行统计整理,找出使用频率最高的因子,建立 MOS 方程。

具体方法:利用夏半年(5—9 月)3 a(1995—1997 年)的 HLAFS 格点资料,将不同时效、不同层次以及计算后得到的 1483 个因子逐日插值至每个站点,这样就和各站的预报对象,即气象要素(气温、降水)相对应,建立各站点的预报方程。

气温：每个气象站建立的气温方程有6个，其中24、48 h预报方程各3个，分别为：日平均、日最高、日最低气温，对不同时效的因子，即00、12、24、36、48 h这5个时效的因子在方程中的选取情况进行统计。

降水：夏半年3 a的HLAFS资料建立每站降水量及不同量级的降水概率方程，共29个，从中选取了24、48 h，20—20时的降水量＞0.0 mm、＞10.0 mm、＞25.0 mm降水概率方程共8个进行统计，方程中的因子，按照同一物理量，不同时效，各个层次归为一类，对HLAFS资料中的5个时效的1483个因子先归纳为30个不同类，然后进行分析。

结果分析：从气温方程中所选因子的统计情况看，24 h气温预报方程中以24 h前的因子多；而48 h预报方程中多选24 h后的因子，这符合预报员对温度的预报思路，特别是实况气温选中几率高，消除季节误差，说明建立气温的MOS预报方程，具有一定的客观性，符合预报业务实际情况。

按照降水方程中因子的统计原则，第24类因子选中的最多，其次为第6、19、22、23、20和25、18和21，剩下的因子选的比较少，个别因子甚至一次也没选。反查后，第24类因子是辐散风，第6类因子是Q矢量散度和涡度，主要分析第24类和6类因子特征。

结果分析：通过气温、部分降水MOS方程所选因子分析得出，24 h气温预报方程中以24 h前的因子多；而48 h预报方程中多选24 h后的因子，这与预报员的思路是一致的，说明建立的气温MOS预报方程中，所选因子比较客观，较符合实际。而降水方程因子随意性大，辐散风、Q矢量散度、涡度等选的概率大。用“1999·7·4”大到暴雨过程对这些因子的实时和预报场进行了试验，结果说明降水方程所选因子，天气学意义清楚，该MOS预报降水效果较好。

例9　基于MM5模式的站点降水预报释用方法研究

陈力强等(2003)利用MM5模式对1997年到1999年6—8月进行了逐日反算，每天08:00、20:00分别积分48 h，得到样本长度为552的MM5模式输出产品，建立县级站点定量降水MOS预报模型。

具体方案：将影响辽宁降水的天气模型归纳为降水的动力诊断模型，根据动力诊断模型构造多个能够综合反映降水模型特征的物理因子：

水汽因子：$D_q = D_{i700} + D_{i850} + D_{i925}$

冷暖空气强度因子：$Q_v = Q_{f700S} + Q_{f850S} + Q_{f925S}$

大气层结因子：$H = T_{td500} + T_{td700} + T_{td850}$

上升运动因子：$W = D200 - D850 + V_o 500$

式中，D为散度，V_o为涡度平流。

$$V_o = \zeta_{850} - \zeta_{200} - \omega_{700}$$

式中，ζ为涡度，ω为垂直速度。

由于站点降水分布为偏态分布，为满足建立线性逐步回归方程的需要，需对降水资料进行正态化处理.

根据物理因子与预报对象的相关性(表3.5)，初选预报因子。

应用线性逐步回归方法建立不同正态化处理方案的MOS方程，根据拟合和预报试验情况选出最终模型。

表3.5 沈阳站预报因子与不同预报对象相关系数

预报因子	晴雨		原始		开4次方		分级	
	36	48	36	48	36	48	36	48
降水	0.53	0.54	0.57	0.54	0.66	0.64	0.68	0.59
K指数	0.42	0.36	0.25	0.28	0.42	0.40	0.42	0.38
总能量	0.46	0.39	0.43	0.52	0.54	0.56	0.51	0.46
饱和度	−0.45	−0.35	−0.29	−0.32	−0.44	−0.40	−0.45	−0.34
水汽效应	0.37	0.16	0.47	0.66	0.48	0.46	0.46	0.25
能量输送	0.28	0.21	0.38	0.59	0.47	0.46	0.46	0.28
冷暖空气	0.32	0.20	0.23	0.06	0.24	0.23	0.25	0.15
水汽辐合	−0.21	−0.16	−0.21	−0.54	−0.23	−0.41	−0.26	−0.15
螺旋运动	−0.20	−0.16	−0.20	−0.47	−0.18	−0.33	−0.23	−0.20
Q锋生	0.15	0.13	0.18	0.37	0.22	0.26	0.22	0.09
上升运动	0.12	0.10	0.23	0.30	0.23	0.17	0.22	0.10

结果分析：对高分辨率的MM5模式进行释用，由于不受资料输出种类、数量、资料分辨率等条件的限制，更适合作县级站点定量降水预报。

将影响辽宁降水的天气模型归纳为动力诊断模型，从中构造出多个能够比较全面反映降水模型特征的综合物理因子，提高了预报因子与降水的相关性。

根据站点降水的气候分布特征，对偏态分布的降水量设计了分级和开4次方两套方案进行正态化处理，使建立的统计方程更加稳定。经过分析对比降水量经过正态化处理后建立的预报模型优于未经处理的模型。

降水预报模型分为晴雨预报模块和雨量预报模块两部分，不但使它们的预报对象基本服从正态分布，而且极大地减少了有雨的空报次数，无须再进行消空处理，较不对预报对象进行处理有明显的优势。

模型对降水有较强的预报能力，较原模式预报能力有一定改进。

例10 基于MM5模式的精细化MOS温度预报

陈豫英、陈晓光、马金仁等(2005)运用2002年9月到2003年8月MM5模式每隔1 h的站点基本要素预报场和物理量诊断场资料，以及相应时段内宁夏25个测站的温度自记观测资料，同时采用多元线性和逐步回归 2 种 MOS 统计方法，预报宁夏 25 个测站 48 h 逐时温度。

具体方法：将 MM5 数值预报产品的格点预报值直接内插到站点上作为站点的预报因子，再与站点的预报对象建立预报方程 $V_S=\dfrac{\sum_{i=1}^{N}(V_iW_i)}{\sum_{i=1}^{N}(W_i)}$ 其影响权重函数采用 Cressman 客观分析方法函数进行计算：$W_i=\begin{cases}\dfrac{R_0^2-R_i^2}{R_0^2+R_i^2} & R_i\leqslant R_0\\ 0 & R_i>R_0\end{cases}$，先进行人工初选预报因子，接着进行预报因子与预报对象的相关性分析并依据相关系数大小，按能通过 0.05 显著性 t 检验的标准对因子库进行排序筛选，按不同季节、不同站点、不同时次分别建立因子库。实况温度按一一对应关系建立分季逐站逐时回归方程，对多个因子用多元线性回归和逐步回归方法。同时用这 2 种方法建立 MOS 方程其中求解回归系数采用最小二乘法和乔里司基(Kholesky)分解法(即平方根法)。针对这 2 种不同的统计方法，采取不同建模方式。最后采用五点三次平滑方法对 48 个时次的预报值进行平滑。

结果分析：通过多元线性回归和逐步回归 2 种方法建立的逐时温度 MOS 方程，无论是准确性还是稳定性，都比 MM5 模式直接输出的预报有明显提高，而且 24 h 极端温度 TS 评分个别月份接近甚至超过预报员，说明该方法制作 48 h 逐时温度预报结果是可用的，但在天气变化剧烈、出现极端天气时，该方法与一般的统计方法类似，误差增大。

分析温度预报所选的因子发现：多元回归取 15 个相关最好的因子预报效果最佳，逐步回归因子数控制在 20 个以内预报效果最好，而且所选的因子随季节、站点、时次不同而改变，但入选方程的因子多是与本地温度有关的中低层物理量，考虑到宁夏区域性差异，对于海拔＞1500 m 的测站，850 hPa 及以下的因子慎用。

本方法的 MOS 预报只选用了 MM5 模式的输出产品，使其预报质量严重依赖于模式预报的准确性，若在建立 MOS 预报方程时，适当考虑增加一些测站的实况因子，如本站温、压、湿等与温度相关的基本要素场资料，可能会有更好的预报效果。

例 11　多模式集成 MOS 方法在精细化温度预报中的应用

张秀年等(2011)利用 T213 和 ECMWF 模式产品，对集成 MOS 预报方法在温度预报方而做了研究试验，并将其与单模式 MOS 预报方法进行了对比分析研究。

具体方案 1：使用 T213 模式产品进行 MOS 预报。

具体方案 2：利用 T213 模式产品和 EC 模式产品一起进行 MOS 预报。

2 个方案的建方程样本时段为 2003 年 9 月到 2007 年 8 月，分秋(9—11 月)、冬(12 月至翌年 2 月)、春(3—5 月)、夏(6—8 月)四季分别建立方程。试报时间为 2007 年 9 月到 2008 年 8 月。预报对象为 24～168 h 的云南省 124 站日最高最低温度。

上述 2 方案利用“云南省气象台精细化预报系统”进行试验。为了实现利用不同模式的因子同时建立回归方程，采用了下列方法进行技术处理。

(1)对于不同模式产品，设置格式一致的产品规范，主要描述了模式产品的名称、开始存放日期、经纬格距、格点数、存放目录、变量、层次、预报时效等信息。

(2)利用“云南省气象台精细化预报系统”的预报因子选择模块进行因子初选，因可以进入的因子非常多，所以需预报员根据不同的预报要素选择相关的因子来建立方程。

方案 1 中共初选了 187 个 T213 因子，每个因子需要说明数据的存放路径、来源模式、因子名、加工类型等信息。将所有初选因子利用逐步回归的方法，即可求出最优的 MOS 预报方程。因为每个因子均携带了其来源模式信息，所以使多个模式产品在一起建立预报方程得以实现。方案 2 中除原方案 1 选的 187 个 T213 因子外，增加了 38 个 EC 因子。

在求出的预报方程配置文件中(略)，各因子同样给出了其数据路径和来源模式，使用方程进行预报时能方便地获取不同模式的预报因子数据。

结果分析：表 3.6 以昆明站为例给出了 2 个方案所建方程的对比。其预报要素为最低温度，预报时效为 48 h 预报，预报季节为夏季。由表 3.6 可见，方案 2 中有不少 EC 的因子进入了方程。用逐步回归的方法，方案 1 有 11 个因子进入方程，复回归系数为 0.69。方案 2 有 12 个因子进入方程，其中 6 个为 T213 因子，6 个为 EC 因子，EC 因子进入方程的比例要高于 T213 的，复回归系数为 0.73。根据 2 方案分季节建立的方程，分别做了从 2007 年 9 月 1 日到 2008 年 8 月 31 日的为期一年的预报试验。

表 3.6　方案关于昆明站最低温度预报方程的对比(48 h 预报)

因子序号	方案 1(T213)			方案 2(T213+EC)		
	因子名	代码	系数	因子名	代码	系数
1	700 温度	TTT00070	0.57	T213_700 温度	TTT00070	0.35
2	600 温度	TTT00060	0.20	T213_600 温度	TTT00060	0.15
3	500 温度	TTT00060	0.24	T213_500 相对湿度	RRH00050	0.01
4	500 相对湿度	RRH00050	0.01	T213_500 涡度平流	AVO00050	0.03
5	700 假相当位温水平梯度	SEY00070	0.03	T213 累积垂直速度	WW900070	155
6	500 涡度平流	AVO00050	0.23	T213_850 温度水平梯度	TXY00085	−0.67
7	500 3 小时变温	D3T00050	0.30	EC_200U 风	UUU00020	−0.02

续表

因子序号	方案1(T213)			方案2(T213+EC)		
	因子名	代码	系数	因子名	代码	系数
8	850温度水平梯度	TXY00085	−0.35	EC_500涡度	VOR00050	0.01
9	X向地面气压梯度	PPX00999	−0.70	EC_200散度	DIV00020	0.002
10	700与最低温度差	DIT70999	0.18	EC_850风速	UUV00085	0.29
11	700风水平切变Y	UUY70999	−0.16	EC_500风速	UUV00050	−0.08
12				EC_850假相当位温	PSE85999	0.10
	常数		−268.12	常数		−161.14
	复回归系数		0.69	复回归系数		0.73

根据上述2方案，对最高、最低温度预报进行了评分检验。图3.18为云南全省124个站一年的预报准确率。由图3.18可看出，各个预报时效最高、最低温度预报的预报准确率，方案2均明显高于方案1，两者相差2%～4%。这说明多模式MOS预报效果要优于单模式MOS预报效果。分析图3.18还可发现，随着预报时效的延长，预报水平呈下降的趋势。但最低温度的下降趋势没有最高温度的明显。同时最低温度的预报水平要好于最高温度。就方案2来说，各预报时效最低温度的预报准确率在63%～68%，最高温度的预报准确率在50%～61%。即使对较长的预报时效，也有较好的预报效果。

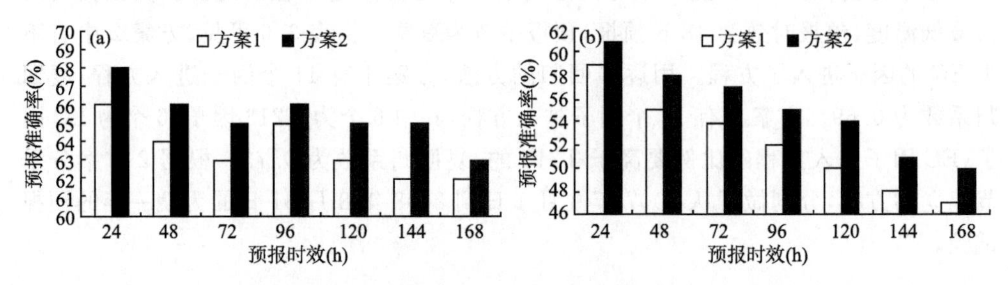

图3.18 两种方案最低温度(a)、最高温度(b)预报效果对比

从图3.19中可以看出，夏季的要明显优于其他季节，春季和秋季的预报水平较接近。对于最低温度的预报，预报评分从高到低依次为夏、春、秋、冬，夏季各时效的预报准确率比其他3季大约高30%。对于最高温度的预报，夏季各时效的预报准确率比其他3季大约高12%，春、秋季预报水平相当，冬季的预报在72 h前要低于春秋季，在96 h后要高于春秋季。

检验表明:2008夏季昆明站48 h最低温度MOS预报在92 d中预报错误的有8 d，预报正确的为84 d，预报准确率为91.3%；若直接用气候平均预报，错报有22 d，正确有70d温度，预报准确率为76%，远低于MOS预报的水平，且不能对转折性天气做出预报。这些分析表明，即使对于温度波动较小的夏季，集成 MOS 预报方法仍具有较高的预报技巧(图 3.20)。

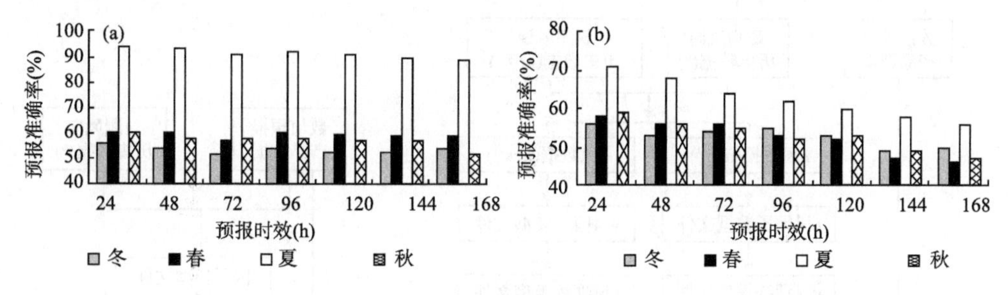

图 3.19　各季节温度预报效果对比

(a)最低温度；(b)最高温度

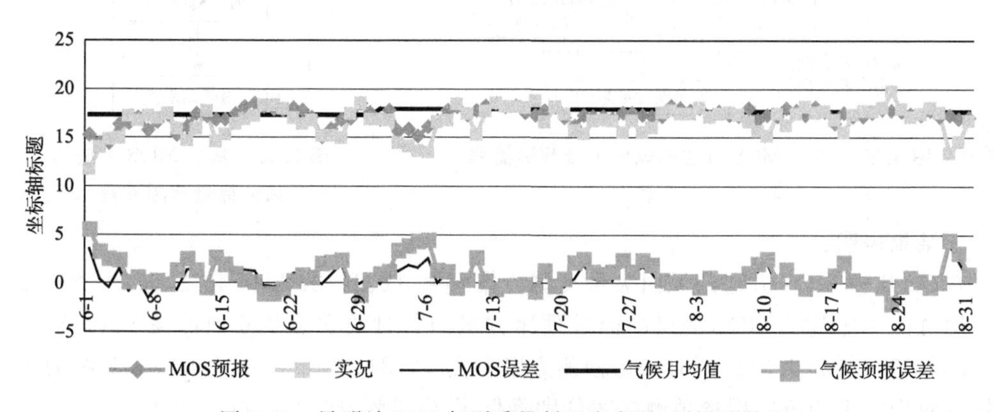

图 3.20　昆明站 2008 年夏季最低温度实况、预报及误差

分析结果：多模式集成 MOS 预报方法与传统 MOS 预报方法相比，预报水平有了进一步的提高，它能同时充分利用多个模式产品的有用信息，吸取其各自的优点，做出更好的预报。在系统程序设计时，给各因子附带一身份识别参数，解决了多模式数据处理的复杂性问题。试验过程中发现，各季节的 MOS 温度预报水平存在较明显的差异，特别是夏季的预报水平明显高于其他三季，其原因主要是夏季每日最高、最低温度的变率较小，使其预报相对容易，但 MOS 方法对预报水平仍有较大贡献。

例 12　基于 MOS 方法的风向预测方案对比研究

曾晓青、赵声蓉和段云霞(2013)给出一种基于 MOS 方法的风向矢量预测方案，利用相关系数和逐步回归方法分别得到 u 风和 v 风在不同站点和不同预测时效的风向模型，根据模型预测 u 风和 v 风合成风向。试验选择风向矢量(图 3.21)、风向标量(图 3.22)和模式的直接输出 3 种方案进行对比。试验选择 T639 模式逐日多个物理量预测场，其中建模样本选择 2008—2011 年每年 5 月 15 日至 9 月 15 日的数据，验证样本选择2012年6月1—30日的数据，数值试验预测北京地区20个站点未来4个时次的定点定时风向。

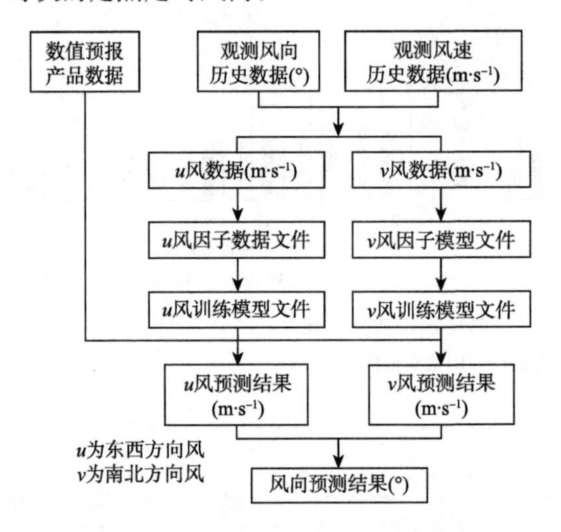

图3.21 基于MOS方法的风向矢量预测流程

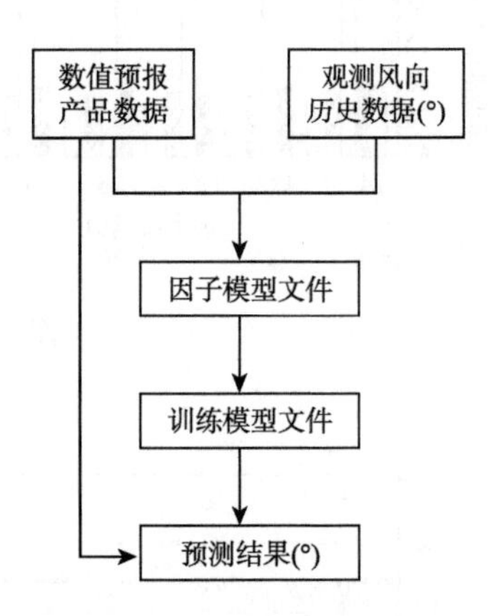

图3.22 基于MOS方法的风向标量预测流程

结果表明：

(1)基于MOS方法的风向矢量预测方案预测12、24、36 h和48 h的20个站点平均准确率比基于MOS的风向标量预测方案的各时效准确率分别提高了14.8%、6.2%、17.1%和4.3%；同时矢量预测方案预测12、24、36 h和48 h的20个站的平均绝对误差平均值比标量预测方案分别降低了25.8%、16.2%、27.7%和11.7%。

(2)基于MOS方法的风向矢量预测方案预测12、24、36 h和48 h的准确率比模式直接输出结果方案的各时效准确率分别提高了8.4%、5.0%、9.8%和4.5%；同时矢量预测方案预测12、24、36 h和48 h的20个站的平均绝对误差平均值比模式直接输出结果分别降低了16.8%、8.3%、17.4%和5.9%。

(3)个别站点的一些预测时次的预测结果并不理想，其主要原因是因子模型不是很理想。如54410佛爷顶站，其海拔高度为1216.9 m，风向变化较为频繁，使得预测难度较大。基于MOS方法的风向矢量预测方案能很大程度上提高风向预测的准确率，它比模式直接输出能更加准确地预测风向，而基于MOS方法的风向标量预测方案有时还不如模式直接输出。可见基于MOS方法的风向矢量预测方案是一个比较可行的风向预测手段。

例13 MOS方法在短时要素预报中的应用与检验

李文娟等(2013)通过对MM5数值预报产品的释用，将MOS统计方法应用到短时要素预报中，综合利用MM5数值预报产品、自动站实况数据和雷达数据等资料，建立降水和温度的 4 h 预报模型；降水作为不连续变量，将其通过建立降水可能函数的方法转化为连续变量，利用统计预报方法，可以达到定量预报的目的。对 4140 个时次的样本进行检验。

具体方法：利用 MOS 统计方法，建立降水和温度预报方程的统计预报模型。统计方程类型为 $y=b_0+b_1x_1+b_2x_2+\cdots+b_nx_n$，其中 y 为由各个预报因子 $x_1,x_2,\cdots,x_n$ 线性组合得到的预报量，$b_1,b_2,\cdots,b_n$ 为回归系数；b_0 为回归常数。建立方程时，对于预报要素 y 值分别代表降水可能函数或温度的预报值；而预报因子则分别从数值模式产品、自动站实况数据、雷达强度数据中选择和预报量相关性较好的若干因子。首先引入预报因子。为了保证各因子之间的相互独立，预报因子在逐步引入预报方程的过程中，逐步回归分析算法会根据因子的方差贡献来剔除贡献小的因子，保留方差贡献较大的因子，直到没有预报因子可以引入为止，最终建立预报方程。

结果分析：MOS 预报结果较 MM5 直接输出结果整体有所改进，当数值模式误差较大时，统计方法显示出一定的优势；降水预报检验结果显示，TS 评分为 65%，预报正确率为 91%。降水明显的样本(3 h 雨量大于 5 mm)平均误差在 8 mm 以内，弱降水样本(3 h 雨量大于 3 mm)平均误差在 1 mm 以内，预报方程对非雨日样本的整体预报效果较好，优于 MM5 模式预报，预报正确率高达 98%，但对流性降水仍是预报难点；对于温度预报，20—08 时段误差较小、平均误差在 1.0 ℃以内，而 11—17 时平均误差为 1.5 ℃，但经过误差的季节订正，可以控制在 1.0 ℃。

3.2.2.5　两类统计方法的比较

PP 法的优点是可以根据长时期的历史资料对各预报要素、各地区、各季节甚至各时效建立稳定的预报方程，且该预报方程可代入不同的数值预报产品，得到不同预报时效的预报结果。所以 PP 法以丰富的历史资料作后盾，可建立相对稳定的预报方程，减少了应用的复杂性，而且数值预报的质量每提高一次，PP 法预报的准确性也随之改进一次，因此该方法随着数值模式性能的不断提升在未来具有广阔的应用前景。但 PP 法的缺点是预报结果完全依赖于数值预报的准确性，而任何模式都存在预报误差，且时效越长，误差越大，这使得 PP 法的使用受到模式性能及预报时效的限制。

MOS 方法的优点是在建立预报方程时，已经考虑和包含了数值预报的系统性误差、局地误差和不精确性，没有 PP 法的“假定”，克服了 PP 法的缺陷。同时，在预报因子的选取上，除了考虑形势预报外，还可把其他丰富的产品(湿度、垂直速度、涡度、稳定度等)利用起来，使得预报的物理背景更充实。MOS 方法的缺点也是显而易见，由于建立的预报关系与数值模式紧密联系，当用不同的数值模式或数值模式更新换代时需要重建或订正预报关系，这将严重影响预报的稳定性，在数值模式快速发展的今天，给业务应用带来不便。

鉴于各方法各有优缺点，后来分别发展了 CPP(corrected PP)和 CMOS(corrected MOS)方法以及将经典统计方法引入 CPP 和 CMOS 的 SSM 方法(synthetic statistical method)。实践证明上述方法预报效果优于单一的 PP 或 MOS 方法。

3.2.3 卡尔曼滤波

卡尔曼滤波(Kalman filtering)是一种利用线性系统状态方程,通过系统输入输出观测数据,对系统状态进行最优估计的算法。由于观测数据中包括系统中的噪声和干扰的影响,所以最优估计也可看作是滤波过程。对于解决很大部分的问题,他是最优、效率最高甚至是最有用的。它的广泛应用已经超过 30 年,包括机器人导航、控制、传感器数据融合甚至在军事方面的雷达系统以及导弹追踪等等。近年来更被应用于计算机图像处理,例如头脸识别、图像分割、图像边缘检测等等。

卡尔曼滤波的主要优点在于能够根据前一时刻的预报误差大小及其他统计量的变化来调整预报方程的系数。它不仅利用了样本所提供的信息,同时也吸收了前一时刻预报方程的反馈信息,从而有利于提高预报精度。利用卡尔曼滤波方法可对数值预报产品进行统计释用,主要适用于制作连续性的天气要素温度、湿度和风速等的预报。卡尔曼滤波方法有两大特点:一是所需历史资料少,便于建立方程,并且能够适应不断更新的数值预报模式;二是所建立方程的通用性好,使用期限长,便于实际业务应用。

滤波在气象上的意义:在实际问题中,常常遇到所获得的信息混杂着其他噪音,希望排除无用的干扰而能最佳估计出有用的信息,滤波是处理这类实际问题的重要方法。预报员每天用各种方法制作天气要素预报,可以得到带有误差的预报值时间序列,造成预报误差的原因很多,人们试图订正它。根据滤波的基本思想,卡尔曼滤波可以用于处理一系列带有误差的预报值,而得到它的最佳估算值,这对提高预报精度具有重要的现实意义。卡尔曼滤波方法通过利用前一时刻预报误差反馈到原来的预报方程,及时修正预报方程系数,以此提高下一时刻的预报精度,这是卡尔曼滤波方法用于天气预报的气象意义。

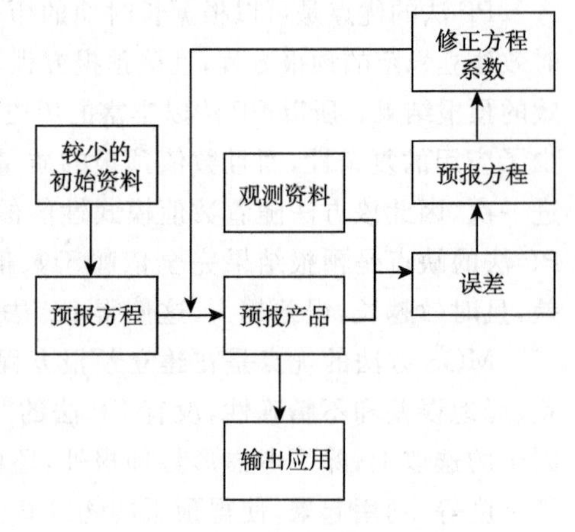

图 3.23 卡尔曼滤波方法示意图

卡尔曼滤波方法示意图见图 3.23。

3.2.3.1 卡尔曼滤波方法的基本原理

根据多元线性回归方程的一般形式为:

$$y = b_0 + b_1 x_1 + b_2 x_2 + \cdots + b_m x_m \tag{3.21}$$

一般而言，要得到稳定可靠的统计关系，要求样本数量至少为数百个。而卡尔曼滤波采用一种新的思路：只用少量样本（少于 100 个）建立回归方程，然后根据前一时刻的预报误差来订正回归（预报）方程中的回归系数。

卡尔曼滤波方法要求滤波对象是离散时间线性动态系统，假定某些气象预报对象是具有这种特征的动态系统，可用下列两组方程来描述：

$$y_t = b_{0t} + b_{1t}x_1 + b_{2t}x_2 + \cdots + b_{mt}x_m + e_t = (\boldsymbol{b}_t)'\boldsymbol{x} + e_t \tag{3.22}$$

$$\boldsymbol{b}_{t+1} = \boldsymbol{\Phi}_t\boldsymbol{b}_t + \boldsymbol{\varepsilon}_t \tag{3.23}$$

式(3.22)对应于回归方程(3.21)，在卡尔曼滤波中称为量测方程，其中 y_t 为预报变量在 t 时刻的实际观测值，$\boldsymbol{x}=(1,x_1,x_2,\cdots,x_m)'$（这里上面加一撇表示转置，下同）为预报因子向量，$\boldsymbol{b}_t=(b_{0t},b_{1t},b_{2t},\cdots,b_{mt})'$ 为 t 时刻的回归系数向量，e_t 为量测（预报）误差，是一个随机量，其方差为 υ。式(3.23)在卡尔曼滤波中称为状态方程。将回归系数向量 $\boldsymbol{b}_t$ 作为状态向量，它是变化的，用该状态方程来描述其变化。$\boldsymbol{\Phi}_t$ 为转移矩阵，在数值预报产品的统计释用的问题中其值难以确定，一般简单地将其取为单位矩阵。尽管这是一个缺陷，但目前没有更好的办法。$\boldsymbol{\varepsilon}_t$ 为动态噪声向量，与随机量 e_t 相互独立。两者为均值为零的白噪声。$\boldsymbol{\varepsilon}_t$ 的误差方差矩阵为 $\boldsymbol{W}$。由式(3.22)、式(3.23)和上述关于 e_t、$\boldsymbol{\varepsilon}_t$ 的假定，运用广义最小二乘法，可得到下面一组卡尔曼滤波技术应用于数值预报产品释用时的递推公式：

(1)在 t 时刻作对 $t+1$ 时刻的回归系数估计，进而给出对预报量在 $t+1$ 时刻的估计值（预报值）：

$$\hat{\boldsymbol{b}}_{(t+1)/t} = \hat{\boldsymbol{b}}_{t/t},\hat{\boldsymbol{y}}_{(t+1)/t} = (\hat{\boldsymbol{b}}_{(t+1)/t})'\boldsymbol{x} \tag{3.24}$$

(2)在 t 时刻给出对 $t+1$ 时刻的回归系数估计误差矩阵的估计值 $P_{t+1/t}$，进而给出增益向量 $\boldsymbol{K}_{t+1}$：

$$\boldsymbol{P}_{(t+1)/t} = \boldsymbol{P}_{t/t} + \boldsymbol{W}\,\boldsymbol{K}_{t+1} = \boldsymbol{P}_{(t+1)/t}\boldsymbol{x}\,(\boldsymbol{x}'\boldsymbol{P}_{(t+1)/t}\boldsymbol{x} + \upsilon)^{-1} \tag{3.25}$$

(3)得到 $t+1$ 时刻预报量的实测值 y_{t+1} 后，对该时刻回归系数的估计值进行订正：

$$\hat{\boldsymbol{b}}_{(t+1)/(t+1)} = \hat{\boldsymbol{b}}_{(t+1)/t} + \boldsymbol{K}_{t+1}(y_{t+1} - \hat{y}_{(t+1)/t}) \tag{3.26}$$

并对回归系数估计误差矩阵的预估值 $\boldsymbol{P}_{t+1/t}$ 进行订正：

$$\boldsymbol{P}_{(t+1)/(t+1)} = (I - K_{t+1}x')\boldsymbol{P}_{(t+1)/t} \tag{3.27}$$

(4)将值 $t+1$ 赋给 t，即可进行下一个递推段的计算。

为了启动上述递推过程，需要给定回归系数向量及其估计误差矩阵的初始值 $\hat{\boldsymbol{b}}_{0/0}$ 和 $\boldsymbol{P}_{0/0}$、量测方程随机误差的方差 υ 和状态方程模型误差方差矩阵 $\boldsymbol{W}$。$\hat{\boldsymbol{b}}_{0/0}$ 值通常由开始少量历史资料用最小二乘回归方法进行估计，而 $\boldsymbol{P}_{0/0}$ 可以简单地取为 0 矩阵，也可根据经验对 0 矩阵作一定的修正。υ 值的选取可通过初始回归方程的残差平方和进行估计。而状态方程中模型噪声 $\boldsymbol{\varepsilon}_t$ 的误差方差矩阵 $\boldsymbol{W}$ 的估计不能显而易见地给出，需要凭经验反复试验确定。参见图 3.24 和图 3.25。

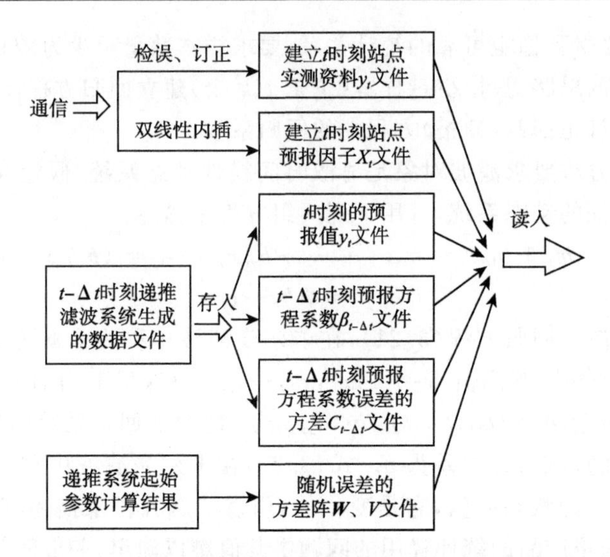

图 3.24　卡尔曼滤波系统制作天气要素预报的业务流程——建立数据文件

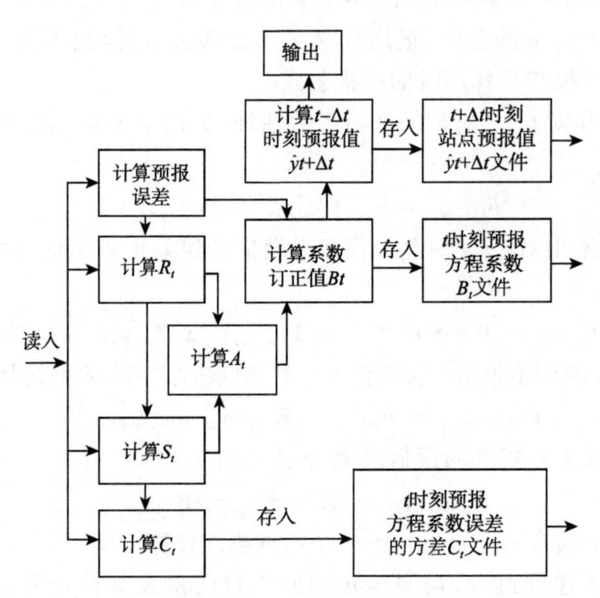

图 3.25　卡尔曼滤波系统制作天气要素预报的业务流程——递推系统计算流程

3.2.3.2　应用中的若干问题讨论

(1)预报对象的选择

预报对象最好选择具有线性变化特征的连续性变量,如温度、湿度、风等气象要素。

(2)预报因子的选择

预报因子与预报对象之间相关程度高而且预报因子要具有较高的精度，预报因子的个数不宜过多，一般不超过 4 个。

(3)递推滤波的时间间隔

递推滤波的时间间隔不宜长，一般在短时或短期预报中应用卡尔曼滤波方法优于中期预报。

(4)预报精度

选择好的预报因子是至关重要的。

(5)预报滞后现象

预报值的变化滞后于观测实况的变化，尤其在预报对象发生剧烈变化时比较明显，要克服这一现象有待进一步研究。

3.2.3.3　应用举例

例 14　卡尔曼滤波方法在天气预报中的应用

陆如华和何于班(1994)制作了北京 1993 年 1 月份逐日最低气温 36 小时预报。预报结果令人满意，表明该方法很有实用价值，与 MOS 方法相比，它的优点是不需要收集大样本历史资料，因此，它容易适应数值预报模式的变化。

如图 3.26 所示，1993 年 1 月份北京冷空气活动比较频繁，其中有 3 次较强冷空气活动，分别出现在 3—5 日，8—11 日及 13—16 日。预报与实况相比，两者的变化趋势很一致，其中 8—11 日及 13—16 日这两次冷空气活动预报得十分精彩，一个月预报的均方根误差为 1.68 ℃。为了进一步考查卡尔曼滤波方法，用 12 月份回归方程制作北京 36 小时最低气温预报(图中虚线)，其预报精度明显不如卡尔曼滤波方

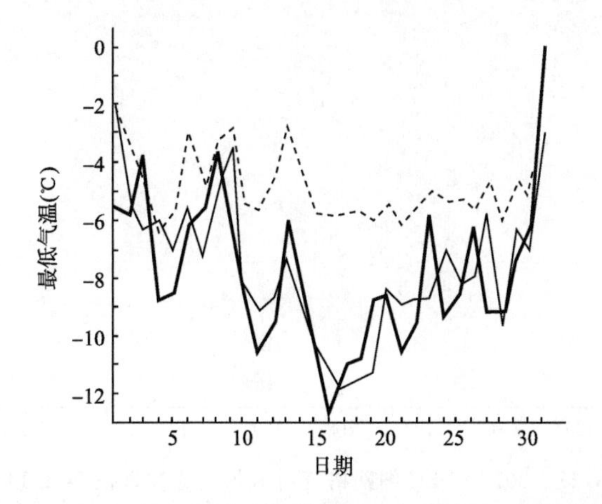

图 3.26　1993 年 1 月逐日最低气温卡尔曼滤波 36 小时预报

粗实线：实况；细实线：卡尔曼滤波法预报；虚线：回归方法 36 小时预报

法，其均方根误差达到 3.45 ℃。这表明了使用短样本资料建立的回归方程，其系数不随时修正的话，其预报效果明显不如卡尔曼滤波方法好。

例 15 卡尔曼滤波法对广西地区温度预报的订正效果

韩慎友(2016)使用 2015 年欧洲中长期数值预报中心细网格 2 m 温度预报资料和卡尔曼滤波方法进行订正。通过计算不同偏差订正系数值的误差和准确率，求取最优的本地化偏差订正系数，即使预报准确率最高的偏差订正系数值，确定不同预报时效的最优偏差订正系数值。并将订正后的温度预报结果通过 cressman 插值方法得到修正的精细化格点预报。

对于广西 90 个国家气象站，最高温度 1～7 d 预报时效的最优偏差订正系数分别是：0.5、0.5、0.4、0.4、0.5、0.3、0.4；最低温度 0.75、0.6、0.75、0.6、0.3、0.15、0.3。24 h 时效的 14 时温度预报(使用 EC 细网格 42 h 预报时效数据)的 TS 评分，经卡尔曼滤波订正后准确率为 66.24%，比订正前的 43.42%提高了 22.81%(图 3.27)；24 h 最高温度预报订正后 TS 评分为 67.03%，准确率提高 32%(图 3.28)；24 h 最低温度预报(使用 EC 细网格 36 h 预报时效数据)订正后 TS 评分为 80.05%，提高 8%(图 3.29)。广西不同地区预报准确率差别明显，南部预报准确率高于北部地区，部分河谷地区和山区预报准确率较低。

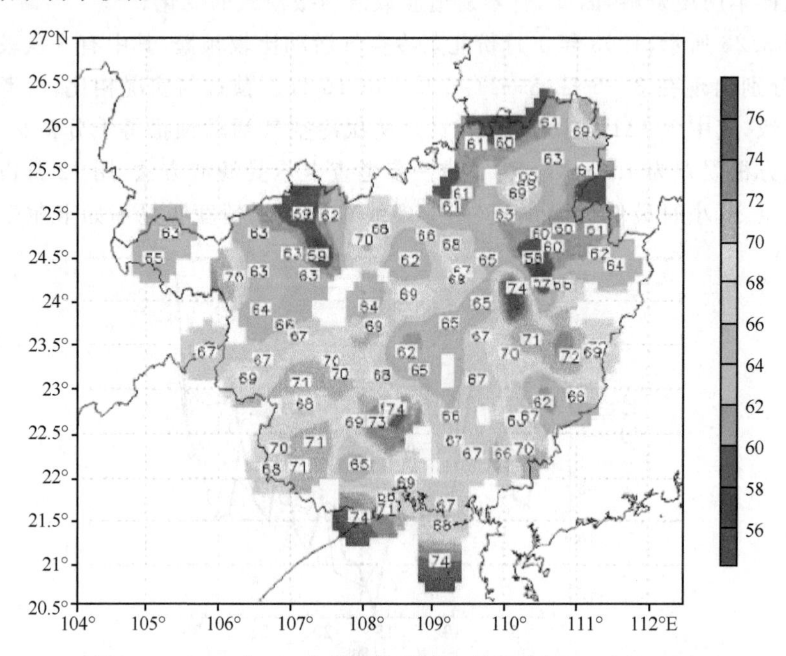

图 3.27 2015 年 EC 细网格资料卡尔曼滤波订正 24 h 14 时温度预报 TS 评分

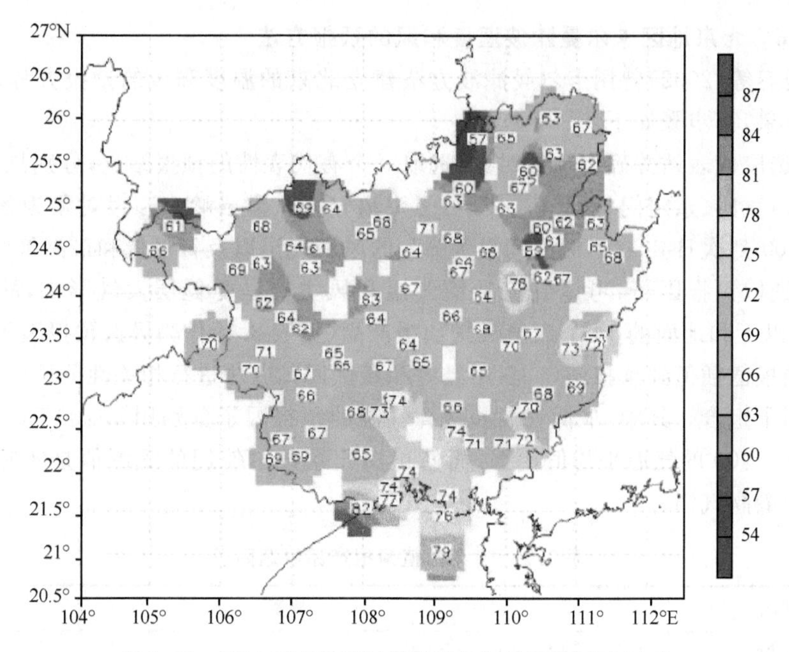

图 3.28　2015 年 EC 细网格资料卡尔曼滤波订正 24 h 最高气温预报 TS 评分

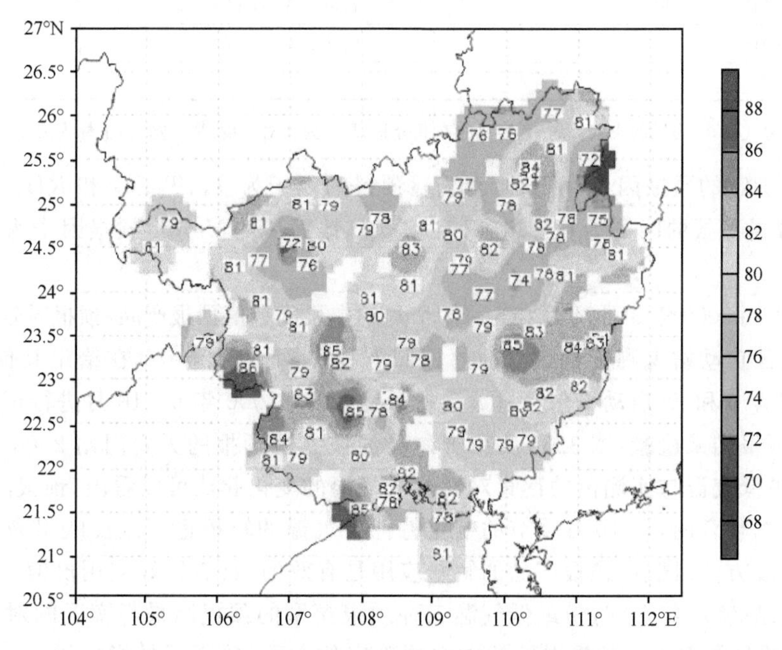

图 3.29　2015 年 EC 细网格资料卡尔曼滤波订正 24 h 最低气温预报 TS 评分

例 16　北京地区卡尔曼滤波温度和风的预报方法

王迎春等(2002)曾用卡尔曼滤波方法建立北京的温度和风的预报方程，取得了较好的效果，其步骤如下：

(1)选取代表站并确定预报对象：选取 9 个有代表性的预报站点，分别是天安门、东直门、西直门、永定门、丽泽桥、怀柔、门头沟、房山、霞云岭。预报对象为各站点的当日 17:00 到次日 20:00，时间间隔为 3 h 的风和气温以及日最低和最高气温。

(2)选取预报因子：考虑到近地面气温和风主要是受低层大气影响，故选取了 500 hPa 以下和地面的 14 个数值天气预报产品(见表 3.7)作为候选预报因子。将模式格点预报值插值到预报站点上，用经验和最优回归方法进行相关性分析统计，挑选出最佳因子组合。其中，最低气温和最高气温的预报因子分别用 05:00 和 08:00 及 14:00 和 17:00 的气温平均值代替，而修正回归系数时使用的观测值是实际观测到的最低和最高气温。

表 3.7　14 个数值预报产品候选因子

层次	要素
500 hPa	T_1
850 hPa	T_2,U_5,V_8,RH_{11}
1000 hPa	T_3,U_6,V_9,RH_{12}
2(10)m	T_4,U_7,V_{10},RH_{13}
地面	R_{14}

注：T 为气温，U 为风的东西分量，V 为风的南北分量，RH 为相对湿度，R 为降水，下标为因子的顺序号。

最后确定的预报因子：用于地面气温预报的因子为 T_4、T_2、V_8 和 RH_{13}；用于地面风 U 分量预报的因子为 U_5、T_2、T_4 和 RH_{12}；地面风的 V 分量预报因子为 V_8、T_1、T_2、RH_{12}。

(3)利用 2000 年 3 月、4 月和 5 月 3 个月的中尺度数值预报产品(预报时效为 36 h)和北京地区自动站观测资料建立初始回归方程，进而得到 $\hat{b}_{0/0}$。在给定其他三个起步参数 $P_{0/0}$、υ 和 W 启动卡尔曼滤波递推系统，并对 2000 年 6—10 月进行试预报。

(4)预报结果检验：图 3.30 为由卡尔曼滤波方法预报的天安门站 2000 年 10 月份最高、最低气温与实测值的逐日对比。从气温的变化起伏可以看出，预报的趋势与实况是基本吻合的，且 10 月季节的变化特征及气温的转折也可以反映出来，这说明卡尔曼滤波方法对数值预报产品的解释应用是有效的，具有较好实用价值。图 3.31 为天安门站 2000 年 10 月份最低气温三种预报模型的预报结果与实况的对比，图中 4 因子指的是使用 4 个预报因子的本方法确定的方程，单因子是指仅用 2 m 气温作为预报因子的方程计算所得结果，2 m 温度就是指 MM5 直接输出的 2 m 温度。从中可以看出，本方法所计算的预报结果好于模式直接输出的 2 m 温度，可见通过使用卡尔曼滤波方法对 MM5 的预报产品进行解释应用，地面温度的预报有明显的提高。

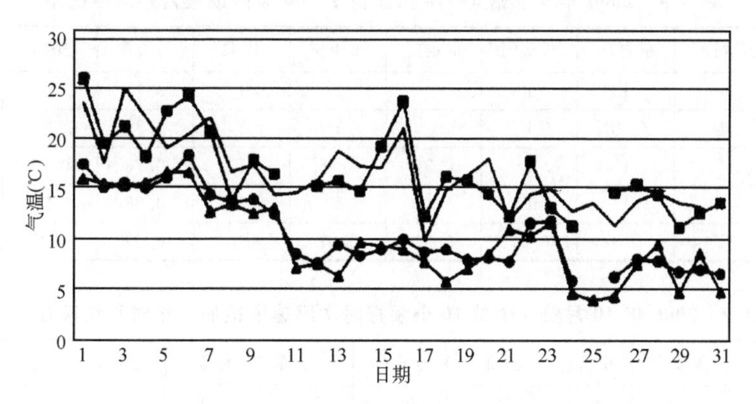

图 3.30　2000 年 10 月份天安门最低和最高气温 36 h 预报与实况对比

（一最高气温实况■最高气温预报▲最低气温实况●最低气温预报）

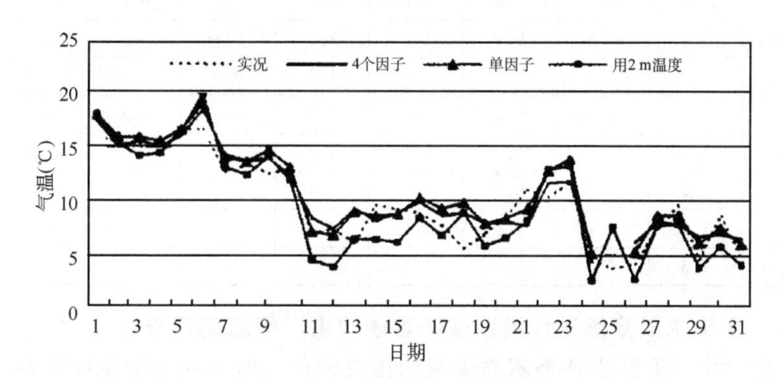

图 3.31　2000 年 10 月三种不同模型的天安门逐日最高气温 36 h 预报与实况的对比

通过 2000 年 6—10 月 9 个站卡尔曼滤波方法与会商室预报员的最低气温、最高气温预报准确率的对比（会商室的预报是指每天 15:30 预报会商后对外发布的当天夜间最低气温和第二天白天的最高气温预报准确率），我们把预报与实况绝对误差小于 2.0 ℃视为准确，准确率为报对的次数除以预报的总次数。总体来看，该系统的预报准确率接近预报员水平，具有很好的参考价值。

表 3.8 和表 3.9 分别是 2000 年 9 个站 6—10 月 17:00 卡尔曼滤波方法的风向预报准确率和 2000 年 10 月份 9 个站 10 个预报时次风速预报的月绝对平均误差分析。由于北京地方性风为南风、北风，所以在分析风向的预报准确率时按东、西、南、

北4个方向来判断，由于风向的准确率较高，所以风速的月绝对平均误差多数小于1.6 m/s也是可信的。因此，如果按级别来预报风速，该系统是有指导意义的。

表3.8　2000年9个站6—10月逐日17:00风向预报月平均准确率

月份	天安门	东直门	西直门	永定门	丽泽桥	怀柔	门头沟	房山	霞云岭
6	1	1	1	1	1	1	0.77	1	1
7	1	0.96	1	1	1	1	0.86	1	1
8	1	1	1	0.96	0.96	1	0.76	0.92	1
9	1	1	1	1	1	1	0.86	1	1
10	1	0.9	0.97	0.93	0.97	1	0.59	0.9	0.97

表3.9　2000年10月份9个站10个预报时次风速预报的月绝对平均误差　(单位:m/s)

时间	天安门	东直门	西直门	永定门	丽泽桥	怀柔	门头沟	房山	霞云岭
当天17:00	1.4	0.7	0.8	0.7	1.2	1.1	1.5	1.2	1.1
当天20:00	1.3	0.6	0.8	0.8	1.1	0.9	1	0.8	0.5
当天23:00	1.3	0.5	0.6	0.5	0.8	1	0.6	0.9	0.8
第二天02:00	1.6	0.6	0.9	0.9	1.2	0.8	0.9	0.7	0.8
第二天05:00	1.5	0.7	0.9	0.8	1.5	0.9	0.9	0.7	0.5
第二天08:00	1.4	1.1	0.7	0.6	1.2	0.8	1.3	0.9	0.7
第二天11:00	1.6	1	0.7	0.9	1.3	1.3	1.4	1.6	1
第二天14:00	1.5	0.9	0.8	0.7	1.1	1.2	1.5	1	0.9
第二天17:00	1.7	0.7	0.9	0.8	1.3	1.2	1.6	1.3	1.2
第二天20:00	1.3	0.9	0.8	0.6	1	1.5	1.2	0.9	0.5

例17　用卡尔曼滤波制作河南省冬春季沙尘天气短期预报

梁钰等(2006)将沙尘这个不连续量的预报转化为对风速和能见度这两个连续量的预报，通过对它们的预报达到对沙尘天气的预报。利用T213数值预报产品的6 h物理量预报场，计算出所需的预报因子，并读取当日各站的风速和能见度实况，用卡尔曼滤波方法对预报方程系数进行修正后，即可实现风速和能见度的滚动预报。并利用相应的沙尘天气分级量化标准，实现了河南省冬、春季沙尘天气的短期分站、分级预报。

具体步骤：

(1)根据沙尘天气的定义及分级量化标准结合台站观测的实际情况，利用能见度(VV)和风速(V)初步给出了沙尘天气的分级量化标准(表3.10)。

表 3.10　沙尘天气的分级量化标准

沙尘类型	能见度(km)	风速($m \cdot s^{-1}$)
浮尘	$VV<10.0$	$V\leqslant 3$
扬沙	$1.0\leqslant VV\leqslant 10.0$	$6>V>3$
沙尘暴	$VV<1.0$	$V\geqslant 6$

(2)由于卡尔曼滤波对象是离散时间的线性动态系统,因此,将沙尘这个不连续量的预报转化为对风速和能见度这两个连续量的预报。在进行风速和能见度预报因子的选取时,首先根据形势分析和物理量分析结论,选取了一些初级因子,并增加一复合因子,然后经过反复分析和相关性计算,确定最终入选因子。

(3)不同区域的站点,预报因子并不完全相同。郑州站风速预报因子:①地面气压差 $X_1=p_{西安}-p_{郑州}$;②地面24小时变压差 $X_2=\Delta p_{24西安}-\Delta p_{24郑州}$;③1000 hPa 全风速 $X_3=V_{1000郑州}$;④温度梯度 $X_4=T_{850(郑州-北京)}$。郑州站能见度预报因子:①500 hPa 高度差 $X_1=H_{500西安}-H_{500郑州}$;②近地面层稳定度 $X_2=T_{850郑州}-T_{1000郑州}$;③近地面层湿度项 $X_3=(T-T_d)_{1000郑州}$;④上升运动项 $X_4=\omega_{500郑州}$。

(4)利用T213数值预报产品的6 h物理量预报场,计算出所需的预报因子,并读取当日各站的风速和能见度实况,用卡尔曼滤波方法对预报方程系数进行修正后,实现风速和能见度的滚动预报。

结果分析:利用2004年1—5月的资料,对建立的沙尘预报方法进行了业务试验。从11个站的分站预报结果来看(表3.11),扬沙和浮尘的平均预报准确率达到了60%以上,但沙尘暴的预报准确率较低,仅有46.2%。造成准确率下降主要原因是空报较多。分析空报原因将预报方法进行了后处理,增加了两条判别指标。(1)方程输出沙尘预报等级后,再利用该站前15天的降水实况与历史平均值进行对比,如果总降水量比历史同期偏多20%以上时,该站沙尘天气预报结果降低一个等级(如方程预报结果为沙尘暴,则实际发布预报结论为扬沙,以此类推)。(2)如果预报站点前一天实况已经出现降水或T213数值产品预报6 h内有降水发生时,该站沙尘天气预报结果相应降低一个等级。这样就大大减少了空报率。

表 3.11　用卡尔曼滤波方法做全省沙尘天气预报的试验结果(2004年1—5月)

24 h 预报项目	对(次)	空(次)	漏(次)	准确率
浮尘天气	38	15	7	63.3%
扬沙天气	35	16	7	60.3%
沙尘暴天气	6	5	2	46.2%

春季沙尘天气短期预报业务流程如图 3.32 所示。

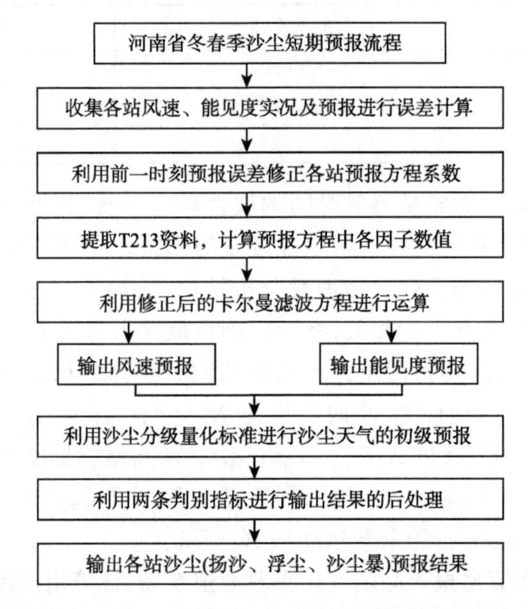

图 3.32 河南省冬春季沙尘天气短期预报业务流程图

3.2.4 人工神经网络

3.2.4.1 人工神经网络概念

人工神经网络(artificial neural networks,ANN)系统是 20 世纪 40 年代后发展起来的一种预报方法。它是由众多的神经元可调的连接权值连接而成，具有大规模并行处理、分布式信息存储、良好的自组织自学习能力等特点。其中误差反向传播算法(back propagation,BP)是人工神经网络中的一种监督式的学习算法。BP 神经网络算法在理论上可逼近任意函数，基本的结构由非线性变化单元组成，具有很强的非线性映射能力。而且网络的中间层数、各层的处理单元数及网络的学习系数等参数可根据具体情况设定，灵活性很大，因此在多模式集成预报中也被广泛采用。由于人工神经网络技术方法在处理非线性问题时，与传统的线性处理技术相比具有许多优良特性，比较适用于大气科学中的相关问题研究，特别是一些非线性的气象预报问题。

人工神经网络是从微观结构和功能上对人脑神经系统的模拟而建立起来的一类模型，具有模拟人的部分形象思维的能力。其主要特点是具有非线性特征、学习能力和自适应性，是模拟人的智能的一条重要途径，反映了人脑功能的若干基本特征，如并行信息处理、学习、联想、记忆、模式分类等。它是由简单信息处理单元(人工神经元，简称神经元)互联组成的网络，能接受并处理信息。神经网络是具有高度非线性的系统，具有一般非线性系统的特性。虽然单个神经元的组成和功能极其有限，但大量神经元构成的网络系统所能实现的功能是丰富多彩的。网络的信息处理由处理单元之间的相互作用来实现，它是通过把问题表达成处理单元之间的连接权值来处理的。决定神经网络整体性能的三大要素为：神经元的特性；神经元之间相互连接的形式拓扑结构；为适应环境而改善性能的学习规则。

人工神经网络是模仿人类脑神经活动的一种人工智能技术，它是人脑的某种抽象、简化和模拟，反映了人脑功能的若干基本特征：

(1)网络的信息处理由处理单元间的相互作用来实现，并具有并行处理的点；

(2)知识与信息的存储，表现为处理单元之间分布式的物理联系；

(3)网络的学习和识别，决定于处理单元连接权系的动态演化过程；

(4)具有联想记忆的特性。

人工神经网络的处理单元就是人工神经元，也称为节点。处理单元用来模拟生物的神经元，但只模拟三个功能：对每个输入信号进行处理，以确定其强度(权值)；确定所有输入信号组合的效果(加权和)；确定其输出(转移特性)。处理单元的结构示意图见图 3.33。

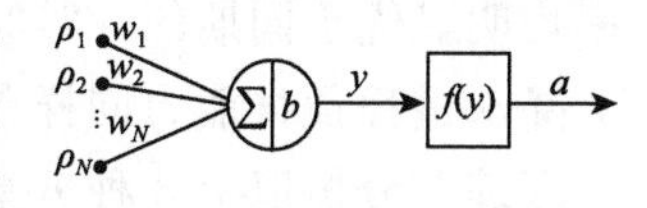

图 3.33　神经元 M-P 模型

人工神经网络作为一种新型的信息获取、描述和处理方式，正越来越多地应用于控制领域的各个方面。神经网络作为一种新技术之所以引起人们巨大的兴趣，是因为它具有自学习、自组织、较好的容错性和优良的非线性逼近能力等重要的特征和性质。目前，人工神经网络在信号处理、模式识别、图像处理、自动控制、组合优化和机器人控制等各个领域都取得了相当大的进展。

3.2.4.2　应用举例

例 18　广西逐日降水数值预报产品释用预报

林健玲(2005)利用 2002 年和 2003 年 5 月、6 月中国气象局的 T213 模式和日本细网格降水模式的 48 小时预报场等数值预报产品资料，采用人工神经网络方法进行新的数值预报产品释用预报方法研究。

首先根据 1951—2000 年 5、6 月广西 89 站逐日降水资料，通过聚类分析方法按相似程度把广西分成 3 个区，并以 3 个分区为基本预报区域。为探索数值预报产品释用的新途径，设计了 3 种不同的方案对 2004 年 5、6 月进行实际业务预报试验。

方案(1)：按业务规定对 3 个基本预报区的逐日平均降水量分成 5 级(无雨、小雨、中雨、大雨、暴雨)，以 24 小时平均降水量级为预报对象，对 T213 和日本模式的数值预报产品场进行相关普查，初步筛选预报因子。对初选的数值预报因子进行主分量分析，提取相关程度高的主分量作为神经网络的输入矩阵，建立网络结构规模较小的神经网络降水量级定性预报模型，并进行实际业务预报试验。分析预报模型的性能，对神经网络模型的输入矩阵构成提出改进方法。

方案(2)：同样以3个区域24小时平均降水量级为预报对象，根据方案(1)提出的改进方法，进行新的试验。为突出日本模式降水预报因子的作用，仅对数量众多的T213预报因子进行主分量分析，提取相关好的主分量，并和没有参与主分量分析的日本模式降水预报因子一起组成新的神经网络模型的输入矩阵。试验结果表明，这种保留优秀预报因子信息的方法是有效的。所建立的广西3个预报区域的人工神经网络预报模型对中雨以上降水量级预报的TS评分分别为0.55、0.5和0.26，比当时业务预报中参考使用的T213和日本数值预报产品降水预报具有更好的预报效果。

方案(3)：在定性降水量级预报试验成功的基础上，进一步进行定量降水预报试验。以3个区域24小时平均降水量为预报对象，运用已经试验成功的方案(2)的方法，建立神经网络平均降水量预报模型进行实际业务预报试验。统计试验结果表明，建立的神经网络模型逐日预报的平均绝对误差、最大预报误差以及可信预报的百分率均明显优于同期的T213数值预报模式的降水预报精度，神经网络模型的中雨以上降水过程预报能力同样也优于T213，显示了很好的应用前景。

综合分析以上3种方案的试验结果，最后提出的保留优秀预报因子的预报信息，对数量众多的其他预报因子进行主分量分析以获得网络结构规模较小、预报信息丰富全面的神经网络模型的方法具有更好的预报能力，是数值预报产品释用预报的新尝试，为充分利用数值预报产品，提高业务预报水平，提供了新的思路和有效方法。

例19 模块化模糊神经网络的数值预报产品释用

金龙等(2003)利用综合应用预报量自身时间序列的拓展，数值预报产品和模块化模糊神经网络方法，研制了一种新的数值预报产品释用方法。并在实际预报中与常规PP预报方法对比检验，结果表明，这种模块化模糊神经网络数值预报产品释用预报方法比PP预报方法的预报精度显著提高。并且，通过对预报模型“过拟合”现象的研究发现，这种模块化模糊神经网络的数值预报产品释用预报模型具有很好的泛化性能。

模块化模糊神经网络是由模糊规则网络和规则适应度网络组成，其中模糊规则网络是用来表示模糊规则结论部函数。模块化模糊神经网络的结构如图3.34所示，由该网络结构可以看出，模块化网络是由规则适应度网络是采用模糊C均值聚类方法，将输入样本X划分成C个子域作模块化处理。

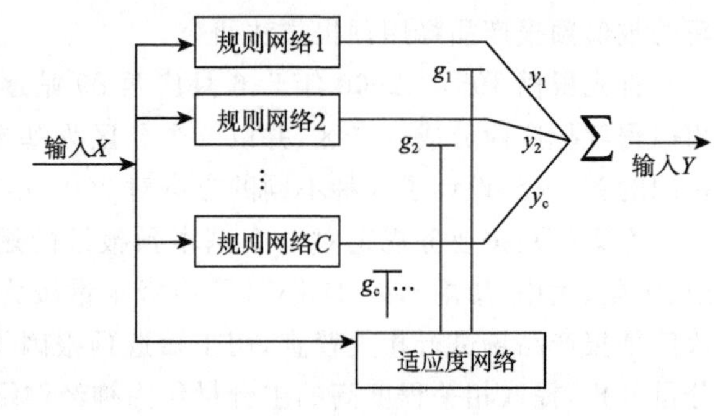

图3.34 模块化模糊神经网络结构

本例以广西北部、中部、南部，桂林、柳州、南宁 3 个代表站，2001 年春季(2—4 月)共计 89 天的日平均气温序列作为预报研究对象。根据常规的完全预报(PP)方法，计算出欧洲中心中期数值预报模式 850 hPa 温度分析场资料与上述 3 站日平均温度序列的相关格点，将达到相关显著性水平的格点作为基本预报因子，采用回归方法建立 3 个站的基本预报方程：

$$y = 7.327 + 0.267x_1 + 0.134x_2 + 0.086x_3 + 0.164x_4$$

$$y = 5.675 + 0.784x_1 + 0.384x_2 + 0.326x_3 - 0.267x_4$$

$$y = 3.635 + 0.541x_1 + 0.199x_2 + 0.729x_3 - 0.514x_4 - 0.182x_5$$

为了统一的对比检验分析，3 个站的预报方程样本均取第 3 至 74 天的前 72 个样本，而最后 15 d 作为预报方程的独立样本用于预报检验。方程的复相关系数分别为 0.8646，0.8753，0.8707。以方程为基本方程，将后 15 d 需要预报的 48 h 的预报场资料代替原方程中的分析场资料即可得到常规 PP 方法的预报结果。计算结果表明 PP 方法对 3 个站 15 d 的逐日平均气温的预报平均绝对误差分别为：2.31 ℃(桂林)、3.23 ℃(柳州)和 2.07 ℃(南宁)。

利用建立带有预报量后延序列的模糊神经网络统计动力预报模型，则预报量自身时间序列必须具有很好的时滞相关。为此，进一步分别计算了桂林、柳州和南宁 3 个站 2001 年 2—4 月，89 d 日平均气温序列的前 74 个样本与各自序列的 2 个后延序列的相关(见表 3.12)。结果发现，3 个站日平均气温序列与其 2 个后延序列的相关系数均超过 0.001 相关显著水平。

预报结果检验：模块化模糊神经网络数值预报产品释用预报方法比 PP 预报方法的预报精度显著提高。

表 3.12 模糊神经网络预报模型不同训练次数的预报检验分析

训练次数	站点	历史样本拟合		独立样本检验	
		平均绝对误差(℃)	平均相对误差(%)	平均绝对误差(℃)	平均相对误差(%)
1000	桂林	1.18	9.17	1.39	7.75
	柳州	1.24	8.16	1.61	8.05
	南宁	1.14	7.11	1.72	7.67
1300	桂林	1.18	9.73	1.39	7.75
	柳州	1.23	8.08	1.57	7.91
	南宁	1.14	7.11	1.64	7.27
1500	桂林	1.17	9.57	1.34	7.57
	柳州	1.22	8.05	1.61	8.21
	南宁	1.09	6.81	1.65	7.32

续表

训练次数	站点	历史样本拟合		独立样本检验	
		平均绝对误差(℃)	平均相对误差(%)	平均绝对误差(℃)	平均相对误差(%)
1800	桂林	1.16	9.43	1.42	7.93
	柳州	1.22	8.04	1.57	7.88
	南宁	1.09	6.80	1.60	7.12
2000	桂林	1.15	9.41	1.40	7.69
	柳州	1.21	8.01	1.53	7.78
	南宁	1.09	6.79	1.60	7.09
2500	桂林	1.13	9.39	1.41	8.02
	柳州	1.19	7.89	1.62	8.16
	南宁	1.08	6.76	1.60	7.18

模糊神经网络预报模型的历史样本拟合结果见图 3.35。图 3.35 给出了桂林、柳州、南宁 3 个站 72 d 日平均气温实测值和预报模型对历史样本的拟合值。由图 3.35 可以看出，模糊神经网络预报模型对历史样本的拟合精度相当高，3 个站实测值与拟合值的相关系数分别为 0.9337(桂林)、0.9464(柳州)、0.9459(南宁)，而实测值与拟合值的平均值绝对误差分别为：1.15 ℃，1.56 ℃和 1.63 ℃。这种新的数值预报产品释用预报方法对 3 个站 15 d 日平均气温独立样预报平均绝对误差分别为 1.39 ℃(桂林)、1.57 ℃(柳州)和 1.64 ℃(南宁)，其中误差下降最大的柳州站，15 d 48 h 预

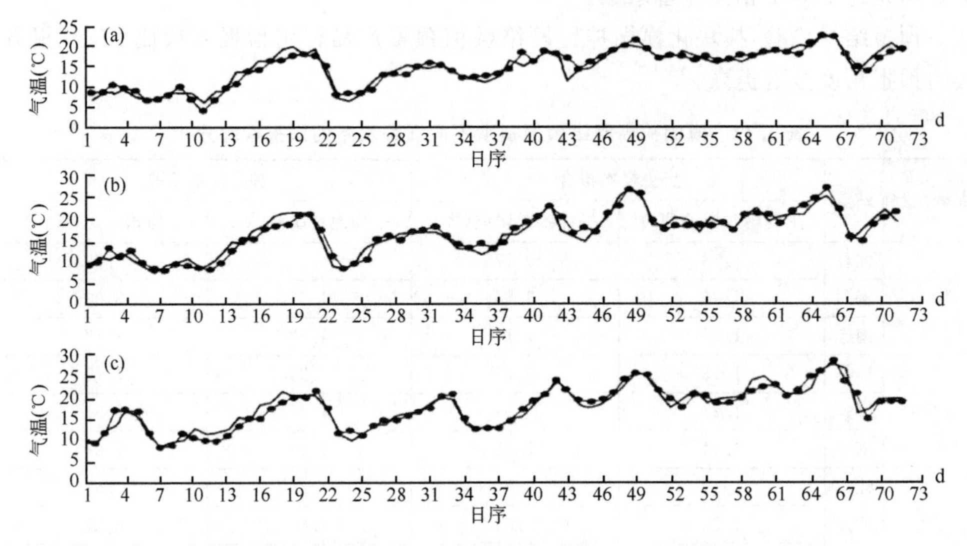

图 3.35 模糊神经网络预报模型的历史样本拟合结果

(实线为实测值，点线为拟合值；(a)桂林，(b)柳州，(c)南宁)

报的平均预报误差比前面的常规 PP 方法预报误差下降了近一半，3 个站平均预报绝对误差下降了 1 ℃。原来 3 个站 PP 方法的平均预报相对误差为 13.9%，而带有时间序列延拓序列的模糊神经网络方法 3 个站的平均预报相对误差 7.7%，预报精度提高十分显著。显然，这种预报能力的提高不仅与采用的预报建模方法有关，同时由于本例提出的这种改进方法比传统的 PP 预报方法更多地考虑了预报量时间序列的延拓序列也有相当作用，这可以从更多方面反映对预报量未变化的影响因素，具有合理的分析依据。

3.3　数值预报产品动力释用

动力释用方法采用非统计的方法来应用数值预报产品，随着数值预报产品在形势和要素预报能力上的不断提高，通过相关理论研究使其在灾害性天气的预报上显示出广阔的前景。

动力释用方法用于预报量和某些变量或要素间已知的关系明确的情况下，对预报变量做出预报。例如假设当前降水量 R 和垂直速度 ω 之间存在如下关系：

$$R = f(\omega) \tag{3.28}$$

则根据数值预报产品提供的 ω 值代入上式即可进行降水的预报。

动力释用的核心是预报量与某些数值预报产品能提供的变量或要素之间的关系是明确的、定量的，其优点是将预报变量与因子变量之间的诊断关系通过数值产品属于预报范畴的特点转化成了预报产品，这在一些灾害性天气的预报中可以发挥重要作用。

3.3.1　动力诊断方法

诊断分析一直是天气分析的重要手段，在目前数值预报对高空形势、高度、温度、速度预报较准的情况下，直接利用数值预报产品进行诊断分析是数值预报产品释用中不可忽略的方法。

对某个地区而言，要考虑当地的地理位置，综合各种天气系统对当地的影响。在使用数值预报产品的过程中，要紧紧抓住影响当地的天气系统（简称影响系统）的演变特征。对天气尺度的宏观背景而言，副高的进退、强弱变化，西风带槽脊的移动和强度变化，地面锋区的位置和移动特征，相关物理量的配置等就是需要密切关注的事项。由于目前数值预报尤其是短、中期数值预报对形势的预报已远远超过人工预报的水平，所以在形势分析中要始终贯彻以数值预报结果为基础的思路。

在掌握了宏观天气背景后，近期大概会是什么样的天气，有没有大的天气过程影响，预报员此时基本能心中有谱。但要想知道过程有多强，发生在什么时间，什么区域，要素分布会怎样，则还需进一步对次天气尺度到中尺度的天气系统并配合物理量的强度、分布特征进行细致分析。随着数值模式分辨率的进一步提高和产品的日益丰富，切变线（辐合线）、低涡、急流以及 β 中尺度的天气系统都有可能提取识别，一般常用物理量如涡度、散度、垂直速度、假相当位温、位涡、相对湿度、K 指数、A 指数等也都可以获取。此时，就需在宏观天气背景下进一步分析这些中尺度天气系统的生消演变情况以及与之相应的物理量的空间配置，从而得出合理的预报结果。

3.3.2 落区预报法

落区预报法也称叠套法，具体做法就是将表征某种天气现象的一些物理量的特征线（值）或中尺度系统，按照数学上取交集的办法描绘在一张图上，认为各种物理量或系统构成的交集对应的区域就是这种天气现象最可能发生的区域。在实际业务中，由于 MICAPS 系统提供了图层式的图形显示方式，在描绘或定位物理量和中尺度系统时的交集区域时非常方便。

落区预报既然是预报，物理量自然是由数值预报提供的预报产品。在物理量的选取时，需要注意的就是这些物理量种类和量级对预报对象的针对性，比如暴雨和强对流的共性和差异，暴雨可能更需要的是丰富的水汽条件、合适的动力抬升条件和一定的持续时间，而强对流则注重暖湿与干冷空气的叠置形成的热力不稳定条件、能量状况、垂直风切变状况，地面风场的变化等等。在天气系统方面与暴雨紧密联系的有锋面、高低空急流、切变线（辐合线）、低涡、气旋、西风槽、东风波、台风倒槽等，与强对流天气相联系的有逆温层结、干线、中尺度的锋面、辐合线、切变线、冷暖舌的配置等等。

3.3.3 配料法

配料法是一种基于数值预报产品的动力释用预报方法，Doswell 等（1996）在引发洪水的暴雨潜势预报中，分析了不同强降水类型发生的物理机制，首次给出了“配料法”（ingredients based methodology）的基本思路。它多用于暴雨和强对流天气的预报，其核心首先是要对产生强降水天气的物理机制有所认识，抓住造成强降水天气的主要因子和物理量，将之作为“配料”，然后通过统计分析建立预报模型。

配料法与落区预报法相比对强降水天气的指示能力似乎进了一步，对物理量或影响因子有一定的筛选和统计基础，增加了一些定量成分，但总体来说，配料法通常提供的是强降水天气发生的潜势预报，属于定性预报的范畴。

3.3.4　动力建模方法

动力建模的方法是利用数值预报产品计算具有动力学意义的物理量、稳定度、能量等因子，采用统计学方法进行建模，以克服大尺度模式对局地天气预报不敏感的缺陷，即利用动力热力因子、采用统计学原理建立预报方程或概念模型进行预报。

3.3.5　动力推算方法

根据最新的监测资料(卫星、雷达、GPS、雨量等)结合数值预报产品，利用动力学方法对降水等进行修正的预报方法。目前利用 GPS 可降水资料预测降水也有了新进展，将 GPS 监测到的大气含水量和模式输出的可降水量相结合也可修正得到更准确的降水量预报。

3.3.6　应用举例

例 20　强降水动力释用方法

金琪等(2008)曾引进国家气象中心夏建国设计的强降水动力释用方法，利用中国气象局武汉暴雨研究所 AREM 模式输出的风场、比湿场与垂直速度场，结合实况降水强度，预报华中区域的降水强度及降水量，取得了较好的效果。

该方法的基本思路是：在数值模式运行后，同时获得最新观测资料的 6 h 降水量基础上，推算出相应的降水强度和垂直速度，并用其来修正数值模式有关格点的垂直速度预报场，再近似计算未来 6～30 h 的降水强度及各 6 h 时段的降水量。其详细方案如下。

(1)由 6 小时雨量推断降水强度

6 小时雨量 R_6(单位：mm)与降水强度 R(单位：g/s)的经验诊断关系是：

$$R = R_6/(RTIME \times 3600 \times RATE) \tag{3.29}$$

式中，R 为降水强度(g/s)；R_6 为 6 h 雨量；$RTIME$ 为降水时间，以 1.5 h 作试验；$RATE$ 为水汽与降水量的比率，即 1 g 水汽能产生 10 mm 的降水量(在 1 cm^2 面积上)。

(2)由 6 小时降水强度推断出垂直速度

另外，降水强度公式还可近似表示为：

$$R \approx \frac{1}{g}\int_{p_s}^{0} \nabla\cdot(\mathbf{V}q)\,\mathrm{d}p = \frac{1}{g}\int_{p_s}^{0} \mathbf{V}\,\nabla q\,\mathrm{d}p + \frac{1}{g}\int_{p_s}^{0} q\,\nabla\cdot\mathbf{V}\,\mathrm{d}p \tag{3.30}$$

式中，p_s为地面气压，q 为比湿，$\mathbf{V}$ 为风矢量。为简化计算，略去 500 hPa 以上的水汽对强降水的贡献，上式积分上限设为 500 hPa。利用连续方程：

$$\frac{1}{g}\int_{p_s}^{500} q\,\nabla\cdot\mathbf{V}\,\mathrm{d}p \approx -\frac{1}{g}\overline{q}\omega_{500} \tag{3.31}$$

于是降水强度也可表示为：

$$R \approx \frac{1}{g}\int_{p_s}^{500} \mathbf{V} \cdot \nabla q \mathrm{d}p - \frac{1}{g}\overline{q}\omega_{500} \tag{3.32}$$

$$\omega_R = -\left[R - \frac{1}{g}\int_{p_s}^{500} \mathbf{V} \cdot \nabla q \mathrm{d}p\right]g/\overline{q} \tag{3.33}$$

式中，ω_R即为由 6 h 雨量推算出的垂直速度，可以把降水系统当作一个具有该垂直速度的天气系统来处理，它会移动，但移动的方向与速度不取决于它所在格点的风场，而是取决于环境风场。因此，以不同时效的数值预报的风场近似代替环境风场，并利用数值预报格点场的垂直速度变化率来修正到达新位置的垂直速度值，最后求出由该垂直速度产生的降水强度及降水量。

(3)垂直速度的变化计算

业务试验方案如下。

①资料获取模块：利用中国气象局武汉暴雨研究所业务运行的 AREM 模式，根据计算方案需要，读取 500、700、850、950 hPa 4 个层次的比湿、东西风、南北风、垂直速度等物理特征量预报场，以及模式逐小时降水预报，选取时次为 12～36 h，范围为 15°—55°N，85°—135°E，格距为 0.5°×0.5°。由于业务模式未输出近地面资料，因此方案积分下限调整为 950 hPa。从湖北省气象局 9210 工程资料处理机上读取最新的地面气象站点过去 6 h 降水实况，范围与模式资料读取区域相对应，并将数据经过内插到上述范围，格距为 0.5°×0.5°。

②数据处理计算模块：

(a)利用插值处理后的 6 h 降水实况代入式(3.29)，计算降水强度，降水时间的合理设定是一个难点，可以通过较多的试验，按不同区域、不同季节、不同移速给出一个近似值，这里按照夏建国和宋煜等采用的试验方案，取 1.5 h。

(b)将实况计算出来的降水强度和 AREM 输出的相关物理量代入式(3.33)，得到的即为由 6 h 雨量推算出的垂直速度。它可以看作是一个具有该垂直速度的天气系统来处理，其移动的方向与速度不取决于它所在格点的风场，而是决定于环境风场。由于系统移动与环境风场间的关系比较复杂，试验暂且把该问题当作线性关系来处理。

(c)由于系统移动速度的变化主要取决于环境风场的变化，故以不同时次的数值预报风场近似代替环境风场，利用空间 5 点平均和时间内插，求格点不同时次的环境风场：

$$\overline{U}^5 = \overline{U}_{12}^5 + (\overline{U}_{36}^5 - \overline{U}_{12}^5) \times T_i/24 \tag{3.34}$$

$$\overline{V}^5 = \overline{V}_{12}^5 + (\overline{V}_{36}^5 - \overline{V}_{12}^5) \times T_i/24 \tag{3.35}$$

式中，$\overline{U}_{12}^5$、$\overline{U}_{36}^5$、$\overline{V}_{12}^5$、$\overline{V}_{36}^5$分别代表预报时效为 12 与 36 h 的 U、V 分量的 5 点平均值，

T_i为时间内插的小时数，以资料时间后 3 h 的数据代表 6 h 的平均值，因此，分别取为 3、9、15、21。

(d)根据计算出来的环境风场，计算 ω_R移动距离和格距。

$$\Delta i_{ii} = \overline{U}^5 \times \Delta t/\Delta x \tag{3.36}$$

$$\Delta j_{jj} = \overline{V}^5 \times \Delta t/\Delta y \tag{3.37}$$

$$i_{ii} = i_0 + \Delta i_{ii} \tag{3.38}$$

$$j_{jj} = j_0 + \Delta j_{jj} \tag{3.39}$$

式中，$\Delta t=6\ \text{h}=3600\ \text{min}$；$\Delta x=2\times3.14159\times6371\times1000\times\cos\phi\times\Delta\lambda/360$；$\Delta y=2\times3.14159\times6371\times1000\times\Delta\phi/360$；为所在的纬度，$\Delta\phi=0.5°\text{N}$，$\Delta\lambda=0.5°\text{E}$，$i_{ii}$、$j_{ii}$四舍五入取整。

(e)求 ω_R在移动 15、21、27、33 h 后所在格点(i_{ii}，j_{jj})的值 ω_{Rt}。ω_{Rt}为与降水量对应的不同时刻的垂直速度，并看作是 $t-3$ h 至 $t+3$ h 的平均。比如 ω_{R15}为与降水量对应的，在资料时间后 15 h 的垂直速度，代表 12～18 h 内的平均垂直速度。考虑到由降水量导出的垂直速度 ω_R的移动，近似计算 ω_{Rt}的变化，则变化后为：

$$\omega'_{Rt} = \omega_{Rt} + \Delta\omega_{Rt} \tag{3.40}$$

$$\Delta\omega_{Rt} = \omega_{Rt} \times \alpha \times (\omega_{Rt2} - \omega_{Rt1})/\omega_{Rt1} \tag{3.41}$$

式中，ω_{Rt2}、ω_{Rt1}分别为前后 6 h 的 AREM 垂直速度预报值，α 为试验系数，这里取 0.6。

(f)根据步骤(e)分别求取 15、21、27、33 h 的垂直速度，并代入式(3.32)，得到降水强度，乘以降水时间，取 1.5 h，由此算出的即为 6 h 时段内的降水量，然后合计求出各格点的 12～36 h 雨量。

③数据输出模块：

(a)将模式计算出的格点雨量预报值采用距离加权平均法插值到华中区域 5 省气象站点上。

(b)输出 MICAPS 第 3 类数据格式的站点预报结果文件。

例 21　数值预报产品动力－统计释用方法与寒潮预报

陈静和桑志勤(1998)利用 500 hPa 高度场和 850 hPa 温度场资料，研究了一种数值预报产品的动力－统计释用方法，即将寒潮过程中的地面气温预报转化为地面变温预报，并开发出四川盆地寒潮自动预报系统，自 1994 年年底投入业务运行以来，成为四川盆地寒潮预报的一个主要工具。

(1)地面变温与 850 hPa 变温回归方程的建立

计算 1987—1990 年地面 24、48、72 h 逐日变温与 850 hPa 上 25°—60°N、40°—120°E 区域共 136 个格点相应时次变温的相关系数，4 年年平均相关系数表明，盆地地面变温与 30°N、105°E 格点的变温相关系数最大，24、48、72 h 变温相关系数分别为 0.6332,0.7346,0.8037。因此,可用 30°N、105°E 格点上的变温值代表盆地上空 850 hPa 上的温度变化。

春秋季地面 24、48、72 小时变温回归方程为:

$$\begin{cases}\Delta\overline{T}_{24}^{\text{地面}} = -0.0011 + 0.4529\Delta\overline{T}_{24}^{850} \\ \Delta\overline{T}_{48}^{\text{地面}} = 0.0047 + 0.5228\Delta\overline{T}_{48}^{850} \\ \Delta\overline{T}_{72}^{\text{地面}} = 0.0131 + 0.5447\Delta\overline{T}_{72}^{850}\end{cases} \tag{3.42}$$

冬季月份地面 24、48、72 小时变温回归方程为:

$$\begin{cases}\Delta\overline{T}_{24}^{\text{地面}} = 0.0080 + 0.3629\Delta\overline{T}_{24}^{850} \\ \Delta\overline{T}_{48}^{\text{地面}} = 0.0081 + 0.4508\Delta\overline{T}_{48}^{850} \\ \Delta\overline{T}_{72}^{\text{地面}} = 0.0092 + 0.4945\Delta\overline{T}_{72}^{850}\end{cases} \tag{3.43}$$

(2)冷空气入侵时间预报的释用方案

由于四川盆地的特殊地形,在寒潮预报释用技术研究中,最重要的一点是判断北方冷空气能否侵入四川盆地,经分析 1986—1990 年逐日盆地 24、48、72 h 变温特点,发现如果某日无寒潮或强冷空气活动时,该日地面 24、48、72 h 变温或正或负,无明显规律。一旦有寒潮或强冷空气爆发时,则该日及其后 1~2 d,地面和 850 hPa 上的 24、48、72 h 3 个时次的变温均同时为负变温。1986—1990 年间 20 次冷空气活动期间无一例外。因此,由式(3.31)或(3.32)计算后,当某预报日的地面 24、48、72 h 变温为负值时,表明有明显冷平流影响盆地,预报该日可作为明显冷平流入侵盆地的开始日。

(3)降温幅度预报的释用方案

利用 ECMWF1986—1990 年 500 hPa20°—65°N、60°—130°E 区域逐日 5°×5°高度场格点资料,分析寒潮爆发日及其后一日的环流形势及影响系统的演变,发现寒潮爆发日及后一日的环流形势和影响系统的演变可分成 3 类:长波低槽东移类,贝加尔湖低槽类,东亚横槽转竖类。四川盆地爆发寒潮或强冷空气时,500 hPa 上环流形势将出现上述三类演变之一,这是必要的环流条件。

当 500 hPa 上环流形势出现上述三类形势演变之一时,盆地天气将发生明显的变化,非绝热项的变温为-1.5~3.5 ℃,否则取为 0.0。

(4)用 ECMWF 产品制作四川盆地寒潮预报的综合模型

利用 ECMWF 的 500 hPa 高度场和 850 hPa 温度场预报资料,建立四川盆地寒潮开始时间及降温幅度预报综合模型如图 3.36。1995—1997 年预报结果表明,该系统在中短期寒潮过程预报中效果显著,冷空气入侵时间和降温幅度预报的准确率都较高。

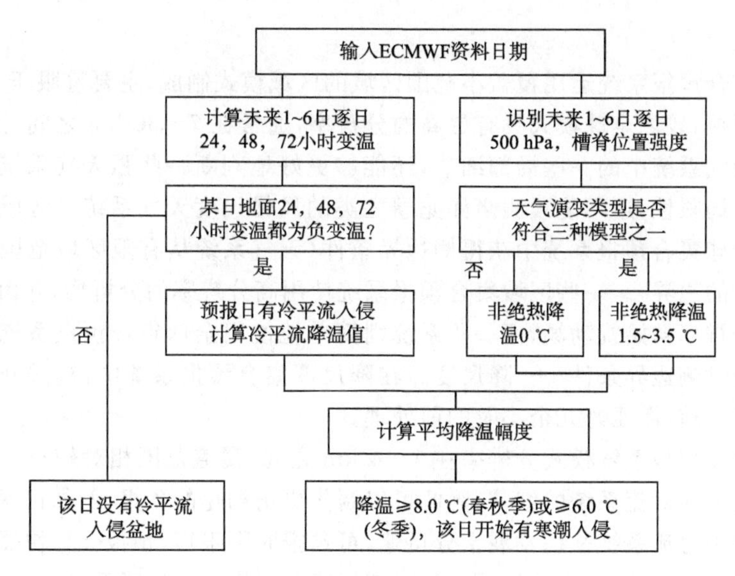

图 3.36　寒潮预报综合模型图

3.4　集合与超级集合

集合预报是估计数值预报中不确定性的一种方法，它将单一确定性预报转变为概率预报。通常在集合预报系统中也会对模式的物理过程进行扰动，一些系统采用多个模式进行集合（多模式集合预报系统），一些系统采用相同的模式但是对模式的物理过程进行不同的组合而进行集合（多物理过程集合预报系统）。模式通过积分进行的预报属于模式动力预报，但对模式预报产品进行集合则要与统计方法相结合，这从某种意义上讲，也是一种对数值预报产品的应用，因此在这里简单介绍下集合预报产品及集合方法。

3.4.1　集合预报系统分类

天气预报中应用的集合预报系统主要有三种——全球集合预报、区域集合预报和对流尺度集合预报——通常还包括确定性预报模式，它们重点解决不同时间尺度的预报问题。

全球集合预报系统通常设计用于 3～15 d 的中期天气预报。通常采用低分辨率的全球模式，格点长度介于 30 到 70 km 之间。虽然全球集合预报系统主要设计用于中期天气预报，但是由于范围覆盖全球，它们也可为那些没有集合预报系统的国家提供短期集合预报。不过，全球集合预报系统通常不能分辨一些细节，例如风暴中的风速、强度。

区域集合预报系统运用覆盖小范围区域的区域模式制成，主要着眼于1～3 d的短期天气预报，较之全球模式具有更高的分辨率，通常在7～30 km之间，因此，可以用于预报天气系统中的一些局部细节，还能够更好地判断一些强天气系统。但由于其分辨率的局限性，还不能预测诸如龙卷之类的风暴尺度天气系统。区域集合预报系统须从全球集合预报系统中获得侧边界条件(天气系统从有限区域范围以外移入有限区域内的边界)。一些区域集合预报系统使用高分辨率的分析场，并由此估算出相应的高分辨率初始扰动场，而一些系统则简单地使用全球集合预报系统的初始场和扰动场提供侧边界条件——降尺度。在降尺度集合预报系统中，模式开始运行高分辨率计算之前，需要好几个小时的前处理。

对流尺度预报系统模式分辨率在1～4 km之间，覆盖范围相对较小。这些模式能够捕捉到一些对流系统的细节，因此可以制作更精细化的预报，例如雷暴的位置和强度。但由于对流系统往往发展十分迅速，可预报时限很短，预报会很快受到大气混沌特性的影响。因此，集合预报系统与对流尺度预报模式密切联系，因为对流不稳定给更低分辨率的模式增加了空间和时间尺度上的预报不确定性。

除了预报对流系统以外，这些高分辨率的对流尺度模式可以很大程度上增强局地气象要素预报能力，比如低云、航空能见度等。这些现象通常会显著地受到地形强迫(例如:斜坡、海岸线、植被覆盖等)的影响，而对流尺度模式可以很好地处理地形强迫问题。对流尺度集合预报系统可以为这些气象要素的可预报性提供信息。

3.4.2 GRAPES-Meso区域集合预报(GRAPES-MEPS)

GRAPES-Meso区域集合预报于2014年8月投入业务运行。在系统地研究GRAPES-Meso初始场、模式及物理过程预报不确定性基础上，发展集合卡尔曼变换(ensemble transform Kalman filter，ETKF)初值扰动技术和适合GRAPES-Meso模式的物理过程组合技术，利用T639全球集合预报系统产生扰动侧边界，实现区域集合预报系统与全球集合预报系统的驱动数据软件和接口程序模块，建立了“ETKF初值扰动＋多物理过程组合＋T639全球集合预报侧边界扰动”的业务化构造方案，开发了面向强天气预报需求的多种区域集合预报产品和检验产品。

GRAPES区域集合预报系统的预报区域与业务GRAPES-Meso模式的预报范围相同，均为70°—145°E，15°—64°N的范围，系统水平分辨率15 km，垂直分辨率26层，包含15个集合预报样本。集合预报结果每3 h输出一次。预报循环为6 h三维变分同化，每6 h进行一次集合预报样本ETKF计算获得扰动初值。根据GRAPES-Meso区域集合预报系统结构和运行特点，GRAPES-Meso区域集合预报分解5个子系统模块，即T639全球集合预报资料预处理子系统、ETKF初值扰动子系统、GRAPES-Meso 区域集合预报多物理运算子系统、GRAPES-Meso 区域集合预报产品生成子系统和 GRAPES-Meso 区域集合预报检验子系统。

3.4.3　T639 全球集合预报

T639 全球模式(台风)1～15 d 集合预报系统 2014 年正式投入业务运行。采用了增长模繁殖法(breeding of growing modes,BGM)初值扰动,增加了物理过程扰动。同时基于 BGM 扰动背景场特点,设计了台风集合预报涡旋初始化方案和流程;实现了集合预报以及台风集合预报一体化运行。该系统由 7 对扰动预报和一个控制预报,共计 15 个预报成员。有关 T213 集合预报系统和 T639 集合预报系统运行主要参数如表 3.13 所示。

表 3.13　T213 集合预报系统与 T639 集合预报系统参数对比

参数	T213 集合预报系统	T639 集合预报系统
模式	T213L31	T639L60
水平分辨率	60 km	30 km
垂直分辨率	31 层	60 层
模式层顶	10 hPa	0.1 hPa
同化分析系统	SSI＋ATOVS	GSI
初值扰动方案	BGM	BGM
模式物理扰动	无	有
台风	不单独处理	重定位技术
集合预报成员	15	15
预报时效	10 d	15 d

T639 集合预报系统从 T639 确定性预报中实时获取同化背景场并与该系统上一个时次预报循环产生的 6 h 预报场进行扰动计算,如果有台风生成,则在扰动前在各个成员的 6 h 预报场中进行涡旋重定位处理,在初值扰动后进行强度调整。形成模式初始场进入模式积分模块,00、12UTC 积分 15 d,06、18UTC 积分 6 h。在每积分 6 h 后,系统并发后处理程序,完成不同预报时效的处理和产品制作分发。

3.4.4　集合预报产品

集合预报的精髓实际上是体现了天气变化的不确定性或者说提供了某种天气发生的可能性。通过运用集合平均或集合中值预报、集合预报成员间的发散程度、集合预报产品的概率分布三种类型可对模式产品进行集合分析。下面针对集合预报模式直接输出的一系列基本产品,逐一介绍。

3.4.4.1 集合平均或中位数

集合平均是各个集合成员预报值的算术平均。集合中位数是集合成员预报值按数值大小排序后的中间值。各种检验评分(均方根误差、平均绝对误差、距平相关系数等)证明集合平均通常优于控制预报,因为它过滤掉了集合成员的不确定因素并且简便地展示出了预报中的可预报要素。集合平均一般适用于气温、气压等符合正态分布的气象要素,而对于降水、风速等呈非正态分布的要素则不太适用,对这些非正态分布的要素用集合中位数可能比用集合平均更好,因为集合平均可能会受到降水、风速等异常大(或异常小)的值影响。

由于集合平均对预报信息进行了平滑和过滤,因此,对于可预报性较低的高影响天气或极端天气事件以及尺度较小的天气特征,集合平均的预报值可能无法反映,这时需要考虑概率较低,但天气剧烈的灾害性天气发生的可能性。

3.4.4.2 集合离散度

集合预报离散度是所有集合成员的标准差,用来表示成员之间的差异程度。集合离散度可用于评估预报的不确定性,通常来说,离散度越大,预报不确定性越高(或可信度越低),离散度越小,预报不确定性越小(或可信度越高)。集合平均和集合离散度经常在一张图上表示,便于预报员综合地了解集合预报的平均状态和不确定性特征。同样的集合平均值,如果集合离散度的分布位置不同,表示的含义也不一样。如图 3.37 所示,等值线表示海平面气压(PMSL)的集合平均,填色表示海平面气压的离散度。色调越深表示离散度越大,可预报性越低。

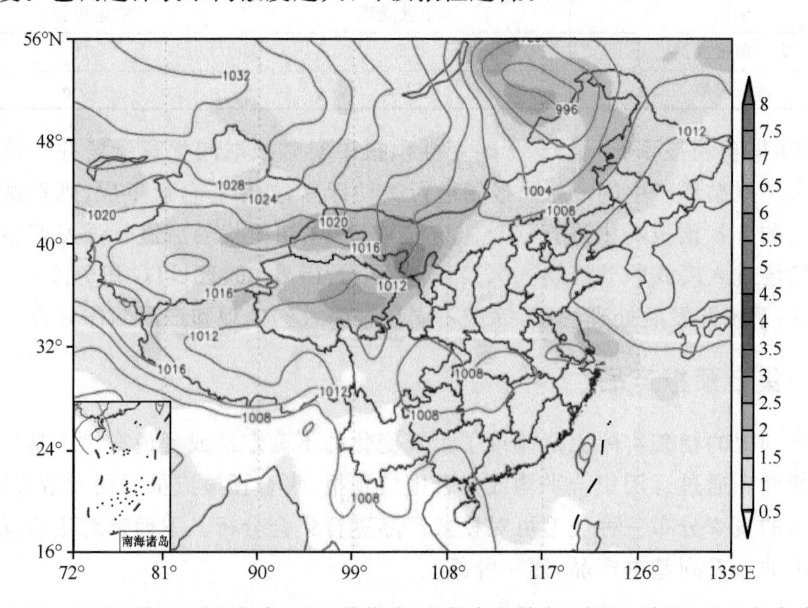

图 3.37 海平面气压预报集合平均(等值线)和集合离散度(填色)(来源:中央气象台)

由于离散度随季节及区域的不同而不具备可比性，因此，进行标准化处理（实时预报离散度除以同期同地的历史预报离散度值）有助于解释环流形势的预报不确定性信息。

3.4.4.3 集合概率预报

集合概率预报是集合成员预报值大于（或小于）某一阈值的成员的比例，可以定量化地表示某个天气事件的发生可能性，例如 24 h 累积降水量 10 mm 及以上的概率（图 3.38）。集合概率预报主要是为了实际的天气预报应用而提出的，有别于某个天气事件的实际发生概率。为了验证集合概率预报的效果或准确性，需要大量的实际观测样本进行检验。另外，在集合概率预报中，天气事件的阈值的选取需要预报员的经验来确定，对不同的天气事件，阈值可能不一样，而且阈值也会随季节和地点而变化。在科研和业务中，还使用集合概率预报值的空间分布来反映某个天气事件的发生可能性的空间分布。

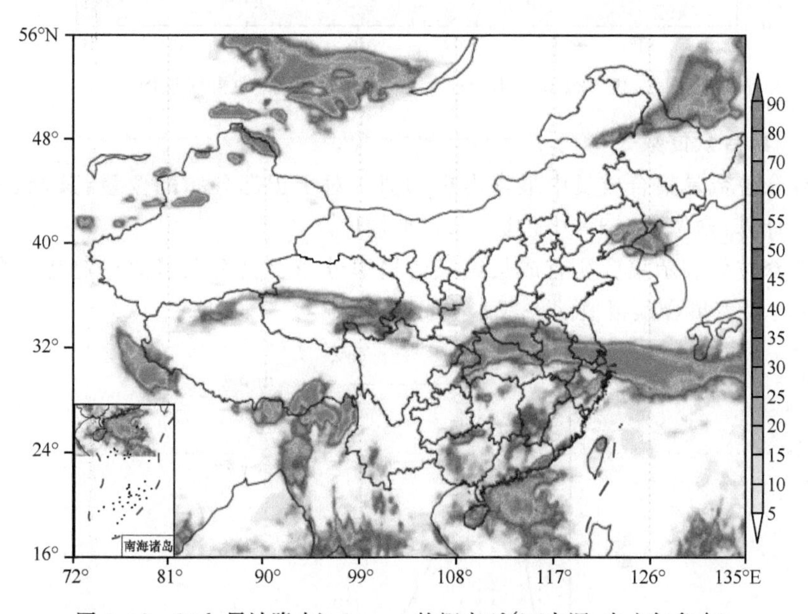

图 3.38　24 h 累计降水≥10 mm 的概率（%）（来源：中央气象台）

3.4.4.4 集合分位值预报

集合分位值是集合所有成员组成的概率分布的某个分位值的预报值。集合分布的一系列的分位数可以简要地概括预报的不确定性。通常运用的集合分布的分位数是最大值、最小值、第 25 百分位、第 50 百分位（即中位值）和第 75 百分位。另外，经常用来表示集合概率预报极端特征的分位值还有第 5 百分位、第 10 百分位、第 90 百分位和第 95 百分位（图 3.39）。

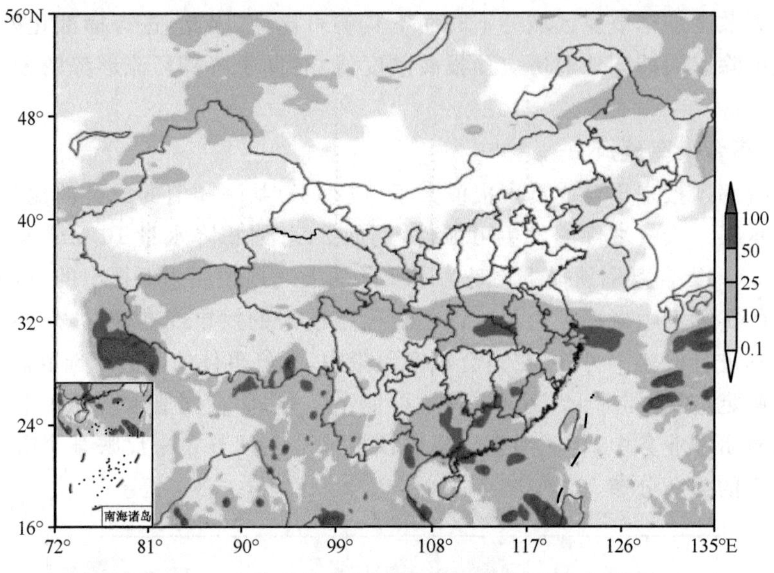

图 3.39　24 h 降水分位数(最大值)(来源:中央气象台)

3.4.4.5　集合众位数

集合众位数是集合成员中最常出现的值。对于正态分布的变量,其众位数可用如下公式计算:众位数=3×中位数−2×平均值。

集合众位数表示集合所有成员组成的概率分布上具有明显集中趋势点的数值,如图 3.40,代表集合预报值的一般水平。

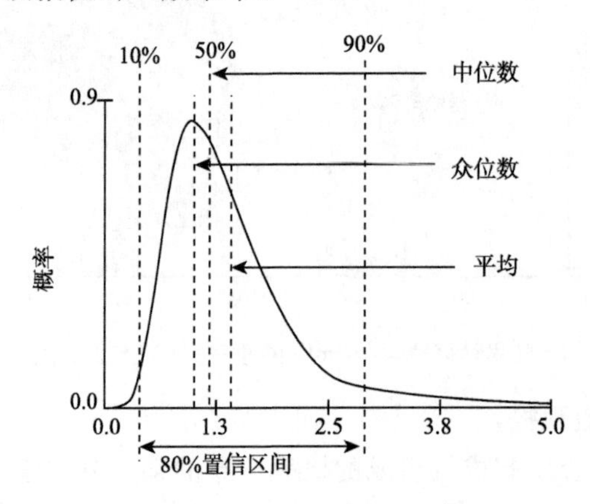

图 3.40　集合众位数示意图

3.4.4.6　集合预报面条图

集合预报面条图是显示所有集合成员预报值的一条或多条等值线的图形。集合预报面条图可以直观地显示各集合成员的预报差异、分布情况以及可能的异常值,如

图 3.41 所示的 500 hPa 位势高度场集合面条图。集合预报面条图可以用于定性地分析模式的可预报性，当所有成员的等值线分布较为紧密时，表示可预报性比较高，或者说预报不确定性比较小，而当等值线分布较为分散时，表示可预报性比较低，或者说预报不确定性比较大。

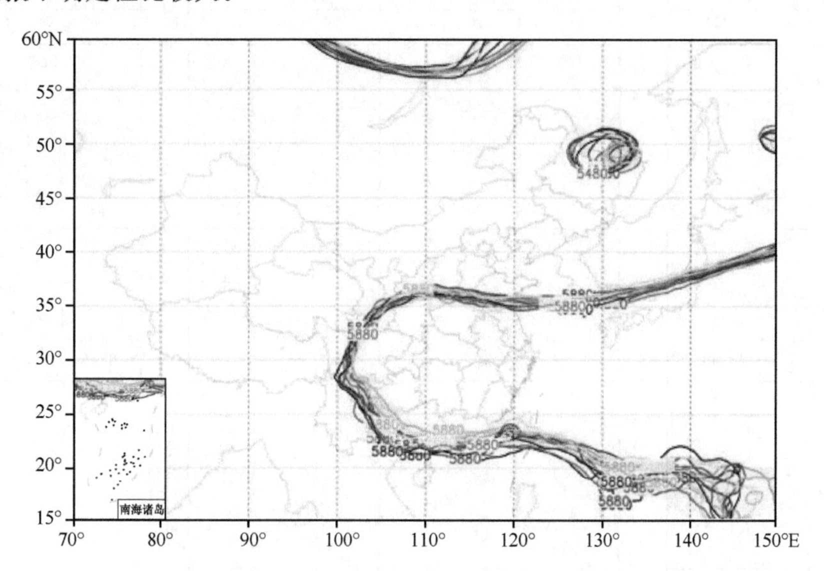

图 3.41　500 hPa 5480、5880 线集合预报面条图(来源：中央气象台)

但是，由于集合预报面条图只显示一条或几条等值线，所以不能全面地显示所有的预报信息。另外，当集合成员较多或集合离散度比较大时，集合面条图使用起来有一定困难。

3.4.4.7　集合预报邮票图

集合预报邮票图是用邮票的方式显示集合预报所有成员预报值的图形(如图 3.42 所示)，集合邮票图可提供所有成员的预报信息，是最直接的显示方式。集合预报邮票图可以为预报员分析集合预报的离散度以及可能的极端天气事件提供参考。但是，由于集合成员众多，每个成员的图形较小，其包含的大量的信息不利于预报员在短时间内把握。

3.4.4.8　集合箱线图

集合箱线图是显示集合预报值概率分布情况的图形。集合箱线图能够定点地显示特定气象要素随时间的演变，如图 3.43 所示的某地的 2 m 温度的集合预报箱线图。箱线图在某个时刻一般包含六个数据点，盒子两端的位置分别对应集合预报的概率分布的第 25 百分位和第 75 百分位，盒子内部的横线对应中位数，盒子外部的须线表示集合预报所有成员中的最大值和最小值。

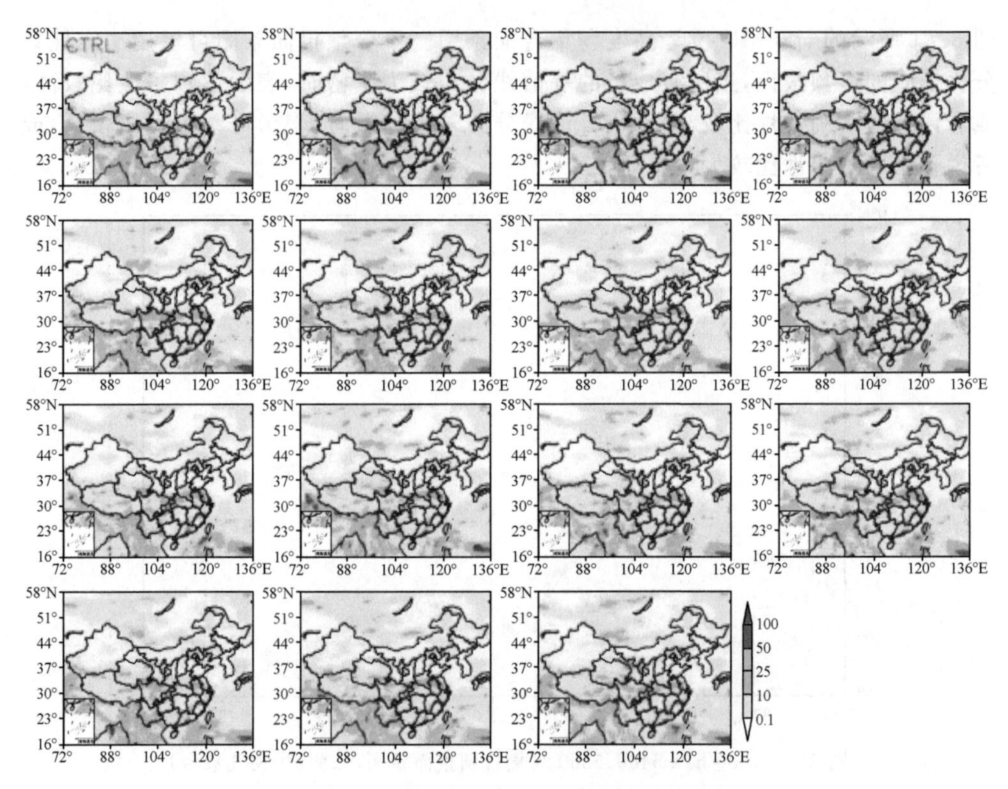

图 3.42　24 h 累计降水邮票图(来源:中央气象台)

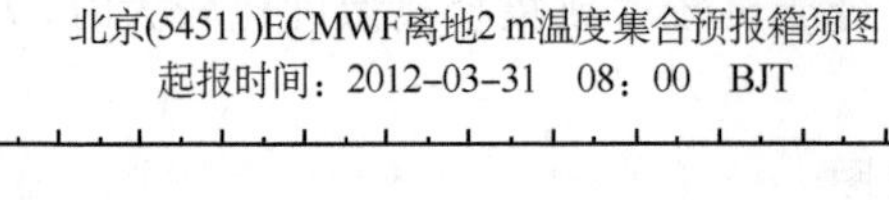

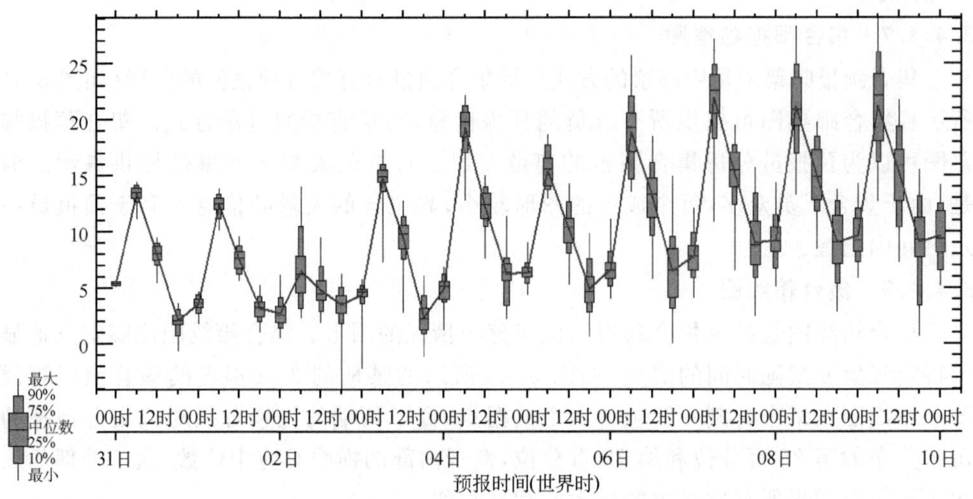

图 3.43　集合预报箱线图示意图

3.4.4.9　集合风玫瑰图

集合风玫瑰图是集合预报风向的显示图形。玫瑰图(如图 3.44 所示)分为八个扇形即八分圆,每个八分圆覆盖 45°,其直径的长度和预报的风向与位于相应八分圆区域中的集合成员数成正比。另外,将最多成员预报风向的八分圆直径设为最大,为了比较不同时刻的具体的预报风向集合概率,用不同的填色加以区分。

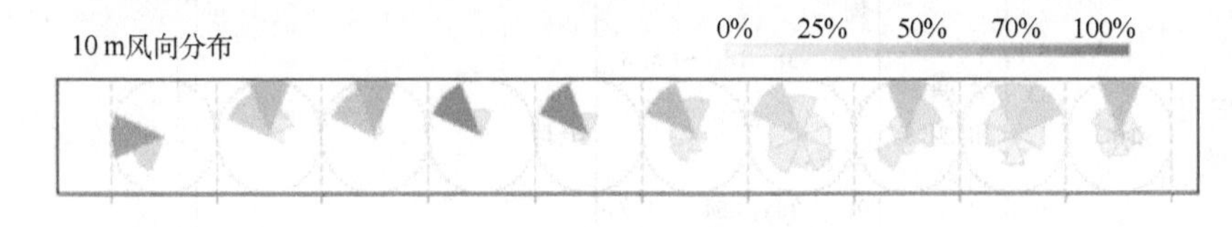

图 3.44　集合风玫瑰图

3.4.5　业务集合预报产品

国家信息中心通过 FTP 或 CMACast 等方式提供来自以下 4 个中心的集合预报系统实时业务数据:(1)ECMWF 集合预报及其衍生数据,该数据集包括全球集合预报数据、极端天气指数数据、海浪概率预报数据、月尺度集合预报数据和季节尺度集合预报数据;(2)T639 集合预报数据;(3)美国 NCEP 和(4)加拿大 CMC 集合预报,由信息中心通过美国 NOMADS 模式数据存档和发布系统下载,并统一发布。表 3.14 给出了目前业务集合预报资料的主要参数。

表 3.14　业务集合预报资料

模式	数据类型	时次	时间分辨率	空间范围	空间分辨率
ECMWF 全球集合预报(2015 年 1 月 15 日前)	grib1	00Z,12Z	0～72 h(间隔 3 h 时);78～240 h(间隔 6 h);252～360 h(间隔 12 h)	原始数据:地面层:10°S—70°N,40°E—160°E 高空层:全球裁剪后数据:地面层:10°S—70°N,40°E—160°E 高空层:20°S—90°N,0°—180°E	地面 0.5°×0.5°,高空 1°×1°
ECMWF 全球集合预报(2015 年 1 月 15 日后)	grib1(复杂压缩格式)	00Z,12Z	0～72 h(间隔 3 h);78～240 h(间隔 6 h);252～360 h(间隔 12 h)	原始数据:(地面层:40°E—180°E,10°S—70°N;高空层:全球);裁剪后数据:(地面层:40°E—180°E,10°S—70°N;高空层:0°—180°E,20°S—90°N)	地面 0.5°×0.5°,高空 1°×1°
ECMWF 极端天气指数	grib1	00Z,12Z	逐日,其中降水和温度要素还包括逐 3、5、10 天	全球	0.25°×0.25°

续表

模式	数据类型	时次	时间分辨率	空间范围	空间分辨率
ECMWF 海浪模式集合预报	grib1	00Z,12Z	逐 12 h	全球	0.5°×0.5°
ECMWF 月尺度预报	grib1	每周一和四的 00Z	周二： 0～168,168～336,336～504,504～672 h 周五： 96～264,264～432,432～600,600～768 h	全球	0.5°×0.5°
ECMWF 季节尺度预报	grib1	每月 8 日	未来 7 个月逐月预报	全球	1.5°×1.5°
NCEP 全球集合预报	grib2	00Z,12Z	0～384 h 逐 6 h 预报	原始数据：全球裁剪后：北半球	1°×1°
T639 全球集合预报	grib2	00Z,12Z	0～360 h 逐 6 h 预报	地面层： 10°S—70°N,40°E—160°E 高空层： 90°S—90°N,0°—360°E	地面 0.5°×0.5°，高空 1°×1°

3.4.5.1 常规集合 QPF 产品

集合预报包括多个成员(如欧洲中心为 51 个成员)，因此，其显示分析不同于确定性模式，需要借助于各种统计或可视化方法帮助预报员从海量的集合数据中提取出有用的信息。为此，开发了多种集合定量降水(quantitative precipitation forecast，QPF)预报产品，主要包括统计值和可视化两类产品(如表 3.15)。统计值产品采用不同统计方法提取多种统计量，反映集合数据的不同方面的信息。可视化产品通过采用交互式的可视化方法，深入分析集合预报数据。

表 3.15 集合 QPF 产品列表

类型	集合 QPF 产品
集合 QPF 统计产品	任意时段、6 h、24 h 累积降水(雪)集合平均及离散度产品
	任意时段、6 h、24 h 累积降水(雪)概率匹配平均改进产品
	任意时段、6 h、24 h 累积降水(雪)中位值产品
	任意时段、6 h、24 h 累积降水(雪)最大\小值产品
	任意时段、6 h、24 h 累积降水(雪)Mode 产品
	任意时段、6 h、24 h 累积降水(雪)控制预报产品

续表

类型	集合 QPF 产品
集合 QPF 统计产品	任意时段、6 h、24 h 累积降水(雪)概率预报产品
	6 h、24 h 累积降水任意阈值概率产品
	任意时段、6 h、24 h 累积降水(雪)百分位值预报产品
	任意时段、6 h、24 h 累积降水(雪)多统计量融合预报产品
集合 QPF 可视化产品	6 h、24 h 累积降水邮票图预报产品
	6 h、24 h 累积降水面条图产品
	6 h、24 h 累积降水全国 2410 站箱须图产品
	6 h、24 h 累积降水任意点直方图产品

3.4.5.2　强对流天气预报业务应用

(1)基于全球集合预报系统的强对流集合预报产品

如针对 ECMWF 全球集合预报模式，制作了 9 个指数产品(CAPE、CS、DT85、K、RH、SHR 等)，1 个概率预报产品(短时强降水客观概率预报产品)，11 种集合预报产品表现形式(最值、分位数、平均值、离散度、概率阈值、端须、mode、概率匹配等)。

NCEP 全球集合预报模式数据相比 ECMWF 集合预报包含更多的预报要素，因此增加了用于强对流预报的 6 小时降水和整层可降水量面条图，相对湿度和温度垂直廓线图以及零度层面条图。

预报员利用这些集合预报产品可以识别利于强对流发生发展的参数和特征。冰雹预报中零度层是云中水分冻结高度的下限，是识别雹云的重要参数。最有利于降雹的 Z0 大约在 3～4.5 km 或 700～600 hPa，也有 5 km(高原地区)；一般 3 km 较为有利于降雹。面条图将所有成员预报的零度层高度在同一张图中显示，从而可以判断其大致的位置以及差异度，为预报员做强对流天气预报(特别是冰雹预报)提供依据，并通过线条的离散度，可以很容易地让预报员把握预报不确定性。

不同的温度和湿度层结对应着不同类型的强对流天气，上干下湿型且底部湿层厚度超过 100 hPa 时有利于强对流发生。当中低层湿层深厚时，要关注上游地区中高层干平流，存在干平流时有利于风雹类强对流，不存在干平流时有利于强降水类强对流；上湿下干型通常不利于强对流。所以垂直剖面图对于强对流预报有着非常重要的意义，预报员通过 NCEP 集合预报工具箱可以点击任意需要分析的格点，实时交互地看到集合预报各成员相对湿度的垂直剖面(每根线是代表一个成员的预报量)，从而判断该地区可能出现的强对流天气类型以及预报成员的不确定性。

(2)基于集合预报的分类概率预报产品

在“配料法”思想指导下，可按照强对流发生的三要素条件进行对流指数产品的开发，包括“水汽条件”(RH、PWAT)、“不稳定条件”(CAPE、850 与 500 温差、K、

BLI)、“动力和抬升条件”(风切变、零度层),为分类强对流预报提供基本对流指数支持。另外,将确定性预报中使用反响较好的分类强对流指数引入到集合预报,开发针对雷暴天气的 CS 指数,针对冰雹天气的 SHIP 指数以及针对短时强降水的 PWAT 短时强降水指数,更直接地指导分类强对流预报(图 3.45)。发布的部分概率预报产品如图3.46 所示。

√Ec集合预报模式 √NCEP集合预报模式		平均值离散度	最值分位数	邮票图	阈值概率	端须	mode	概率匹配	面条图	垂直剖面
水汽条件	相对湿度 850 700 500	√	√		√		√	√		√
	Pwat			√						
不稳定条件	CAPE	√√	√√		√√		√√	√√		
	T850-500	√√	√√		√√		√√	√√		
	K指数	√√	√√		√√		√√	√√		
	BLI	√	√		√		√	√		
动力抬升与其他条件	风切0-500	√√	√√		√√		√√	√√		
	风切0-700	√	√		√		√	√		
	Z0层								√	
分类指数	CS指数				√√		√√	√√		
	ship指数	√	√		√		√	√		

图 3.45 分类强对流集合预报产品列表

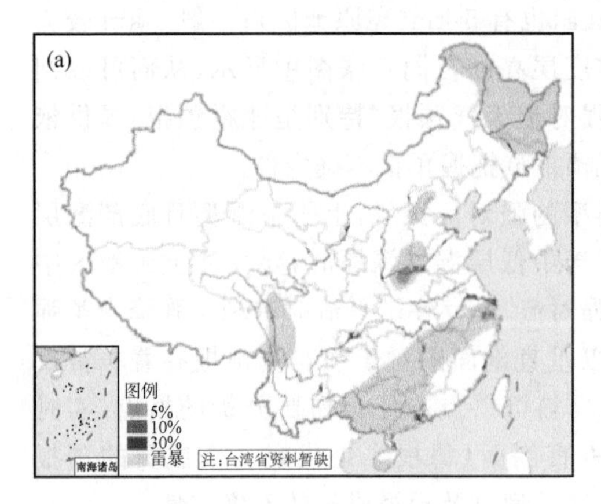

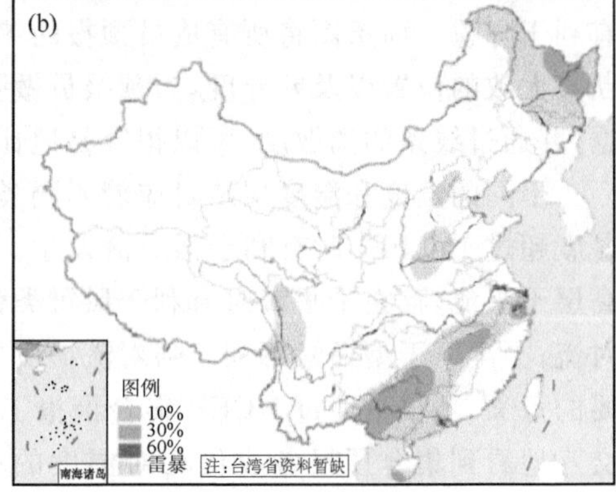

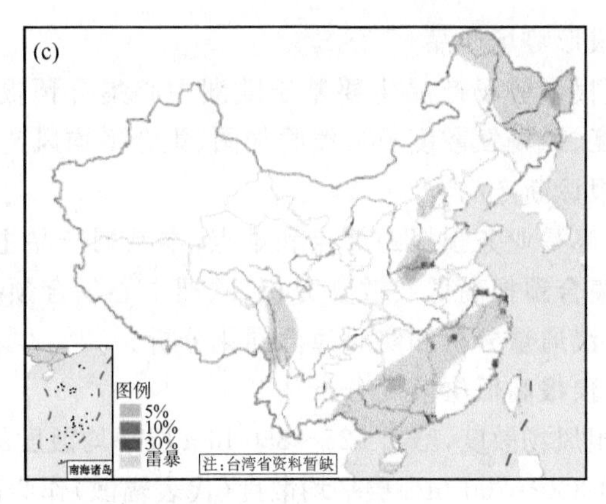

图 3.46　概率预报产品(来源:中央气象台网)
(a)冰雹,(b)短时强降水,(c)雷暴大风

(3)基于集合预报的强对流概率预报产品

基于 ECMWF 集合预报产品制作短时强降水客观概率预报产品。根据确定性预报中使用较好的要素,以"配料法"为指导,不稳定条件取 850～500 hPa 温差,水汽条件上取 850 和 700 hPa 露点,动力抬升条件取 850 和 700 hPa 散度,考虑到中国地形复杂,部分地区无 850 hPa、700 hPa 层,进行了地形修正处理。

3.4.5.3　台风预报业务应用

(1)台风集合预报基本路径产品

国家气象中心通过实时下载并处理了包括欧洲中心、美国、中国等多家集合预报路径数据,并且开发了相应的集合预报路径产品,产品形式包括图片动画和 ASCII 数据两种,图片动画产品包括分时段台风路径、台风路径动画、台风路径发散度和台风强度发散度图几种,数据产品包括台风预报经纬度、台风最大风速和气压数据,都提供内网共享。产品清单如表 3.16 所示。

表 3.16　台风集合预报图片产品列表

类型	欧洲中心(EC)集合预报	美国(NCEP)集合预报	中国(CMA)集合预报	加拿大(CMC)集合预报	分析集合预报产品
产品名称	欧洲中心集合＋确定性分时段路径图 欧洲中心集合＋确定性路径动画图 欧洲中心集合预报路径发散度图 欧洲中心集合预报强度发散度图	美国集合＋确定性分时段路径图 美国集合＋确定性路径动画图 美国集合预报强度发散度图	中国集合＋确定性分时段路径图 中国集合＋确定性路径动画图 中国集合预报强度发散度图	加拿大集合＋确定性分时段路径图 加拿大集合＋确定性路径动画图 加拿大集合预报强度发散度图	多模式集合预报路径产品 欧洲中心确定性和集合平均路径插值预报

(2)台风集合预报形势场产品

目前台风集合预报形势场产品主要基于欧洲中心集合预报开发，包括 500 hPa 面条图，高度场发散度、风场发散度及流线叠加图、集合平均风速和流线叠加图。

(3)台风强度预报诊断产品

台风强度变化始终是业务预报的重点和难点，本系列产品主要有以下几类业务参考产品：欧洲中心集合预报高低层散度分析、欧洲中心集合预报垂直风切变分析、欧洲中心集合预报水汽通量分析和实时海温同化分析。

①欧洲中心集合预报高低层散度分析

分析 EC 集合预报风场散度，给出 925～850 hPa 层平均散度的负数(代表辐合)作为低层辐合(图)，给出 300～200 hPa 层平均散度(代表辐散)作为高层辐散(图 3.47)。当有台风存在时，标注集合平均预报的台风位置。图中等值线和阴影都代表辐合/辐散，正值区域对台风发展有利，负值区域对台风发展不利。

②欧洲中心集合预报垂直风切变分析

分析 EC 集合预报高低层风切变，给出 200～850 hPa 平均风切变(图 3.48)。当有台风存在时，标注集合平均预报的台风位置。图中等值线和阴影都代表风切大小，流线代表风切方向，较小的风切对台风发展有利，较大的风切对台风发展不利。

③欧洲中心集合预报水汽通量分析

分析 EC 集合预报低层水汽通量，给出 850 hPa 平均水汽通量(图 3.49)和 1000～700 hPa 平均水汽通量。当有台风存在时，标注集合平均预报的台风位置。图中等值线和阴影都代表水汽通量大小，流线代表水汽通量输送方向。

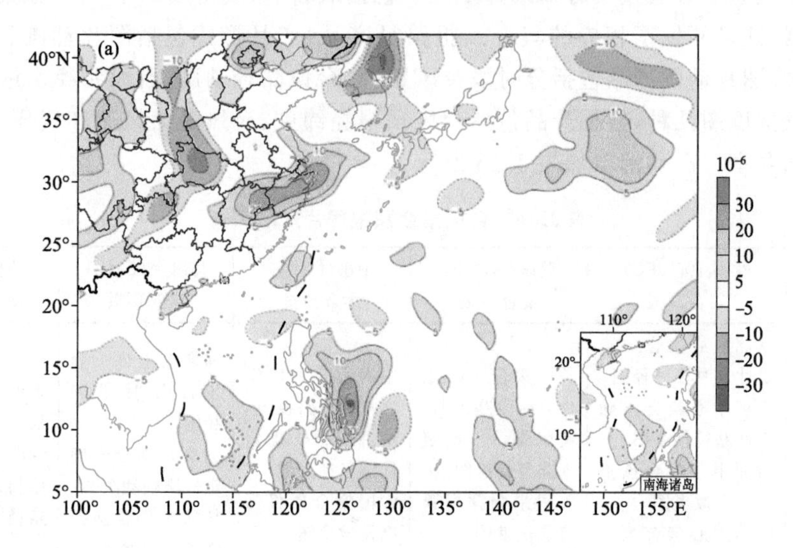

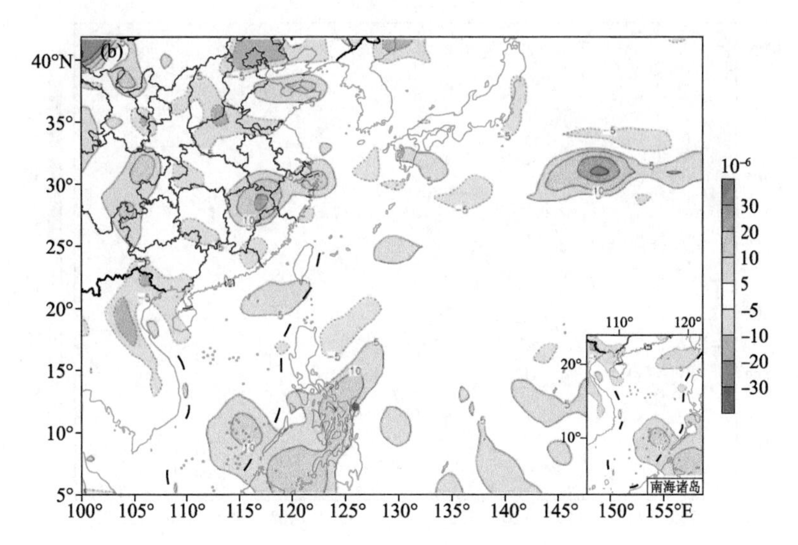

图 3.47　集合平均辐散

(a)高层;(b)低层

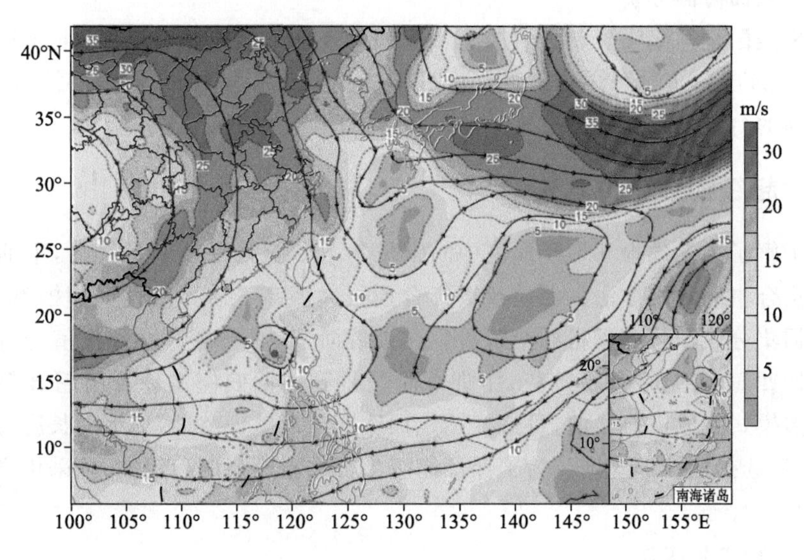

图 3.48　集合平均风切变

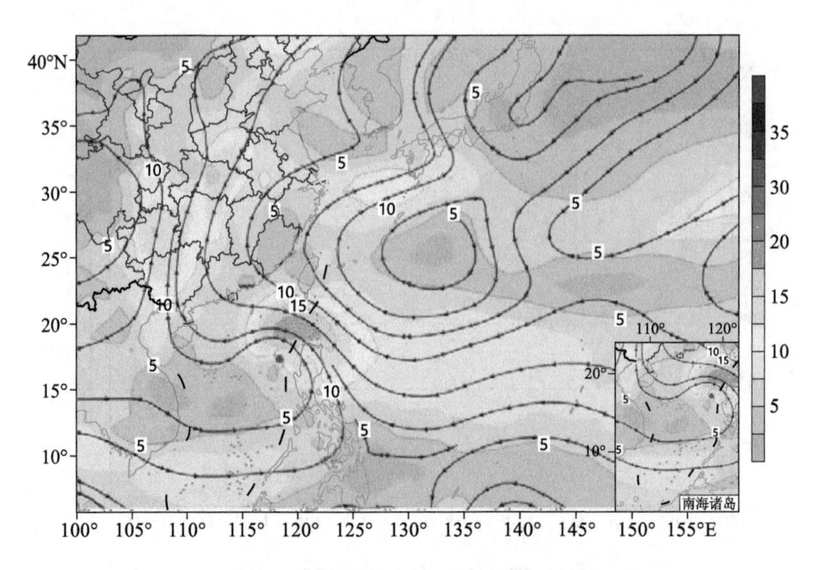

图 3.49 集合平均低层水汽通量分析

④下垫面海温分析

分析美国全球海洋资料同化实验(GODAE)海洋模式海温资料,生成实时海表温度(SST)产品,实时海洋热容量(OHC)产品,实时海温 26 ℃等温层深度,同时叠加了最新的台风预报路径。

3.4.6 超级集合预报方法

在了解了天气预报和气候预测中的常见集合预报产品及其性能后,下面将介绍多模式集合中的常用方法。目前超级集合预报大多基于多元线性回归模型开展,多模式数据集分成训练和预报两个阶段。在训练阶段,对格点建立预报值与观测值的多元线性回归模型;在预报阶段,用训练阶段得到的回归模型计算出超级集合预报值。在多模式集成进行之前,可选择固定训练期或滑动训练期,训练期长度可以通过调试,而后选择最佳训练期。为了保证超级集合预报模型的稳定性,可采用交叉验证技术。

3.4.6.1 相关加权法

在超级集合预报原理相同的前提下,在训练阶段建立模型得到的是相关系数而不是回归系数。假设 n 个集合成员得出的结果为$\{F_i\}$,每个成员的权重为 $\omega_i \geqslant 0(i=1,2,\cdots,n)$,则经加权平均后的结果为

$$O = \sum_{i=1}^{n} \omega_i F_i \tag{3.44}$$

式中，$\sum_{i=1}^{n} \omega_i = 1$。

用预报值与观测值的相关系数确定权重的方法就是相关系数加权法。当预报值与实况值的相关系数是负值时，一般采用绝对值。相关系数越大，表明该集合成员的效果越好，相对应的权重系数越大。当各权重系数相等时，即是算术平均。

3.4.6.2 支持向量机回归法

支持向量机(SVM)是一种处理非线性分类和回归的有效方法。SVM 以统计学习理论为基础，能较好地解决小样本、非线性、高维数和局部极小点等问题，因此成为目前针对小样本分类、回归等问题的最佳理论。SVM 建模方法的本质是通过对各种典型空间(支持向量)的充分表述来描述因子群与预报对象之间的关系，是一种基于事实的转导式推理。

SVM 用于超级集合预报的步骤如下：

(1)将样本$\{(x_i,y_i),i=1,2,\cdots,l\}$分为训练和预报两部分，其中输入值 $x_i(x_i \in R^N)$ 是 N 个集合成员的预报结果；目标值 $y_i(y_i \in R)$是对应的观测值，l 是样本数。

(2)根据 SVM 回归理论，通过训练样本确定非线性回归预报模型

$$f(x) = \sum_{i=1}^{L} (\alpha_i - \alpha_i^*) K(x, x_i) + b \tag{3.45}$$

$$K(x_i, x) = \exp(-\| x - x_i \|^2 / \sigma^2) \tag{3.46}$$

式中，$f(x)$是通过训练样本构造的预报函数，L 为支持向量的个数，α_i、α_i^*、b 为通过训练样本确定的最优超平面的参数。预报模型图只由支持向量完全确定。$K(x_i,x)$是径向基核函数。

(3)将各成员预报结果代入式(3.45)，即得到该模型的超级集合预报结果。

3.4.6.3 贝叶斯模式平均方法

多模式集成方法是一种提高模式预测准确率的有效的后处理统计方法，不仅适用于确定性预报，也可用于概率预报。智协飞等(2014)讨论了多模式集成的概率预报的方法，并使用贝叶斯模式平均(Bayesian model averaging，BMA)和多元高斯集合核拟合法(Gaussian ensemble kernel dressing，GEKD)进行了试验。

经典统计学基于总体分布和样本信息进行统计推断，而贝叶斯统计理论在此基础上主张使用样本信息和先验样本信息。用于集合预报产品处理的贝叶斯模式平均就是贝叶斯统计方法之一。BMA 是一种基于贝叶斯理论将模式本身的不确定性和预报量的不确定性考虑在内的统计分析方法，以实测样本隶属于某一模式的后验概率为权重，对各模式预报变量的后验分布进行加权平均，可用如下公式来表示：

$$P(y \mid x) = \sum_{i=1}^{k} P(M_i \mid X) P(y \mid M_i, X) \tag{3.47}$$

式中，$P(y|x)$为预报量的后验分布；$P(y|M_i,X)$为在给定气候样本 X 和对应第 M_i

模式下预报量 y 的后验概率分布；$P(M_i|X)$ 为给定的样本 X 下 M_i 模式的最优概率。k 个模式概率之和为 1，即 $\sum_{i=1}^{k} P(M_i|X)=1$。由上式可以看出，预报量 y 的多模式集成预报可以概率密度函数或它对应的分布形式来表示，上式是以 $P(M_i|X)$ 为权重，对所有预报成员的后验概率分布的一个加权平均。

例 22 基于贝叶斯理论的单站地面气温的概率预报

智协飞等(2014)根据贝叶斯统计理论，利用 TIGGE 资料集的欧洲中期天气预报中心(ECMWF)、美国国家环境预报中心(NCEP)、日本气象厅(JMA)和英国气象局(UKMO)四个数值预报系统的集合预报结果，开展了南京地区地面气温的概率预报试验。试验中，假设气温呈正态分布，并依据贝叶斯理论对 BMA 预测的概率密度函数(PDF)预报作如下假设：

$$\Phi(y \mid x)=\frac{f(x \mid y)g(y)}{\int_{-\infty}^{\infty} f(x \mid \zeta)g(\zeta)\mathrm{d}\zeta} \tag{3.48}$$

式中，$g(y)$ 为先验概率密度函数，由所求变量的以往分布情况确定：$f(x|y)$ 为似然函数，表示在 x 已知时，样本 y 的联合分布密度对 x 的条件函数；$\Phi(y|x)$ 为后验密度函数，由先验函数和似然函数共同决定。采用张洪刚(2005)对似然函数、先验分布的建立方法，代入贝叶斯全概率公式并整理简化得后验概率密度函数

$$\Phi_t(y_t \mid y_{t-1},x_t)=\frac{1}{T_t}q\left(\frac{y_t-(A_t y_{t-1}+B_t x_t+C_t)}{T_t}\right) \tag{3.49}$$

式中，$A_t=\frac{c_t\sigma_t^2}{a_t^2\delta_t^2+\sigma_t^2}$；$B_t=\frac{a_t\delta_t^2}{a_t^2\delta_t^2+\sigma_t^2}$；$C_t=\frac{d_t\sigma_t^2-a_tb_t\delta_t^2}{a_t^2\delta_t^2+\sigma_t^2}$；$T_t^2=\frac{\delta_t^2\sigma_t^2}{a_t^2\delta_t^2+\sigma_t^2}$；当 $\sigma_t\to\infty$ 时，即当似然函数方差趋于无穷大时，也就是预报值和观测值误差非常大时，有 $A_t\to c_t$，$B_t\to 0$，$C_t\to d_t$ 和 $T_t\to\delta_t$，即 y_t 的后验密度 Φ_t 趋近于先验密度分布(气候分布)，此时模式的概率预报失效。且无论 σ_t^2 取多大，后验密度函数的标准差 T_t 将会永远小于先验密度函数的 δ_t。也就是说，在贝叶斯概率预报模式中，其后验密度分布的预报效果将优于先验密度分布(气候分布)所做出的预报效果。

3.4.6.4 多元高斯集合核拟合法

多元高斯集合核拟合法(Gaussian ensemble kernel dressing)是将未来几十年气象场序列的预测当作基于多个模式预报结果的随机事件，用 m 维随机列向量 X 表示，m 为集合成员数量，向量成员 x_m 为每个集合成员预报的 n a 气象场序列，通过对随机向量的时间自协方差估计，确定 m 维联合概率密度分布，经随机向量多元线性变换，提取气象场均值及趋势的联合概率密度分布，据此综合分析气象场年代际变化的时空特征(Schoelzel and Hense，2011)。

3.4.7　应用举例

例 23　地面气温—降水的多模式集成预报

智协飞等(2013)利用 TIGGE(THORPEX Interactive Grand Global Ensemble,全球交互式大集合)资料集下的 5 个气象中心集合预报结果,对多模式集成预报方法进行了研究。结果表明,多模式集成方法的预报效果优于单个中心的预报,同时指出,多模式集成方法对于不同预报要素的适用性存在差异。对北半球地面气温使用滑动训练期超级集合(R-SUP)改进效果最佳,对北半球中低纬 24 h 累计降水的回报试验,消除偏差(BREM)的结果优于单个中心的预报。

(1)资料

预报资料取自 2007 年 6 月 1 日—8 月 31 日 TIGGE 资料集下的中国气象局(CMA)、欧洲中期天气预报中心(ECMWF)、日本气象厅(JMA)、美国国家环境预报中心(NCEP)和英国气象局(UKMO)5 个中心全球集合预报模式每天 12 时(世界时)起报的地面温度、24 h 累计降水的各自集合成员平均,预报时效为 24～216 h,时间间隔为 24 h。同时使用 NCEP/NCAR 再分析资料和 TRMM 卫星 24 h 累计降水作为"观测值"来进行多模式集成预报和检验预报效果。

(2)方法

采用多模式集合平均(ensemble mean,EMN)、滑动训练期消除偏差(running training period bias-removed ensemble mean,R-BREM)、滑动训练期超级集合(running training period multi-model superensemble,R-SUP)等方法来开展集成预报。

①多模式集合平均的计算公式为:

$$V_{\mathrm{EMN}} = \frac{1}{n}\sum\nolimits_{i=1}^{n} F_i \tag{3.50}$$

式中,F_i 为第 i 个模式的预报值;n 为参与集合的模式总数。

②消除偏差集合平均的计算公式为:

$$V_{\mathrm{BREM}} = \overline{O} + \frac{1}{N}\sum\nolimits_{i=1}^{N} (F_i - \overline{F_i}) \tag{3.51}$$

式中,V_{BREM} 为消除偏差集合预报值;F_i 为第 i 个模式的预报值;$\overline{F_i}$ 为第 i 个模式预报值在训练期的平均;$\overline{O}$ 为观测值在训练期的平均;N 为参与集合的模式数。

③多模式超级集合预报是在统计方法基础上建立的预报模型,可以采用多元回归或非线性神经网络等技术确定各个参与集成的模式权重系数。在某个格点上,某一预报时效某个气象要素的超级集合预报由下式构建:

$$S_t = \overline{O} + \sum\nolimits_{i=1}^{n} a_i (F_{i,t} - \overline{F_i}) \tag{3.52}$$

式中,S_t 为超级集合预报值;$\overline{O}$ 为观测值在训练期的平均;$F_{i,t}$ 为第 i 个模式的预报值;

$\overline{F_i}$为第 i 个模式预报值在训练期的平均；a_i为回归系数（权重）；n 为参与超级集合的模式总数；t 为时间。

训练期的回归系数a_i由下面公式中的误差项 G 最小化计算而得（Krishnamurti et al.，2000）

$$G=\sum_{i=1}^{N_{\text{train}}}(S_t-O_t)^2 \tag{3.53}$$

式中，O_t为观测值；N_{train}为训练期时间样本总数。在预报期，在(3.52)式中代入在训练期得到的回归系数a_i，对其他格点做相同的计算，便可进行超级集合预报。

林春泽等(2009)的研究指出，当训练期固定时，超级集合预报会因未考虑预报时间远离训练期时，在训练期得到的各模式的权重系数有可能失效，导致预报期后期预报误差出现增长的趋势。为此，作者将固定长度的训练期逐日向后滑动，即采用滑动训练期超级集合预报方法，每次只针对距离训练期临近的一天进行预报。由此每天的预报都由新的训练期训练新的权重，消除预报偏差，从而使得预报效果更佳稳定。作者采用了包含 1 个隐层和 4 个隐层节点数的 3 层 BP 神经网络结构，输入的 4 个节点分别为 ECMWF、JMA、NCEP 和 UKMO 中心的集合平均结果。

(3)地面气温的多模式集成预报试验

利用上述资料和方法，作者对 2007 年 8 月 8—31 日预报期 24～168 h 时效的简单集合平均(EMN)、线性回归超级集合(LRSUP)、神经网络超级集合(NNSUP)以及滑动训练期线性回归超级集合(R-LRSUP)、滑动训练期神经网络超级集合(R-NNSUP)预报在北半球区域的平均均方根误差进行了对比(图略)，改进后的滑动训练期的超级集合在整个预报期内效果稳定，预报后期误差没有再出现明显的增长趋势，预报后期效果得到改善。尤其在预报时效较长时，超级集合预报效果得到进一步改善。作者还指出，训练期长度的选择对预报效果影响较为显著，在使用滑动训练期多模式集成方法时，应根据预报要素的特征选择最优训练期以获得最佳的预报效果。

(4)北半球中纬度降水的多模式集成试验

由于降雨的发生具有不连续的特点，降雨量大小的波动会造成训练期内样本距平的急剧波动，超级集合预报对于 24 h 累计降水的预报效果不甚理想。为此，作者选用 BREM 方法对北半球中低纬度地区的 24 h 累计降水进行了回报试验。利用上述 5 个集合预报中心 2007 年 6 月 1 日—8 月 27 日 88 个样本，对北半球中纬度地区 1.25°—358.75°E、10°—48.75°N 进行各时效 24 h 累计降水集合预报实验。采用交叉检验，即从试验资料序列的第一个样本开始，每次轮流留出一个样本，用余下的样本建立预报方程，并对留出的样本作回报试验(Yun et al.，2003)，以此进行，直至所有样本均完成独立的回报试验。对上述 5 个预报中心北半球中低纬度地区的预报结果、集成预报结果与 TRMM 资料的距平相关系数(图略)进行分析，结果表明，对于 24～168 h 预报，样本中所有消除偏差集合平均结果均优于单个模式的预报结果，且集成预报结果相对于单一中心模式结果都更稳定。

3.5　降尺度方法

降尺度方法是把大尺度、低分辨率的全球模式输出的信息转化为较小尺度、较高分辨率的局地区域地面天气气候变化信息的一种方法。目前在气候预测中习惯于称该方法为降尺度预测，在天气预报中为精细化预报。

数值模式能够较好地模拟出大尺度的平均特征，特别是能较好地模拟高层大气环流。但是由于目前数值模式输出的空间分辨率较低，缺少区域信息，很难对更小区域的天气气候做精确的预报，特别是在人们最关注的温度和降水方面有很大误差。目前有两种方法可以弥补数值对更小区域天气气候预报的不足。一是发展更高分辨率的数值预报模式；二是降尺度方法。由于提高数值模式的空间分辨率需要的计算量很大，同时也会出现其他很多问题。目前来看，降尺度方法更为可行。

降尺度就是把大尺度、低分辨率的数值预报产品转化为更小区域尺度的地面天气气候变化信息，从而弥补数值模式对更小区域天气气候预报的局限。有两种降尺度方法：动力降尺度和统计降尺度。两种方法都需要数值模式提供大尺度数值预报产品。

3.5.1　统计降尺度方法

统计降尺度法是利用多年的观测资料，建立大尺度天气气候状况（主要是大气环流）和比模式产品可以描述的更小区域的天气气候要素之间的统计关系，并利用独立的观测资料检验这种关系，最后再把这种关系应用到数值模式输出的大尺度数值预报产品，得到局地更小区域天气气候的预报中。即首先建立大尺度预报因子与更小区域的天气气候预报变量之间的统计函数关系式，

$$y = F(x) \tag{3.54}$$

式中，x 代表大尺度预报因子，y 代表区域天气气候的预报量。F 为建立的大尺度预报因子与区域预报变量之间的一种统计关系。这里要求大尺度因子与区域预报变量之间具有显著而稳定的统计关系。统计降尺度法基于以下 3 条假设：(1)大尺度天气气候场和区域天气气候要素场之间具有显著的统计关系；(2)大尺度天气气候场能被数值模式很好地模拟；(3)在变化的气候情景下，建立的统计关系是有效的。统计降尺度的优点在于它能够将数值模式输出的物理意义较好、模拟较为准确的数值预报产品应用于统计模型，从而纠正数值模式的系统误差，而且不用考虑边界条件对预报结果的影响。其缺点是，该方法需要较长期的观测资料来建立统计模式，而且统计降尺度方法不能应用于大尺度天气气候要素与区域天气气候要素相关不显著的地区。也就是说，不能实现区域预报全覆盖。

3.5.2 动力降尺度方法

动力降尺度方法是将分辨率较低的全球模式嵌套较高分辨率的某区域模式，利用全球模式为区域模式提供初边值条件，获取描述区域天气气候特征的高分辨率的预报信息。有时候为了实际业务或服务需要，可以进行多重嵌套。该方法的优点是：物理意义明确，能用于任何地方而不受观测资料的影响，也可用于不同的分辨率。其缺点是：计算量大，费机时；受全球模式提供的边界条件质量的影响大；也受动力模式对区域天气气候预报的系统误差的影响较大。

3.5.3 模式直接输出方法(DMO)

DMO 方法就是通过插值把格点上的模式要素预报结果分析到具体的站点，得到站点上的要素预报。对于不是模式直接输出的要素，采用经验公式计算得到。DMO 方法最大的优点是不需要建立预报方程，甚至相同的程序可以应用于不同的模式，可以获得任意多站点的预报结果，同时可以得到任意的要素预报结果，对于非模式直接输出的量，可以通过其他量诊断得到：而 DMO 的缺点在于对模式误差没有订正能力，预报精度完全依赖于模式，相对于形势场预报模式对要素预报的精度往往不是很高，这些因素决定了 DMO 预报效果不是很好。

为了提高 DMO 预报的效果，主要是结合局地特点，对 DMO 结果进行订正。一是根据局地边界条件进行订正。如根据局地气温与地形高度的密切关系进行地形高度误差订正。模式地形高度与实际地形高度有较大的差异，高度订正就是根据要素随高度变化的特征，扣除由于模式地形高度和站点实际高度差异所引起的误差。一些气象要素(例如 2 m 温度、10 m 风速等)，可以简单地通过运用它们跟地表地形的关系来进行降尺度处理。例如，对温度预报的最简单的订正方法就是利用地形高度每增加 100 m 温度下降 0.6 ℃的递减率把插值计算的格点温度先订正到站点高度上再进行插值。在地面气温的预报中，垂直温度递减率也许可以用来对低分辨率集合预报系统进行降尺度处理，从而使其具有更高分辨率的格点。对 DMO 预报进行订正的另一种方法就是利用最近的观测资料计算近期的预报误差，并在后面的预报中进行扣除以提高预报效果的偏差订正方法。具体订正是利用近期的实况观测资料分站点、分时效计算预报平均误差，在每天的预报中减去预报误差。在进行偏差订正时，可以将预报误差乘以一个取值范围在 0～1.0 之间的系数，来避免极端情形。取值越小，预报误差的影响越小，订正效果越小；值越大，预报误差的影响越大，订正效果越大，但极端情况的影响也随之增大。

图 3.50 表示的是强风出现的概率，其经过了使用高分辨率地形场的区域集合预报系统的降尺度处理。这张图显示出了探测出苏格兰过山风的概率，这在模式直接

输出中通常被漏掉。

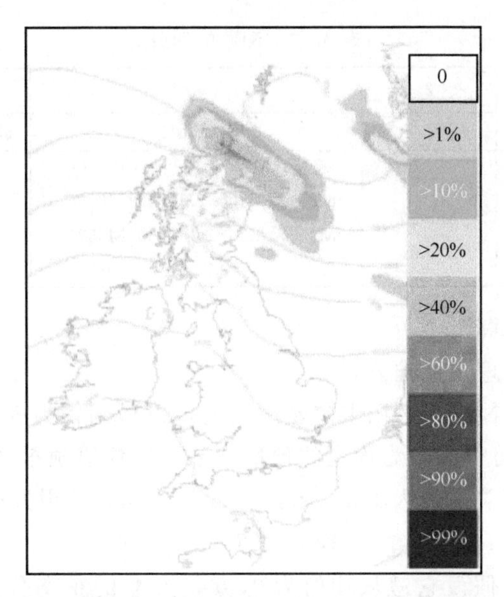

图 3.50　2011 年 8 月 5 日世界时 09 时(T+15)经过降尺度技术处理过的苏格兰东北部强风出现的概率图

3.5.4　应用举例

例 24　基于统计降尺度方法制作气温的精细化预报

吴建秋和郭品文(2009)利用 NCEP/NCAR 的再分析资料和南京地区 28 个自动站的实况气温观测资料,采用线性回归和卡尔曼滤波相结合的方法,开展了基于统计降尺度技术的精细化气温预报,结果表明,预报结果有较好的使用和参考价值。

(1)资料和方法

利用 NCEP/NCAR 的 1°×1° 6 h 一次的分析资料,其中包括 1000 hPa 至 10 hPa 各等压面位势高度、风、气温、相对湿度和风速等气象要素。实况资料为南京地区 28 个站点(6 个城市基本站、22 个自动观测站)4—9 月的逐时气温资料。预报量即各个站点 02、08、14、20 时共 4 个时次的气温。

考虑到站点多预报量大,将南京地区加以分区,并筛选出各区域的代表站。首先做出各区域代表站的预报,而后其他各站的预报则根据其与代表站温度间的关系完成预报制作。

(2)区域划分和筛选测站

以南京市所辖的 58235、58237、58238、58339 和 58340 这 5 个城市基本站为基准,将所辖站点依据地理位置划分为 5 个区(表 3.17)。计算结果表明,各区域内站点间温度相关性较好，相关系数均在 0.97 以上，且通过了置信度为 $\alpha=0.01$ 的显著性 t 检验。

表 3.17 测站的划分

区号	1	2	3	4	5
代表站	58235 六合	58237 江浦	58238 南京	58339 高淳	58340 溧水
相关站	M3521 M3522 M3549	M3531 M3550 M3551	58333，M3541，M3545，M3546， M3548，M3552，M3553，M3555， M3557，M3559，M3560，M3571， M3572	M3591 M3592	M3581 M3582

（3）代表站预报试验

①卡尔曼滤波原理及递推公式

在样本数较少的情况下采用卡尔曼滤波就可以得到较为满意的预报方程，而且无须重建预报方程，可得到较为稳定的预报结果。从数值预报产品中选取 n 个与局地气象要素 $\boldsymbol{Y}$ 有密切关系的因子 $x_1,x_2,\cdots,x_n$ 建立动态预报方程——量测方程：

$$\boldsymbol{Y}_t = \boldsymbol{X}_t\boldsymbol{\beta}_t + \boldsymbol{v}_t \tag{3.55}$$

式中，$\boldsymbol{v}_t$ 为测量误差，假设它遵从均值为 0，方差为 $\boldsymbol{V}$ 的正态分布。$\boldsymbol{\beta}_t=[\beta_1,\beta_2,\cdots,\beta_m]_t^{\mathrm{T}}$ 为状态系数，T 表示矩阵的转置，$\boldsymbol{X}_t$ 是 $n\times m$ 矩阵，是因子矩阵，其状态方程为：

$$\boldsymbol{\beta}_t = \boldsymbol{\beta}_{t-1} + \boldsymbol{w}_{t-1} \tag{3.56}$$

此式反映了随机动态系统状态随时间变化的规律，即 t 时刻的状态系数 $\boldsymbol{\beta}_t$ 是由 $t-1$ 时刻的状态系数 $\boldsymbol{\beta}_{t-1}$ 与状态系数所受到的随机扰动 $\boldsymbol{w}_{t-1}$ 两部分构成，设 $\boldsymbol{w}_t$ 遵从均值为 0，方差为 $\boldsymbol{W}$ 的正态分布。对这样的随机动态系统，可建立卡尔曼动态滤波方法，卡尔曼滤波的递推公式为：

$$\left.\begin{aligned}
\boldsymbol{e} &= \boldsymbol{Y}_t - \boldsymbol{X}_t\hat{\boldsymbol{\beta}}_{t-1} & ① \\
\boldsymbol{R}_t &= \boldsymbol{C}_{t-1} + \boldsymbol{W} & ② \\
\boldsymbol{\sigma}_t &= \boldsymbol{X}_t\boldsymbol{R}\boldsymbol{X}_t^{\mathrm{T}} + \boldsymbol{V} & ③ \\
\boldsymbol{A}_t &= \boldsymbol{R}_t X_t^{\mathrm{T}}\boldsymbol{\sigma}_t^{-1} & ④ \\
\hat{\boldsymbol{\beta}}_t &= \hat{\boldsymbol{\beta}}_{t-1} + \boldsymbol{A}_t\boldsymbol{e} & ⑤ \\
\boldsymbol{C}_t &= \boldsymbol{R}_t - \boldsymbol{A}_t\boldsymbol{\sigma}_t\boldsymbol{A}^{\mathrm{T}} & ⑥ \\
\hat{\boldsymbol{Y}}_t &= \boldsymbol{X}_t\hat{\boldsymbol{\beta}}_{t-1} & ⑦
\end{aligned}\right\} \tag{3.57}$$

式①～⑥为卡尔曼滤波的递推公式，⑦为预报方程，$\boldsymbol{e}$ 为预报误差，$\boldsymbol{\sigma}_t^{-1}$ 是 $\boldsymbol{\sigma}_t$ 的逆矩阵。由上式可以看出：对于时刻 t，一旦确定了 $\hat{\boldsymbol{\beta}}_{t-1}$、$\boldsymbol{V}_{t-1}$、$\boldsymbol{W}$ 和 $\boldsymbol{V}$ 这 4 个参数，便可以计算出 $\hat{\boldsymbol{\beta}}_t$ 的值，并进一步作出 t 时刻的预报。

②预报因子的选取

首先选取物理意义较明确的 35 个气象要素场作为初选预报因子。对不同站点、不同时次，分别采用内插法将格点预报值插值到站点，作为站点的预报因子值。根据相关分析和相关检验原理，按能通过 0.05 显著性 t 检验的标准对初选的因子进行排序筛选（表 3.18），最终选取了 850 hPa 和 700 hPa 的 V 分量，海平面气压，500 hPa 高度场等 7 个物理量场和要素场作为预报因子场，同时加入了时间序列因子，以减少季节变化带来的温度预报效果的不稳定。

表 3.18　入选因子与各代表站气温的相关系数

因子	六合	江浦	南京	高淳	溧水
T_{2m}	0.951	0.952	0.954	0.957	0.957
RH_{2m}	0.762	0.777	0.785	0.809	0.805
500 hPa 高度	0.648	0.672	0.664	0.652	0.663
海平面气压	0.640	0.667	0.654	0.652	0.661
可降水量	0.591	0.600	0.596	0.591	0.596
时间序列	0.436	0.467	0.462	0.446	0.448
V 分量 850 hPa	0.369	0.369	0.350	0.318	0.349
V 分量 700 hPa	0.313	0.326	0.311	0.289	0.306

③卡尔曼滤波初值确定

确定 $\boldsymbol{b}_0$、$\boldsymbol{C}_0$、$\boldsymbol{W}$ 和 $\boldsymbol{V}$ 的初始值是卡尔曼滤波递推计算的先决条件。首先利用 4、5 月的因子建立各站各时次温度预报的多元线性回归模型：

$$Y = b_0 + b_1x_1 + b_2x_2 + b_3x_3 + b_4x_4 + b_5x_5 + b_6x_6 + b_7x_7 + b_8x_8 \quad (3.58)$$

其回归系数矩阵即 $\boldsymbol{b}_0$。$\boldsymbol{C}_0$ 是 $\boldsymbol{b}_0$ 的协方差阵。在假设 $\boldsymbol{b}_0$ 准确的前提下，$\boldsymbol{C}_0$ 是零矩阵。

④预报结果

用上述方法确定卡尔曼滤波的初始递推值后，作 5 个代表站 6—9 月每日 02 时、08 时、14 时、20 时共 4 个时次的气温预报试验，其误差结果如表 3.19 所示。5 个代表站各个时次的平均预报准确率分别为 88%、89%、70%、76%。

表 3.19　代表站分时卡尔曼滤波气温预报的平均绝对误差（℃）

时次	站号					
	58235	58237	58238	58339	58340	平均值
02 时	0.9	1.0	1.1	1.0	1.0	1.0
08 时	1.0	0.9	1.0	1.0	1.0	1.0
14 时	1.8	1.7	1.8	1.8	1.9	1.8
20 时	1.4	1.3	1.4	1.4	1.3	1.4

(4)相关站预报试验

以 2006 年 4—5 月气温资料为统计样本，各代表站的温度值为预报因子，相对应的其余23个相关站每日4个时次的温度为预报量，分别建立一元线性回归模型的初始预报方程：$Y=b_0+b_1x_1$。再次采用卡尔曼滤波方法，不断修正模式中的预报参数，制作相关站的温度预报。表3.20给出了站点最多的3区内各站4个时次的温度预报的平均绝对误差值。

表3.20　3区相关站分时卡尔曼滤波温度预报的平均绝对误差(℃)

时次	站号													
	58333	M3541	M3545	M3546	M3548	M3552	M3553	M3555	M3557	M3559	M3560	M3571	M3572	平均值
02时	1.1	1.1	1.1	1.1	1.1	1.2	1.1	1.4	1.2	1.1	1.1	1.1	1.4	1.2
08时	1.3	1.5	1.4	1.2	1.3	1.5	1.3	2.1	1.4	1.3	1.2	1.4	1.7	1.4
14时	1.9	2.2	2.2	2.4	2.2	2.0	2.0	2.2	2.2	2.3	1.9	2.3	2.3	2.1
20时	1.7	1.7	1.7	2.1	1.7	1.7	1.6	2.3	1.9	1.8	1.8	2.1	2.0	1.8

(5)预报效果

从表3.20看出，不同时次预报效果好坏不一，除14时外，其他时次的预报均具有较好的可用性。线性回归和卡尔曼滤波相结合的统计降尺度方法，用于温度的精细化预报是可行的，它可用较少的样本资料建立预报模型，得到预报精度较高且稳定的预报结果。该方法具有操作简单、使用方便等优点，便于在基层台站推广使用。

例25　基于多模式降水量预报的浙江省统计降尺度研究

黎玥君和余贞寿(2016)利用欧洲中期天气预报中心(ECMWF)、美国全球集合预报系统(GFS)、日本气象厅(JMA)的降水量预报资料以及浙江省的高密度自动站观测资料，对浙江省范围内的数值预报结果进行统计降尺度处理，处理后的预报结果比直接插值更准确。

(1)资料

选用ECMWF(51个成员)、GFS(21个成员)、JMA(51个成员)3个预报中心全球集合预报模式12时(世界时)起报的时间间隔为3 h的3 h累计降水量预报，预报时段取2015年6月1日—8月31日。ECMWF的空间分辨率为0.125°×0.125°，GFS的空间分辨率为0.5°×0.5°，JMA的空间分辨率为0.5°×0.5°。从3家模式的降水量预报，提取浙江省的资料，然后统一双线性插值到0.025°×0.025°精度的网格上。

实况资料则选用2015年6月1日—8月31日浙江省自动站时间间隔为1 h的降水观测资料(1957个站)。将实况资料合成为与3个中心集合预报资料的12时(世界时)起报的3 h累计降水量一致的资料，并插值到0.025°×0.025°精度的网格上，以此作为实况观测值，来检验预报效果。

(2)方法

①首先利用双线性插值，将低分辨率的数值预报结果，插值到更加精细化的网格上。

②统计降尺度订正法

本例中所用的统计降尺度模型为一元线性回归，选取一定长度的训练期，建立模式预报值与“观测值”间的统计关系式：

$$Y_i = aX_i + b \tag{3.59}$$

式中，a、b 为回归系数，X_i为插值后的 ECMWF 模式预报序列，Y_i 为高密度的观测资料。在训练期确定回归系数 a、b 之后，利用该关系式，对模式降水量的预报值进行降尺度订正。

③消除偏差集合平均法

利用消除偏差集合平均法（bias-removed ensemble mean）对 3 个中心的预报结果进行多模式集成。集成的关系式如下：

$$BREM = \overline{O} + \frac{1}{N}\sum\nolimits_{i=1}^{N}(F_i - \overline{F_i}) \tag{3.60}$$

对于每一个格点，上式 F_i 为第 i 个模式的预报值，$\overline{F_i}$为第 i 个模式预报训练期的时间平均值，O 为训练期观测值平均，N 为参与集合的模式个数，$BREM$ 为消除偏差集合预报结果。

④检验方法

(a)ETS 评分

ETS 评分可用于有无降水的评分，也可针对某个量级以上的降水进行评分。当 $ETS>0$ 时为有技巧预报，$ETS\leqslant 0$ 时则为无技巧预报，$ETS=1$ 时为最佳预报。除引入 ETS 评分检验，还用到均方根误差(RMSE)。

(b)交叉样本检验

研究过程中将样本序列分为“训练期”和“预报期”，采用交叉样本检验法进行模拟，即从试验资料序列的第 1 个样本开始，依次留 1 个样本作预报检验，余下样本均作为“训练期”样本进行模拟。

(3)降尺度方法对单模式的订正

这里利用线性回归方法对降水量预报做降尺度订正。先利用双线性插值将低分辨率的模式预报值插值到细网格上，通过训练期的预报值和观测值建立回归方程，根据该方程对结果进行订正。为了研究统计降尺度方法对预报误差的改进效果，计算出浙江省范围内预报场与观测场之间的格点平均 RMSE 和距平相关系数 ACC。通过与观测资料对比，并将降尺度模型的结果与预报期内直接插值的结果相比，降尺度订正之后的预报值与实况值之间相关度提高，均方根误差明显减小，但不同预报中心、不同预报时效改进程度各不相同。直接插值和回归降尺度后的预报误差随着预报时效的延长而增大，且回归降尺度后的改善效果与各单模式自身的预报效果有关(图略)。

第4章 实习项目

4.1 寒潮天气过程的释用

受寒潮影响，2016年11月21日至24日，我国中东部大部地区自北向南先后出现大范围大风、降温和降水等天气现象，平均气温普遍下降6～10 ℃，其中部分地区气温下降12 ℃以上。上述地区并伴有4～6级偏北风，东部和南部海区风力7～9级。24日凌晨，华北平原北部最低气温达到－10 ℃左右，最低温度0 ℃线位于江南北部，江南南部和华南北部最低气温达到4～8 ℃。同时，中国中东部地区自北向南也出现了不同量级的降水，此次寒潮是2016年入冬以来最强寒潮，受此寒潮的影响，华北大部分地区由雨转雪，出现了2016年冬季的第一场雪，南部部分地区出现了暴雨，整个东部地区都出现了不同程度的降水。中央气象台11月21日06时发布寒潮橙色预警。

4.1.1 高空形势场分析和预报

2016年11月21—24日中国中东部地区爆发了入秋以来影响我国最强烈的一次寒潮天气过程。11月20日08时(图4.1)在200 hPa实况高度场上，在东西伯利亚到河套北边有一槽，贝加尔湖以西的北纬50°附近有一横槽。中低纬度地区以西风气流为主。

11月20日08时(图4.2)在500 hPa实况天气图上，在东西伯利亚到东北地区有一槽，对应有－48 ℃的冷中心，说明在那里有较强的冷空气堆积。贝加尔湖以西的50°N附近有一横槽，也有冷空气聚集。中纬度地区气流较为平直，高原东侧有一地形槽，副高在南部洋面上。

由图4.3可知，20日08时位于东西伯利亚到东北地区的槽缓慢向东南方向移动。贝加尔湖以西的横槽附近冷空气也在不断积聚，到22日08时，贝加尔湖以西的横槽转竖，并且与东边的槽合并，冷空气进一步加强，槽后来自北冰洋的冷空气大举南下入侵我国，淮河以北均受此冷空气影响。

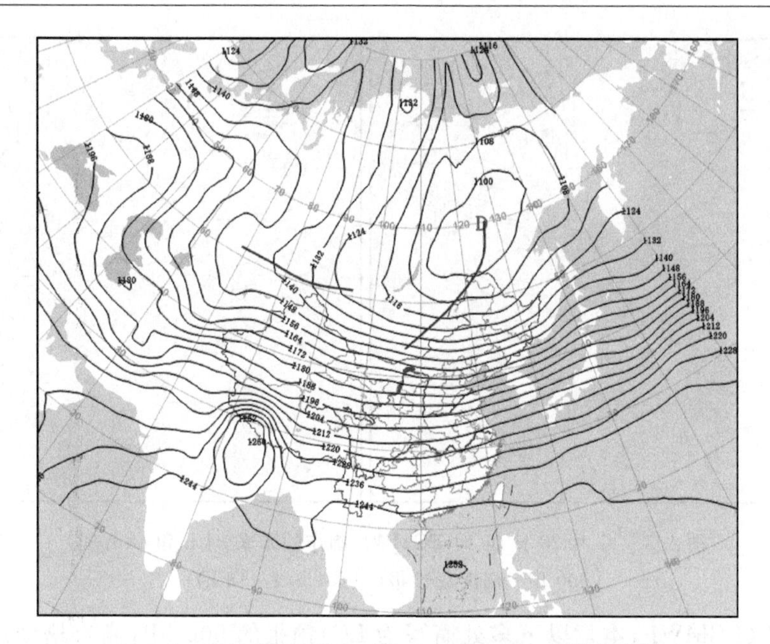

图 4.1　2016 年 11 月 20 日 08 时 200 hPa 实况高度场

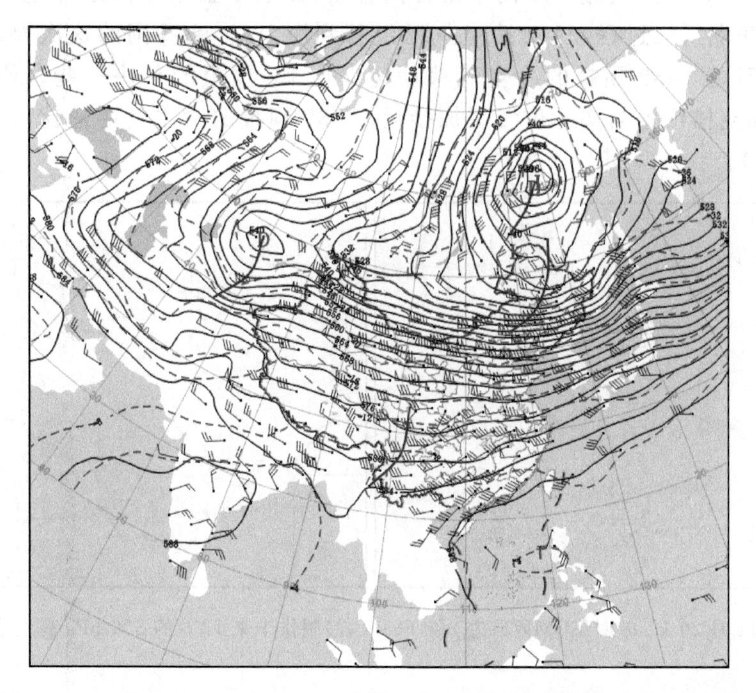

图 4.2　11 月 20 日 08 时 500 hPa 实况天气图(实线:等高线,虚线:等温线)

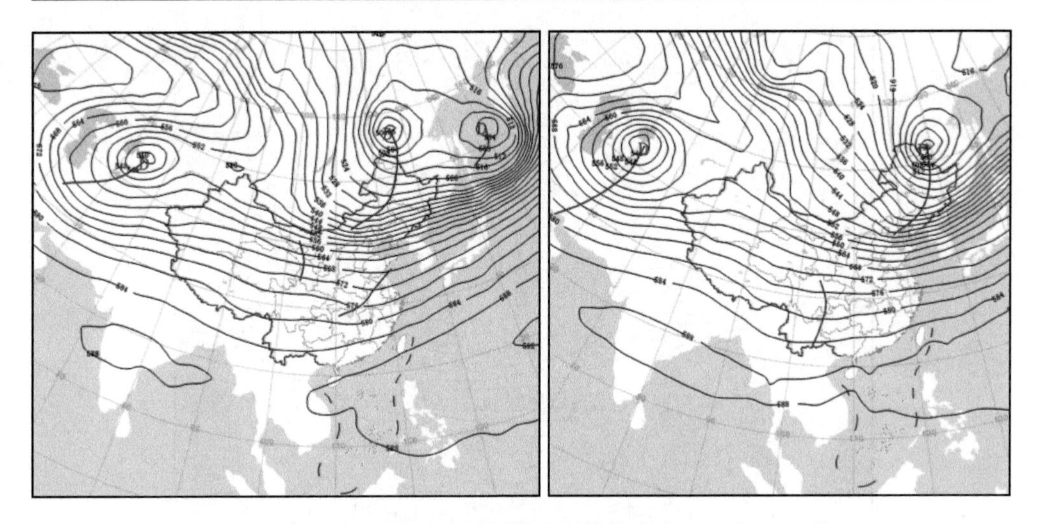

图 4.3　11 月 20 日 08 时 ECMWF 制作的未来 24 h 和 48 h 的
500 hPa 高度场预报(左:24 h,右:48 h)

由 EC(ECMWF,本章以下多处简写为 EC)预报的 500 hPa 高空槽动态图可知(图 4.4),23 日冷空气进一步向东南方向移动,影响了整个中国东部地区,爆发一次较强的寒潮天气过程,24 日冷空气已经移到海上,影响我国的这次寒潮天气过程结束。但是 T639 预报的冷空气移动速度比 EC 预报的要快一些。EC 预报的 500 hPa 高空槽位置与实际位置更加接近,T639 预报的冷空气移速比实际快了一些(图 4.5)。

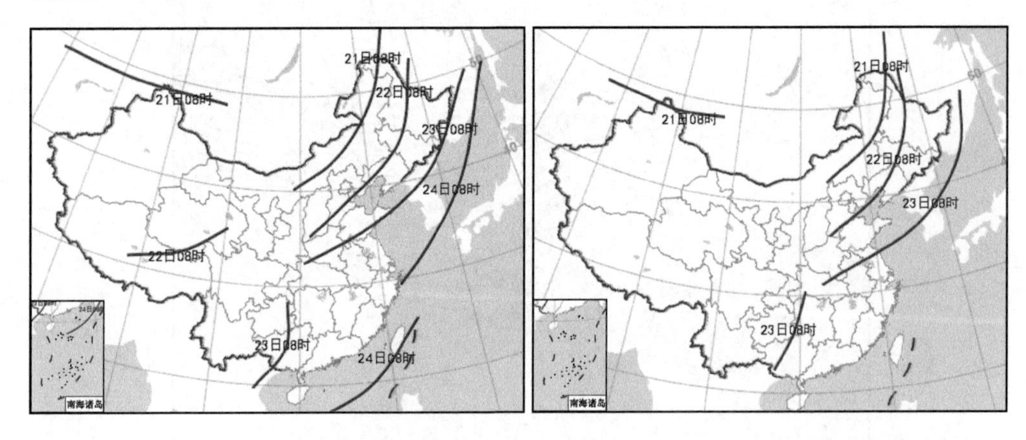

图 4.4　11 月 20 日 08 时 ECMWF(左)和 T639(右)制作未来 72 h 的 500 hPa 高空槽动态图

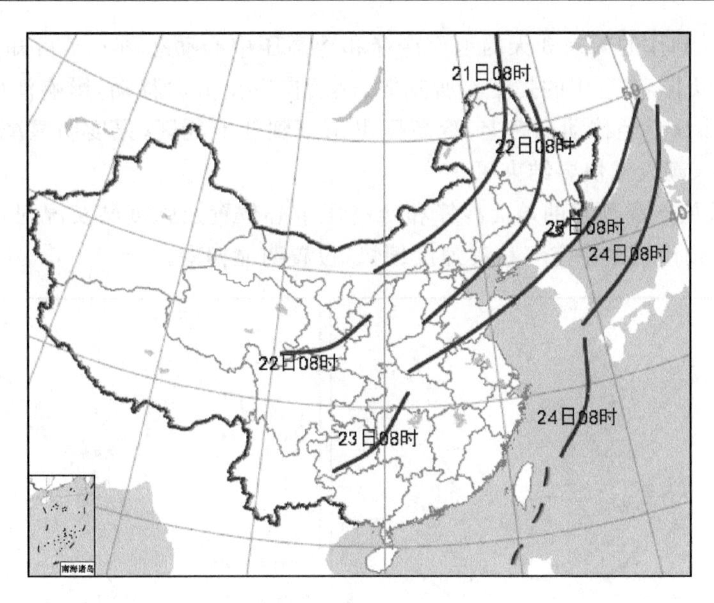

图 4.5　11 月 21 日—24 日 08 时 500 hPa 高空槽实况动态图

4.1.2　地面形势场分析和预报

11 月 20 日 08 时地面天气图上(图 4.6),贝加尔湖西南边有一个高达 1060 hPa 的冷高压,在冷高压的前底部(河套北边)有一冷锋,冷空气已经逼近华北地区。

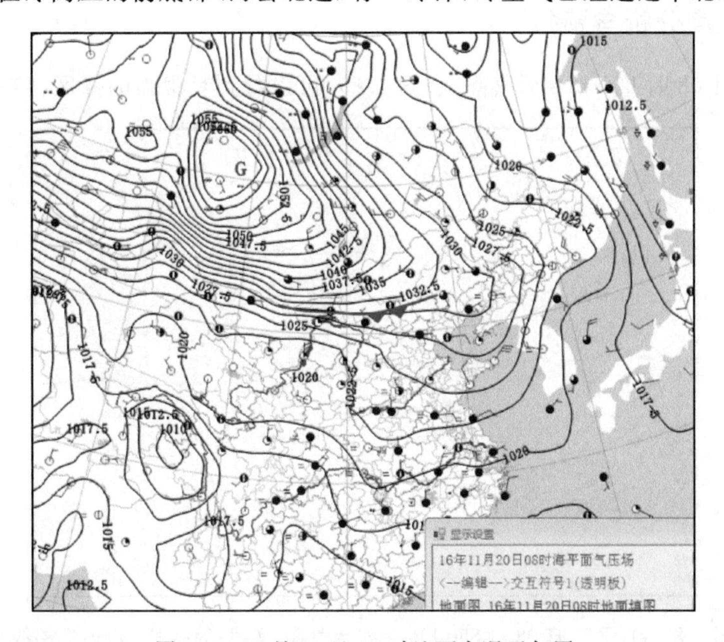

图 4.6　11 月 20 日 08 时地面实况天气图

由 T639 制作的未来 3 天的地面冷锋和冷高压中心动态图 4.7 可知，21 日冷空气到达长江以北，冷高压的强度有所减弱，然后向东南方向移动，影响江南地区。到 23 日 20 时冷锋已经移动到海上，冷高压也南下到江淮地区，强度明显减弱，预示着影响我国的寒潮天气快要结束了。

T639 数值产品预报的地面冷锋和冷高压中心位置及强度与实况对比分析发现(图 4.7)，模式预报的冷空气移动速度偏快，位置明显偏南。

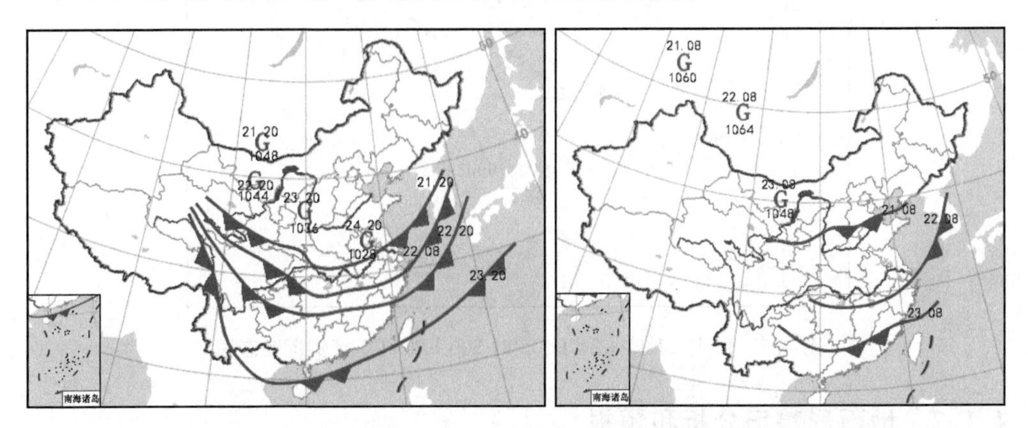

图 4.7 11 月 20 日 08 时 T639 制作的未来 3 天地面冷锋和冷高压中心动态图(左图)和 21—23 日地面实况冷锋和冷高压中心动态图(右图)

4.1.3 温度分析与预报

在 20 日 08 时 850 hPa 天气图上(图 4.8)，可以看到有很强的锋区存在，锋面已经

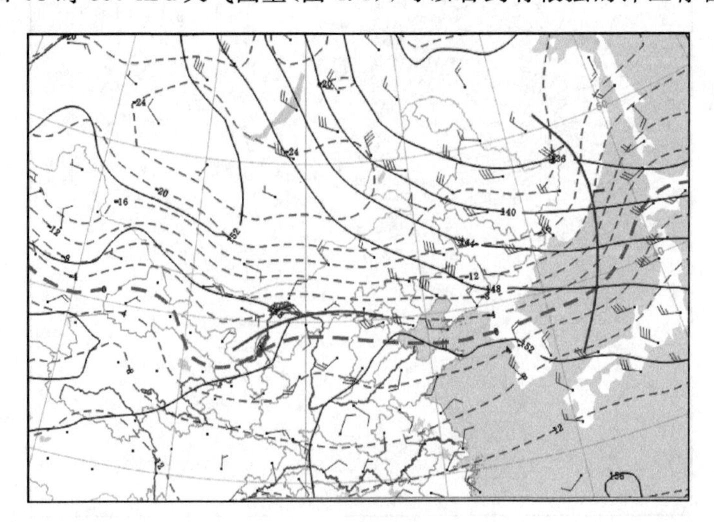

图 4.8 11 月 20 日 08 时 850 hPa 实况天气图(实线:等高线,虚线:等温线)

到了华北地区附近，锋区呈东西走向，河套附近有一切变线，说明低层有气流的辐合。

由 ECMWF 制作的未来 3 天 850 hPa 上 0 ℃线的动态图可知(图 4.9)，冷空气在逐步扩散南下，21 日开始影响华北，22 日到达长江以北地区，23 日开始影响长江以南地区，预计在 24 日冷空气对我国的影响宣告结束。

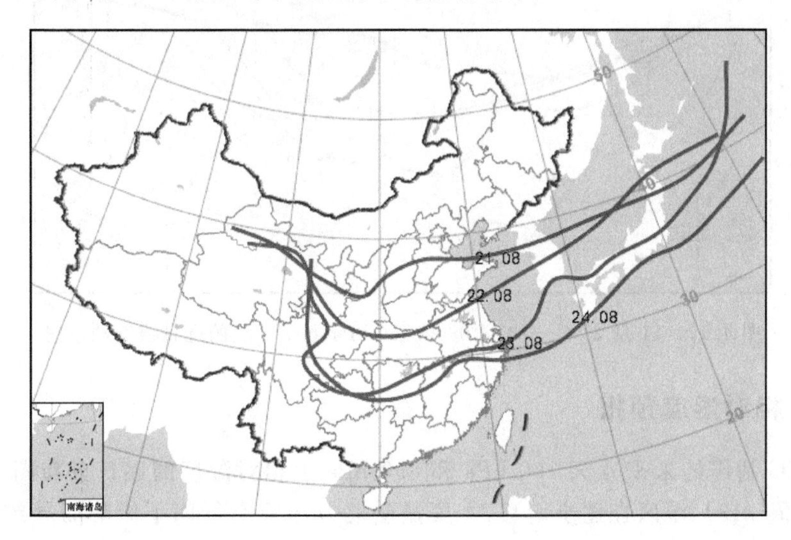

图 4.9　11 月 20 日 08 时 ECMWF 制作的 850 hPa 上 0 ℃线的逐日演变动态图

但是 T639 预报的 850 hPa 上 0 ℃线的移动比 ECMWF 预报的稍慢一些(图 4.10)。T639 预报的地面 0 ℃线的位置少动。对比实况发现(图 4.11)，EC 制作的未来 3 天 850 hPa 上 0 ℃线的位置更准确一些。

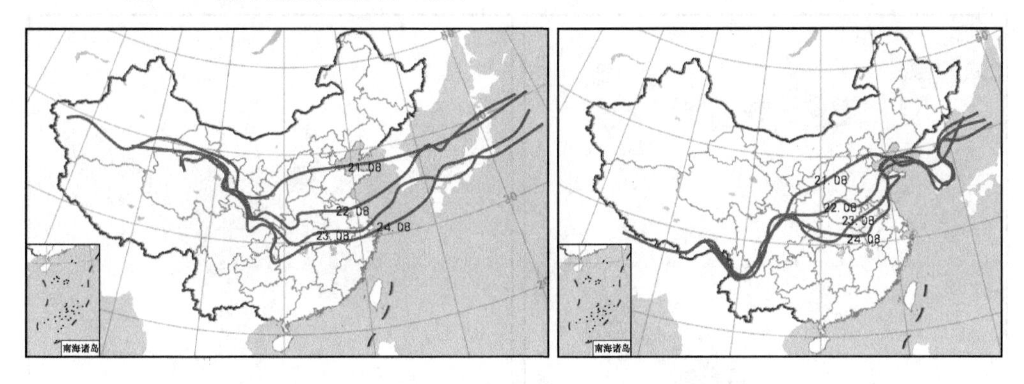

图 4.10　11 月 20 日 08 时 T639 制作的 850 hPa 和地面 0 ℃线的逐日演变动态图(左图：850 hPa，右图：地面)

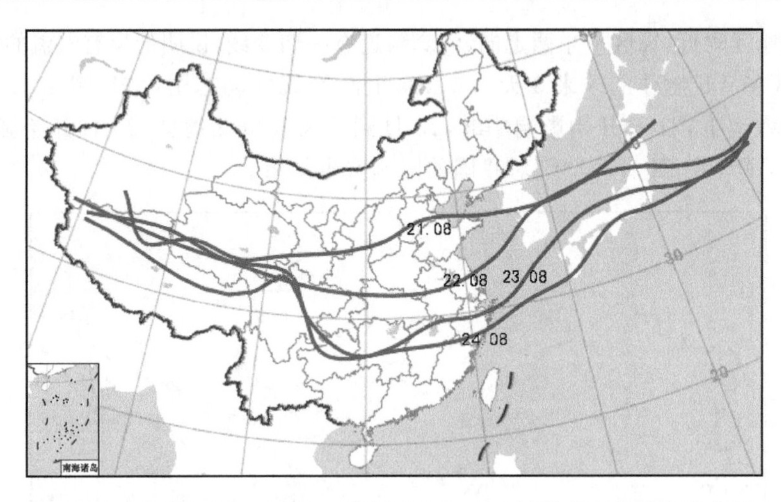

图 4.11 11 月 21 日—24 日 08 时 850 hPa 上 0 ℃线的逐日演变动态图

4.1.4 相对湿度预报

由 EC 制作的未来 4 天 700 hPa 和 850 hPa 上相对湿度的逐日分布图可知(图 4.12 和图 4.13),湿区在逐步南移,主要是受北方干冷空气南下影响而导致。21 日湿区在华北地区,22 日湿区到达长江和黄河之间,23 日湿度大值区就位于长江流域附近,24 日的时候 850 hPa 上相对湿度大值区范围还是比较大,覆盖了长江以南的大部分地区,但是 700 hPa 上相对湿度大值区范围已经很小,说明湿层的厚度已经很薄,预示着降水快要结束了。

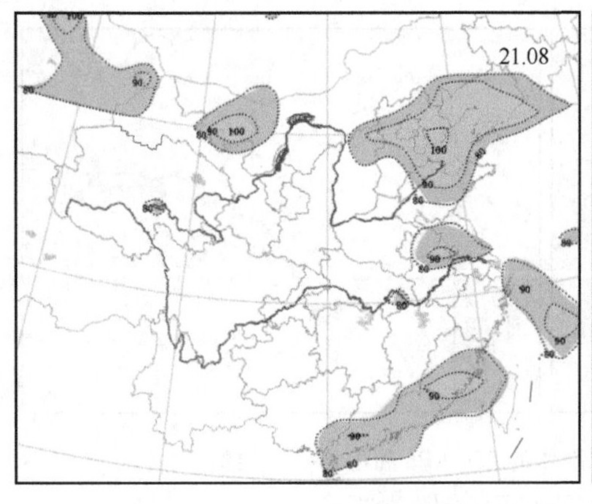

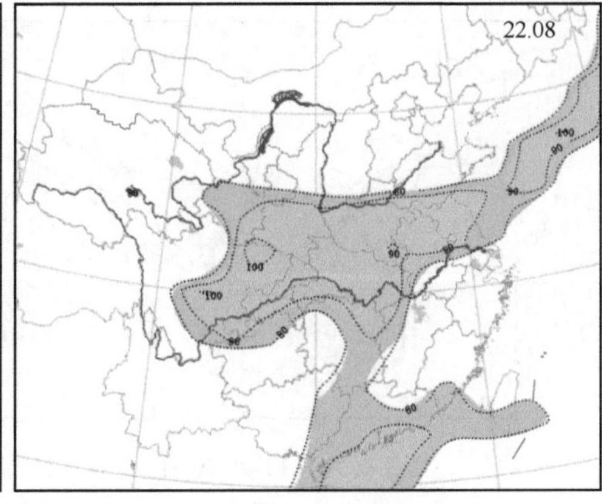

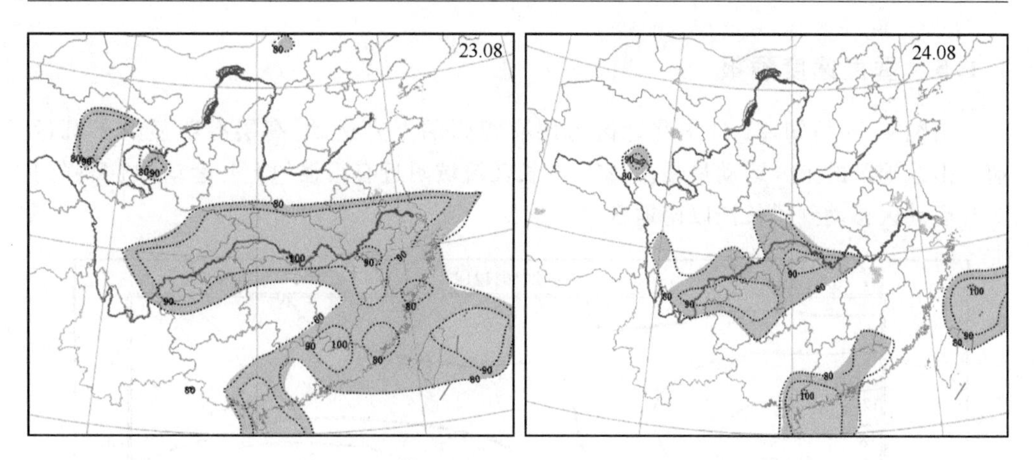

图 4.12　11 月 20 日 08 时 EC 制作的 21—24 日 700 hPa 上相对湿度的分布图

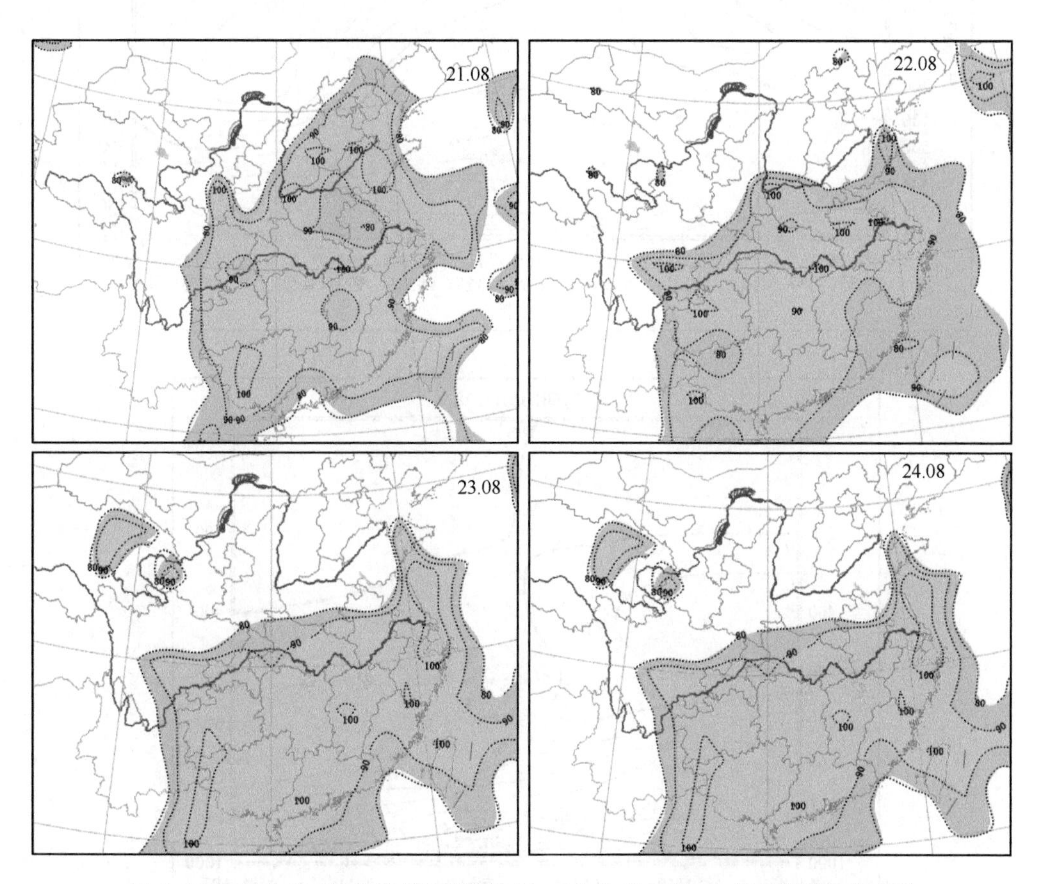

图 4.13　11 月 20 日 08 时 EC 制作的 21—24 日 850 hPa 上相对湿度的分布图

4.1.5 垂直速度预报

由图 4.14 可知，21 日华北地区低层有很强的上升运动，高层有明显的下沉运动。山东地区的上升运动最强。22 日在长江流域附近有很强的上升运动，23 日强的上升运动区移动到了长江以南地区。

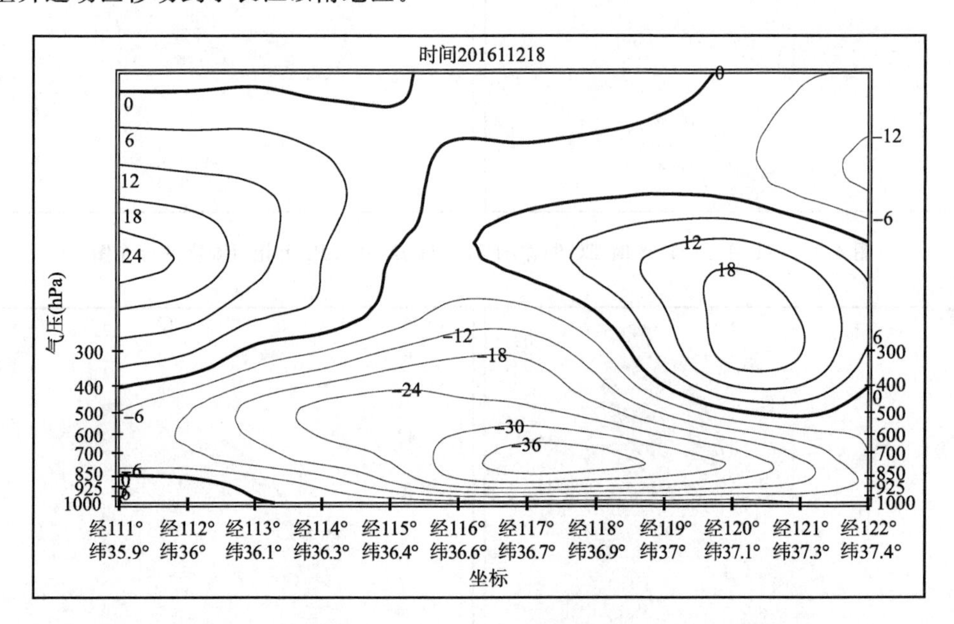

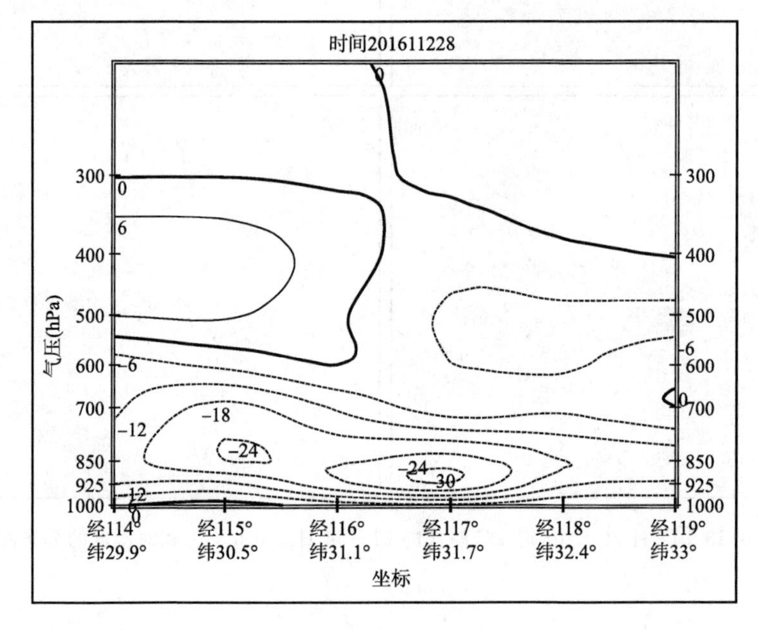

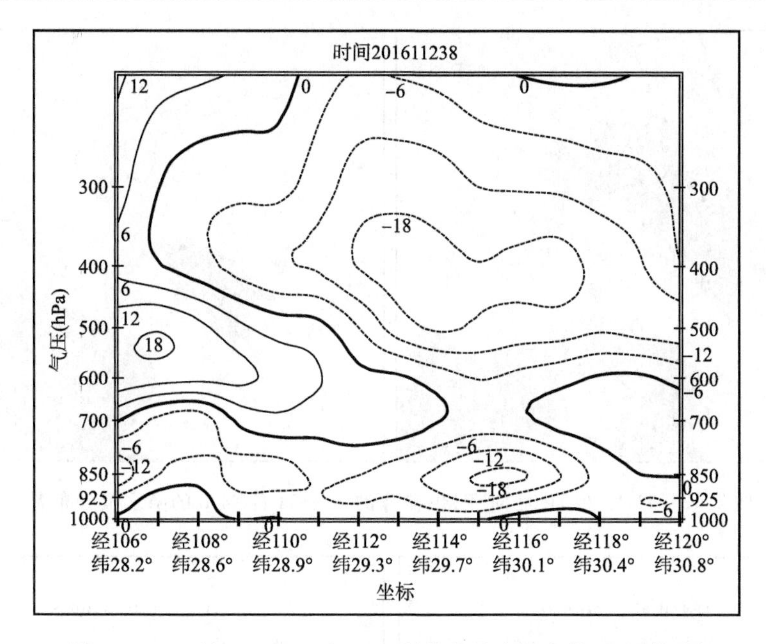

图 4.14 11月20日08时 T639 制作的垂直速度的逐日剖面图

4.1.6 降水分析

结合前面的湿区、垂直运动区和地面温度等的预报,由 T639 预报的逐日 24 h 降水图可知(图 4.15),21 日降雪主要发生在华北地区,华南有强降水。22 日雨区南落到山东半岛及其以西地区,华南地区仍然有强的降水,但比较昨日强度有所减弱。23 日雨区进一步南落到长江流域附近,但是降水相态以雨为主,华南部分地区还有大雨。24 日降水落区主要在华南,只有华南局部地区还有强降雨。T639 预报的逐日降水和实况降水大致落区较为一致(图 4.15、图 4.16)。

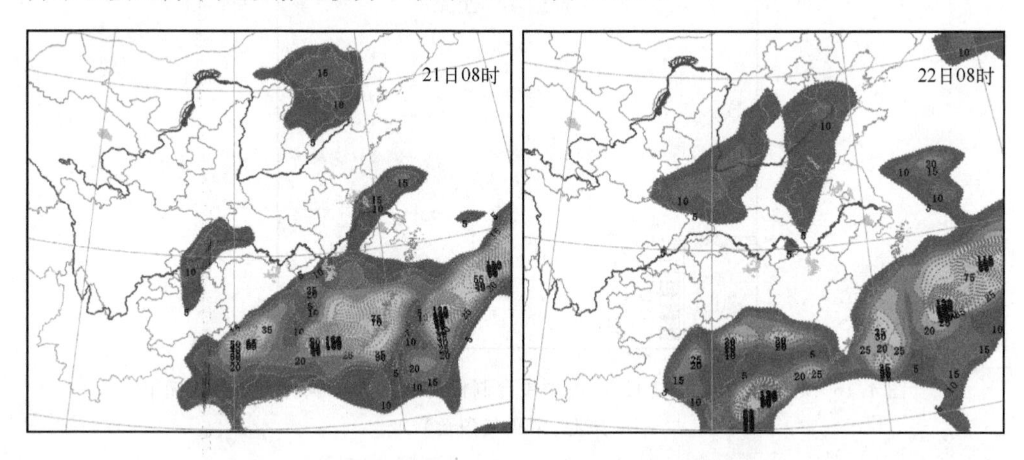

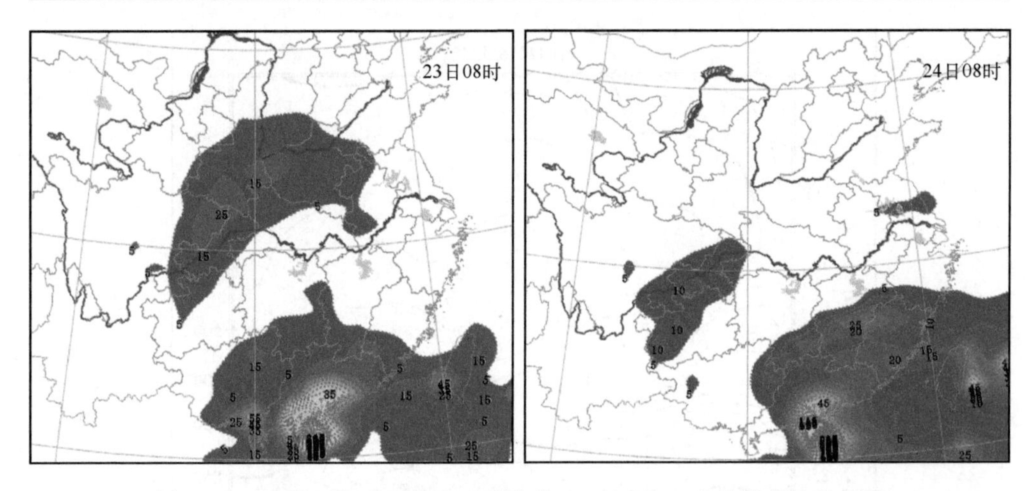

图 4.15　11 月 20 日 08 时 T639 制作的 21—24 日 24 h 的降水量分布图

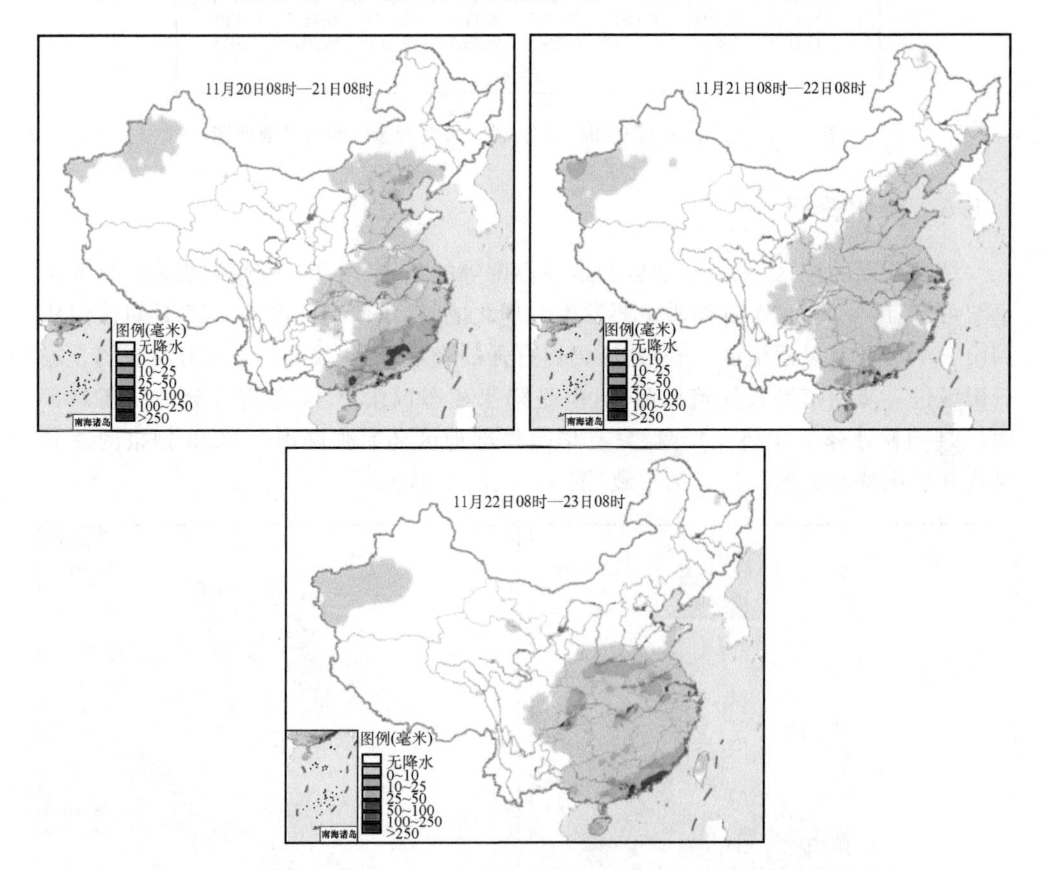

图 4.16　11 月 20 日—23 日 08 时中央台制作的逐日 24 h 降水量实况分布图

（来源：中央气象台）

4.1.7　总结

总的来说，EC 预报的高空形势场和冷空气的移动位置与实况更加接近，T639 对要素预报也较为准确，尤其在降水落区和量级的预报上，也与实况较为接近。

4.2　寒潮天气过程中的数值预报产品检验评估

如果说预报意味着是对将来状态的预测，那么检验就是评估预报质量的过程。对预报的检验评估是依照实际发生的相关观测，按照特定方法进行的。检验分质和量，质是指预报看上去是否正确，量是指预报的准确程度。

对各种数值预报进行检验有三个目标。首先，需要监视预报质量，判断预报的准确性以及预报质量是否在提高。其次，是改进预报质量的需要，通过检验探讨预报错误原因。第三，要比较不同系统的预报质量，某一种预报比另一种预报好多少，以及在什么方面比较好。

目前的检验重点是形势场检验和降水检验等。目前业务中常用的主要检验方法有：目视检验方法、常规的统计检验方法（两分类预报检验方法、多级分类预报检验方法、连续变量检验方法、概率预报检验方法）、空间预报方法等方法。

最好最古老的检验方法是目视检验方法，一边看观测，一边看预报，用人的判断来辨别预报误差。对于近期资料，通常的方法是时间序列和图形方法。

4.2.1　目的和要求

4.2.1.1　目的

检验 2016 年 11 月 21—24 日寒潮天气过程中 EC 和 T639 模式关于东亚 500 hPa 高度场的预报效果。

4.2.1.2　要求

(1)熟悉 FORTRAN 语言，掌握 GrADS 应用；

(2)熟悉气象台站业务资料格式，应用 FORTRAN 语言编写主程序（提供子程序），包含资料的读写，子程序调用（特别要注意的是所读取资料的范围）；

(3)熟悉 GrADS 气象绘图系统的使用，编写数据描述文件以及 GrADS 执行程序。

4.2.2　实习内容

利用 2016 年 11 月 18—24 日逐日 08 时 24 h、48 h 和 72 h 的欧洲中期天气预报中心和我国 T639 的数值预报产品当中的 500 hPa 高度场分析和预报资料，选取范围为 20°—60°N、70°—140°E,采用均方根误差和距平相关的方法,针对不同时效做检验,且两家模式做比较,用图表说明模式的预报效果。

4.2.3 资料和方法介绍

4.2.3.1 资料介绍

2016 年 11 月 18—24 日逐日 08 时 24 h、48 h 和 72 h 的欧洲中期天气预报中心和我国 T639 的数值预报产品当中的 500 hPa 高度场分析和预报资料。用模式的初始场当作实况场。

4.2.3.2 方法介绍

采用均方根误差和距平相关的方法。

均方根误差是观测值与真值偏差的平方和观测次数 n 比值的平方根,在实际测量中,观测次数 n 总是有限的,真值只能用最可信赖(最佳)值来代替。均方根误差对一组测量中的特大或特小误差反应非常敏感,所以,均方根误差能够很好地反映出测量的精密度。均方根误差,当对某一量进行多次的测量时,取这一测量列真误差的均方根差(真误差平方的算术平均值再开方),称为标准偏差,以 σ 表示。σ 反映了测量数据偏离真实值的程度,σ 越小,表示测量精度越高,因此,可用 σ 作为评定这一测量过程精度的标准。下面是均方根误差的公式:

$$RMSE = \sqrt{\frac{\sum_{i-1}^{n} (X_{\text{obs},i} - X_{\text{model},i})^2}{n}} \tag{4.1}$$

距平公式:$X_{dt} = X_t - \overline{X} \quad (t=1,2,\cdots,n)$

距平含义:反映数据偏离平均值的状况,也是通常所说的异常。距平序列:单要素样本中每个样本资料点的距平值组成的序列称为距平序列,也可以记为距平向量。

距平相关系数是世界气象组织于 1996 年 11 月在意大利召开的第 11 届工作会议上确定使用的指标,是预报距平和实况之间的一种相关系数,反映预报距平与实况距平空间分布上的一致程度。距平相关系数的公式如下:

$$ACC = \frac{\sum_{i-1}^{N} (\Delta R_f - \overline{\Delta R_f})(\Delta R_0 - \overline{\Delta R_0})}{\sqrt{\sum_{i-1}^{N} (\Delta R_f - \overline{\Delta R_0})^2 \sum_{i-1}^{N} (\Delta R_0 - \overline{\Delta R_0})^2}} \tag{4.2}$$

距平相关系数的特点:

(1)距平相关系数对大的距平比较敏感,例如,160 站中实况和预报的 159 站均为 0.1,0.2,…,1.59,第 160 站实况为 10.0,预测为-10.0,距平相关系数为-0.49。

(2)距平相关系数只能反映观测值与预报值之间相对趋势分布的相似度。对于一些系统性的误差是不敏感的，所以有时不能正确评定预报的优劣。例如，实况中全国降水偏多，且南方偏多得多，北方偏多得少，但预报为全国降水偏少，且南方偏少得少，北方偏少得多。这样计算的距平相关系数可能为正，但实际上预测与实况却不一样。

4.2.4　完成实习报告

(1)说明所用资料及其所用方法。

(2)编写完整的程序，计算两家模式各自 72 小时之内的距平相关系数和均方根误差，然后做分析，结合图表来说明。

4.2.5　部分程序

```
integer nxy
real   quece
parameter(nxy=144 * 37,quece=999999)
real irf(nxy),iro(nxy)
integer   aa,dd
real   bb,cc,ee
integer mm
real   acc, rmtc
open(1,file='d:\guo\jianyan\ec500\16112308.000',
 & status='old',action='read')
  read(1, * )
read(1, * )

do   j=1,37
do   i=1,144
read(1, * )aa,bb,cc,dd,iro((j-1) * 144+i)
enddo
read(1, * )
enddo
open(2,file='d:\guo\jianyan\ec500\16112008.072',
 & status='old',action='read')
    read(2, * )
```

```
read(2,*)
do  j=1,37
  do  i=1,144
read(2,*)aa,bb,cc,dd,irf((j-1)*144+i)
enddo
read(2,*)
enddo

call  SACC(nxy,irf,iro,acc,quece)
call  RMTEST(nxy,irf,iro,rmtc,quece)
write(*,*)acc
write(*,*)rmtc
end

SUBROUTINE SACC(MM,irf,iro,acc,quece)
real irf(MM),iro(MM)
integer  LT(mm)
NN=0
HAM=0.
FAM=0.
SFH=0.
SF=0.
SH=0.
I1=0
do 10 I=1,MM
if(abs(irf(i)).ne.quece.and.abs(iro(i)).ne.quece) then
I1=I1+1
LT(I1)=I
nn=nn+1
HAM=HAM+irf(I)
FAM=FAM+iro(I)
endif
10        continue
```

```
      if(nn.eq.0)then! *
      acc=-999.0
      elseif(nn.ne.0)then                ! *
      HAM=HAM/real(NN)
      FAM=FAM/real(NN)
      do 20 I=1,NN
      I1=LT(I)
      DFA=iro(I1)-FAM
      DHA=irf(I1)-HAM
      SFH=SFH+DFA*DHA
      SF=SF+DFA*DFA
      SH=SH+DHA*DHA
20          continue

      if(sf*SH.gt.0)then
      ACC=SFH/SQRT(SF*SH)
      elseif(sf*SH.le.0)then
      acc=-999.0
      endif

      endif          ! *
c     write(*,*)'nn=',nn,'acc=',acc
      end
      subroutine RMTEST(MM,irf,iro,rmtc,quece)
      real irf(MM),iro(MM)
      NN=0
      sm=0
      do  100  i=1,MM
      if(abs(irf(i)).eq.quece.or.abs(iro(i)).eq.quece) goto 100
      NN=NN+1
      sm=sm+(irf(i)-iro(i))*(irf(i)-iro(i)) ! ``````````````````
100         continue
      if(nn.eq.0) then
```

```
rmtc=-999.0
else
rmtc=sqrt(sm/nn)
endif
end
```

4.3 T639模式对苏皖地区夏季降水预报性能检验与评估

评估数值预报模式在区域天气预报中的预报能力，检验数值模式的预报偏差，了解模式预报误差的时空分布特征有重要意义：一方面可以分析模式预报结果的时空差异，为预报员利用数值预报产品进行天气预报提供客观依据，便于预报员对模式预报结果进行修正，得出较为可靠的综合预报结果；另一方面，可以为模式研发者反馈数值模式预报产品在实际业务预报中模式误差的特征，这有助于模式研发人员诊断和修正模式物理参数化中可能存在的缺陷，为进一步完善模式提供有益的参考。

根据目前研究结果来看，不同数值模式对相同要素的预报结果之间存在较大差异，同时相同模式对于不同要素和不同地区的预报结果有明显差异，同一模式对同一要素的不同量级、不同时效以及不同时间的预报结论的准确率也有较大差异。因此数值预报检验有必要结合特定地区实际情况，分要素，分季节，分时效，分量级进行分析研究。

4.3.1 目的和要求

4.3.1.1 目的

检验T639数值模式的预报偏差，评估该模式对苏皖地区降水预报产品性能的优劣。

4.3.1.2 要求

熟悉FORTRAN语言，掌握GrADS应用；熟悉气象台站业务资料格式，应用FORTRAN语言编写主程序(提供子程序)，包含资料的读写，子程序调用(特别要注意的是所读取资料的范围)；熟悉GrADS气象绘图系统的使用，编写数据描述文件以及GrADS执行程序。

4.3.2 实习内容

为了检验T639模式预报产品性能的优劣，选取2014—2016年夏季(6—8月)苏皖地区的T639模式预报产品为检验对象，对不同预报时效，不同降水量级的过程分别进行预报性能的检验。

对预报产品的客观检验包括 TSS 评分、预报偏差评分、空/漏报率，以及百分比误差、均方根误差和平均误差等统计量。最后综合分析，得出模式预报的性能评估结果和误差特征。

4.3.3　资料和方法介绍

4.3.3.1　资料来源

运用到的资料有 2014—2015 年每年 6、7、8 三个月逐 6 小时的 6 h 降水地面站点观测资料；T639 018～072 时效 6 h、12 h、24 h 降水预报场格点资料，0°—180°E，0°—90°N，1°×1°格距，每天 08 时和 20 时两个时次。

4.3.3.2　资料预处理

因为获得的 12 h 和 24 h 降水观测资料时次缺损严重，因此，用每天四个时次(02、08、14、20 时)的逐 6 小时 6 h 降水累加获得逐 6 小时的 12 h、24 h 降水站点资料。本实习的主要对皖苏地区的 T639 降水预报场进行评分检验，因此，将检验范围限定在 114°—123°E、29.5°—35.5°N 之间，通过对该范围内 6 h 降水站点观测资料筛选，选取时次相对较全(原始资料中有的站点很多时次无数据)的 87 个站点的观测资料作为本次检验的观测资料，87 个站点位置如图 4.17 所示。

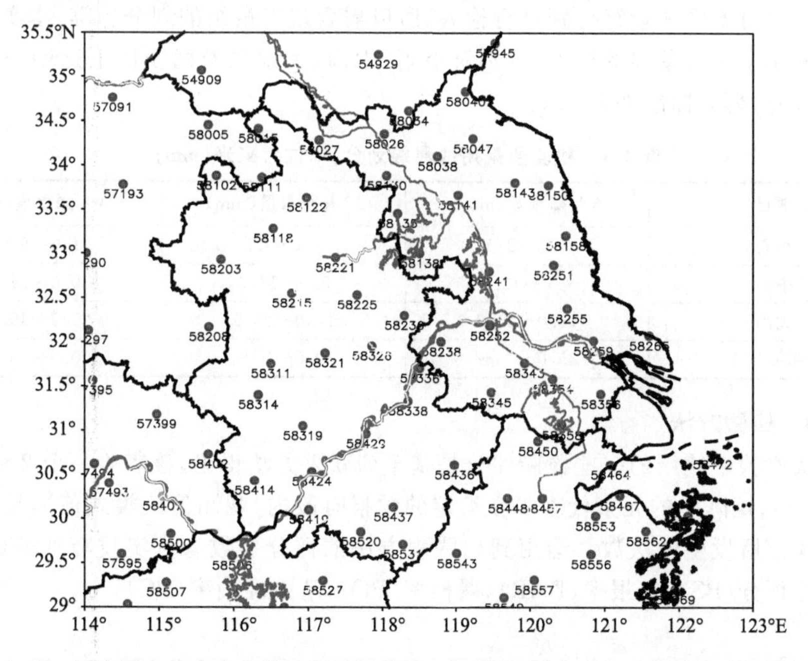

图 4.17　图中圆点代表本次检验所采用的站点的位置，圆点下方五位数字为该站站号

为了验证台站位置的 T639 降水预报情况，需要将 181×91 网格上的 T639 降水预报值内插到站点位置，本实验采用距离平方反比插值的方法，将模式降水预报值插值到站点位置上，公式如下：

$$P = \frac{\sum_{n=1,4} R_n^{-2} P_n}{\sum_{n=1,4} R_n^{-2}} \tag{4.3}$$

式中，P 为插值结果，P_n 为站点周围最近的四个模式网格点上的降水值，R_n 为站点到该格点的距离，距离由球面坐标距离公式得到，公式如下：

$$R_n = R \cdot \arccos[\cos\beta \cdot \cos\beta_n \cdot \cos(\alpha - \alpha_n) + \sin\beta \cdot \sin\beta_n] \tag{4.4}$$

式中，α 为站点经度，β 为站点纬度，α_n 为格点经度，β_n 为格点纬度，R 为地球半径。

4.3.3.3 检验内容与检验标准

选定 8 个评分参数，分别是真实技巧评分(TSS)，预报偏差评分(BS)，空报比率(FAR)，漏报比率(PO)，晴雨预报准确率(PC)，百分比误差(BP)，均方根误差(RMSE)，平均误差(BE)。分不同量级、预报时效和降水累积时长，对以上评分参数计算整体的评分：以 87 个站资料的时间序列为一个单元检验，计算整个区域的评分。并且计算各评分参数在空间上的分布，即以单站资料的时间序列为一个单元检验，计算各站的检验评分。

因为要对不同的量级分别进行检验，所以需要规定量级的划分标准，本实验的量级划分采用中国气象局的标准，分别对小雨、中雨、大雨和暴雨及以上这四个降水量级进行检验，划分标准如表 4.1。

表 4.1 检验所采用的量级划分，单位为毫米(mm)

项目	6 h 降水量(mm)	12 h 降水量(mm)	24 h 降水量(mm)
小雨	0.1～3.9	0.1～4.9	1.0～9.9
中雨	4.0～12.9	5.0～14.9	10.0～24.9
大雨	13.0～24.9	15.0～29.9	25.0～49.9
暴雨及以上	25.0～ ～	30.0～ ～	50.0～ ～

4.3.3.4 检验方法

本次检验中使用的一些检验评分是基于列联表方法得出，该表为一个 2×2 的矩阵(表 4.2)，矩阵中的元素代表了在给定的预报时段内，观测值或模式值满足或不满足给定阈值所发生的次数。运用到列联表方法的评分参数有真实技巧评分(TSS)，预报偏差评分(BS)，空报率(FAR)，漏报率(PO)，晴雨准确率(PC)。

表 4.2　列联表的布局

预报＼观测	有	无
有	A	B
无	C	D

计算方法如公式(4.5)—(4.9)：

$$TSS=\frac{A}{A+C}-\frac{B}{B+D} \tag{4.5}$$

$$BS=\frac{A+B}{A+C} \tag{4.6}$$

$$FAR=\frac{B}{A+B}\times 100\% \tag{4.7}$$

$$PO=\frac{C}{A+C}\times 100\% \tag{4.8}$$

$$PC=\frac{A+D}{A+B+C+D}\times 100\% \tag{4.9}$$

式中，A、B、C 和 D 的含义同表 4.2。

以上的评分均是基于发生概率来表征 T639 模式预报的准确性，所以不能确定降水误差的大小，因此还需要定量计算预报误差，在此处采用百分比误差(BP)，均方根误差(RMSE)，平均误差(BE)来定量衡量预报误差的大小。计算方法如公式(4.10)—(4.12)：

$$BP=\frac{\sum_{n=1,NU}\frac{Fore_n}{Obs_n}}{NU} \tag{4.10}$$

$$RMSE=\sqrt{\frac{\sum_{n=1,NU}(Fore_n-Obs_n)^2}{NU}} \tag{4.11}$$

$$BE=\frac{\sum_{n=1,NU}(Fore_n-Obs_n)}{NU} \tag{4.12}$$

4.3.3.5　降水预报的评分检验

对 2014—2016 年夏季(6—8 月)苏皖地区，不同预报时效、不同量级的降水过程分别进行预报性能的检验，对比分析各种检验方法的优劣势。

4.3.4　实习报告

(1)说明所用资料及其所用方法。

(2)编写完整的程序。

(3)分析各种评分方法的效果和适用范围,绘制图表来说明。

4.3.5 部分结果图

(1)图 4.18 6 h、12 h 和 24 h 累积时长下各量级降水预报的真实技巧评分(TSS)。

(2)图 4.19 临近前五个时效的 TSS 评分取平均后结果。

(3)图 4.20 各时效评分取平均后的苏皖两省 TSS 空间分布。

(4)图 4.21 6 h、12 h 和 24 h 累积时长下各量级降水预报的预报偏差(BS)评分。

(5)图 4.22 临近前五个时效的 BS 评分取平均后结果。

(6)图 4.23 对各时效评分取平均后的苏皖两省 BS 空间分布。

(7)图 4.24 6 h、12 h 和 24 h 累积时长下各量级降水预报的空报率(FAR)。

(8)图 4.25 临近前五个时效的 FAR 取平均后结果。

(9)图 4.26 各时效评分取平均后的苏皖两省 FAR 空间分布。

(10)图 4.27 6 h、12 h 和 24 h 累积时长下各量级降水预报的漏报率(PO)。

(11)图 4.28 临近前五个时效的 PO 取平均后结果。

(12)图 4.29 各时效评分取平均后的苏皖两省 PO 空间分布。

(13)图 4.30 6 h、12 h 和 24 h 累积时长下各量级降水预报的晴雨准确率(PC)。

(14)图 4.31 15 临近前五个时效的 PC 取平均后结果。

(15)图 4.32 各时效评分取平均后的苏皖两省 PC 空间分布。

(16)图 4.33 6 h、12 h 和 24 h 累积时长下各量级降水预报的百分比误差(BP)。

(17)图 4.34 18～72 h 时效的 BP 评分取平均后结果。

(18)图 4.35 各时效评分取平均后的苏皖两省 BP 空间分布。

(19)图 4.36 6 h、12 h 和 24 h 累积时长下各量级降水预报的均方根误差(RMSE)。

(20)图 4.37 18～72 h 时效的 RMSE 评分取平均后结果。

(21)图 4.38 各时效评分取平均后的苏皖两省 RMSE 空间分布。

(22)图 4.39 23 6 h、12 h 和 24 h 累积时长下各量级降水预报的平均误差(BE)。

(23)图 4.40 18～72 h 时效的 BE 评分取平均后结果。

(24)图 4.41 各时效评分取平均后的苏皖两省 BE 空间分布。

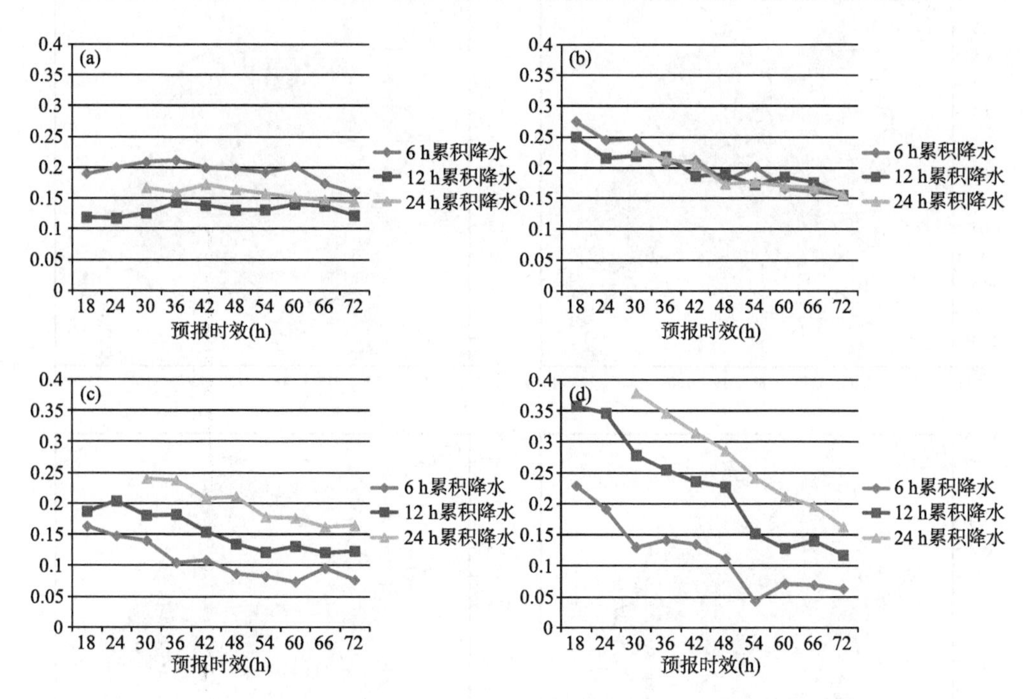

图 4.18 6 h、12 h 和 24 h 累积时长下,T639 模式苏皖地区 2014—2016 年夏季降水预报的小雨(a)、中雨(b)、大雨(c)和暴雨及以上量级(d)降水的真实技巧评分(TSS)

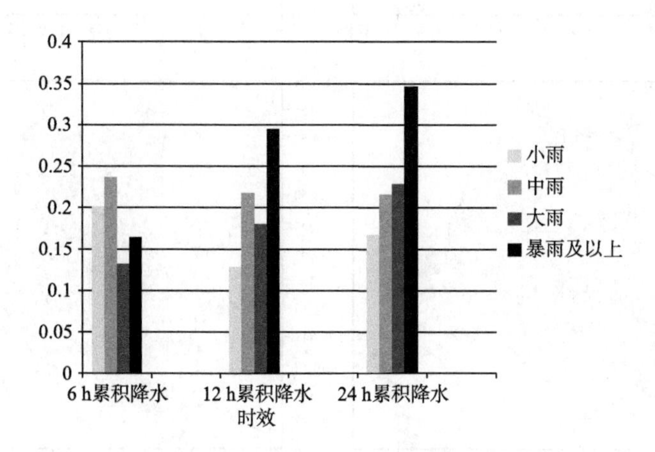

图 4.19 对临近的前五个时效(对 24 h 降水取 030～042 三个时效)的 TSS 评分取平均后结果

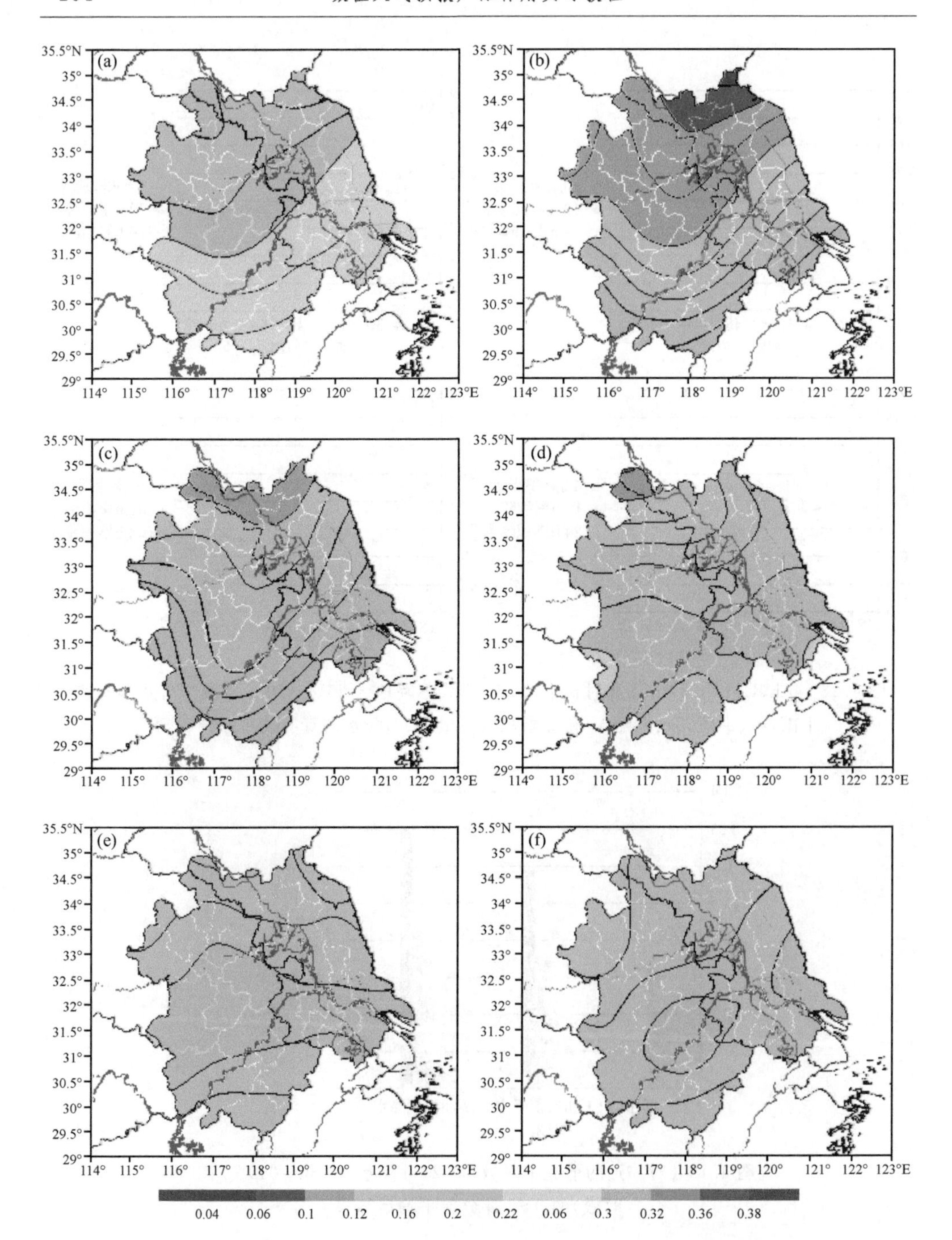
(a)
(b)
(c)
(d)
(e)
(f)
35.5°N
35°
34.5°
34°
33.5°
33°
32.5°
32°
31.5°
31°
30.5°
30°
29.5°
29°
114°
115°
116°
117°
118°
119°
120°
121°
122°
123°E
0.04
0.06
0.1
0.12
0.16
0.2
0.22
0.06
0.3
0.32
0.36
0.38

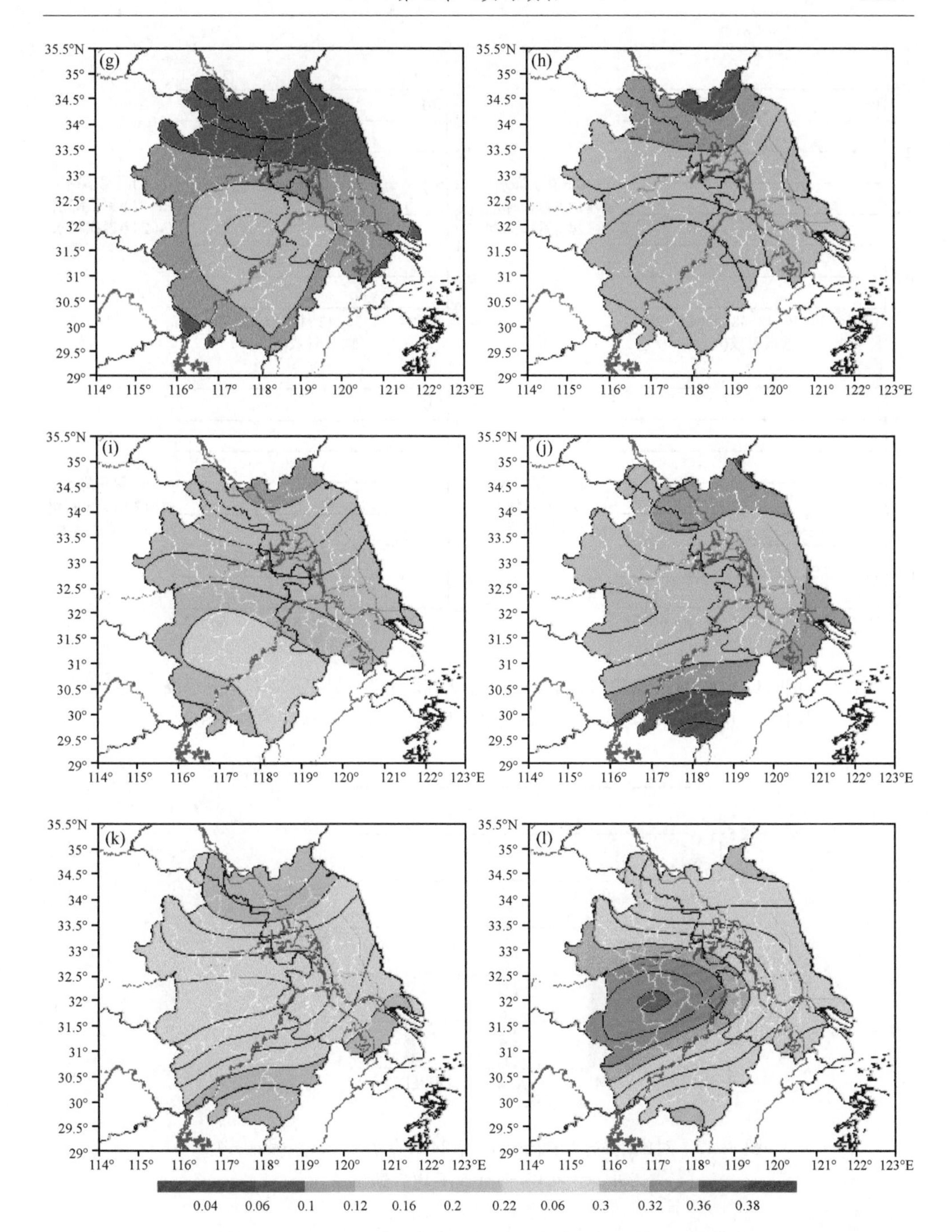

图 4.20 对各时效评分取平均后的苏皖两省 TSS 空间分布

(a)6 h,小雨;(b)12 h,小雨;(c)24 h,小雨;(d)6 h,中雨;(e)12 h,中雨;(f)24 h,中雨;(g)6 h,大雨;(h)12 h,大雨;(i)24 h,大雨;(j)6 h,暴雨;(k)12 h,暴雨;(l)24 h,暴雨

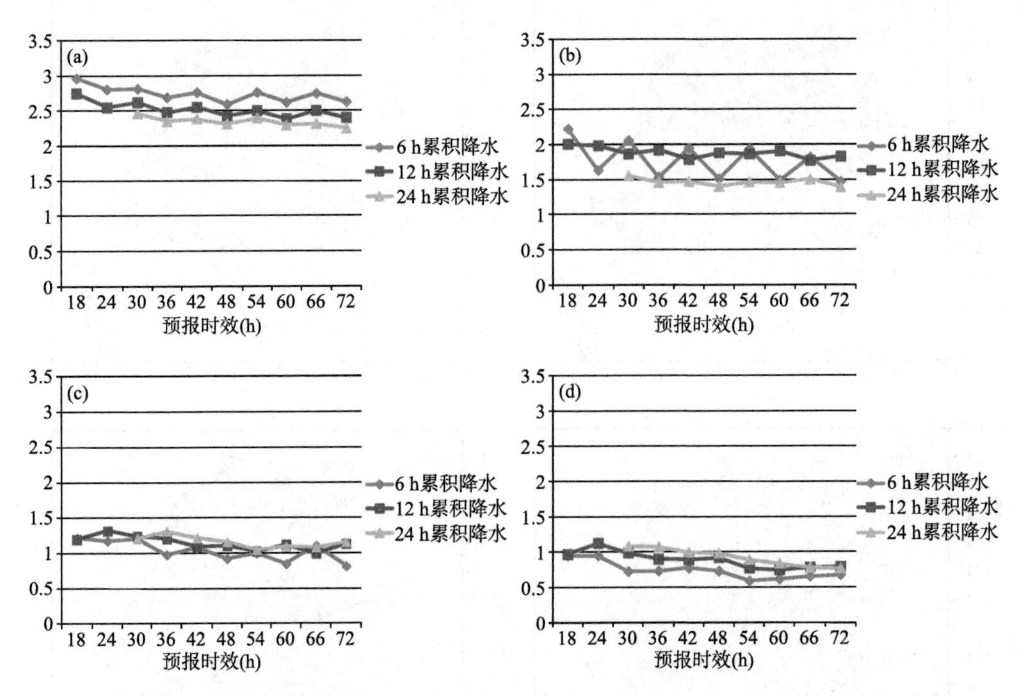

图 4.21 6 h、12 h 和 24 h 累积时长下，T639 模式苏皖地区 2014—2016 年夏季降水预报的小雨(a)、中雨(b)、大雨(c)和暴雨及以上量级(d)降水的预报偏差(BS)评分

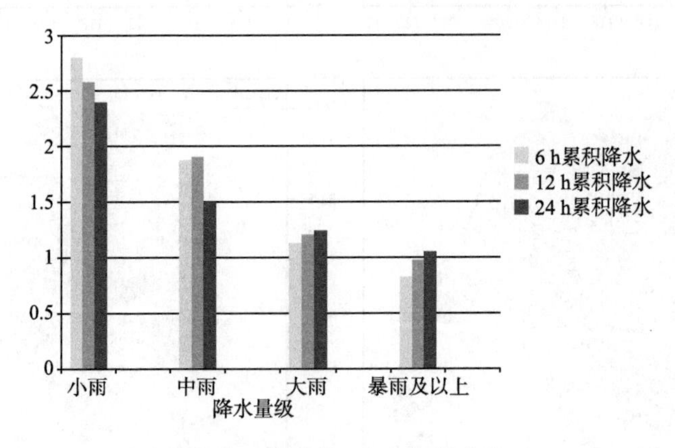

图 4.22 对临近的前五个时效(对 24 h 降水取 030～042 三个时效)的 BS 评分取平均后结果

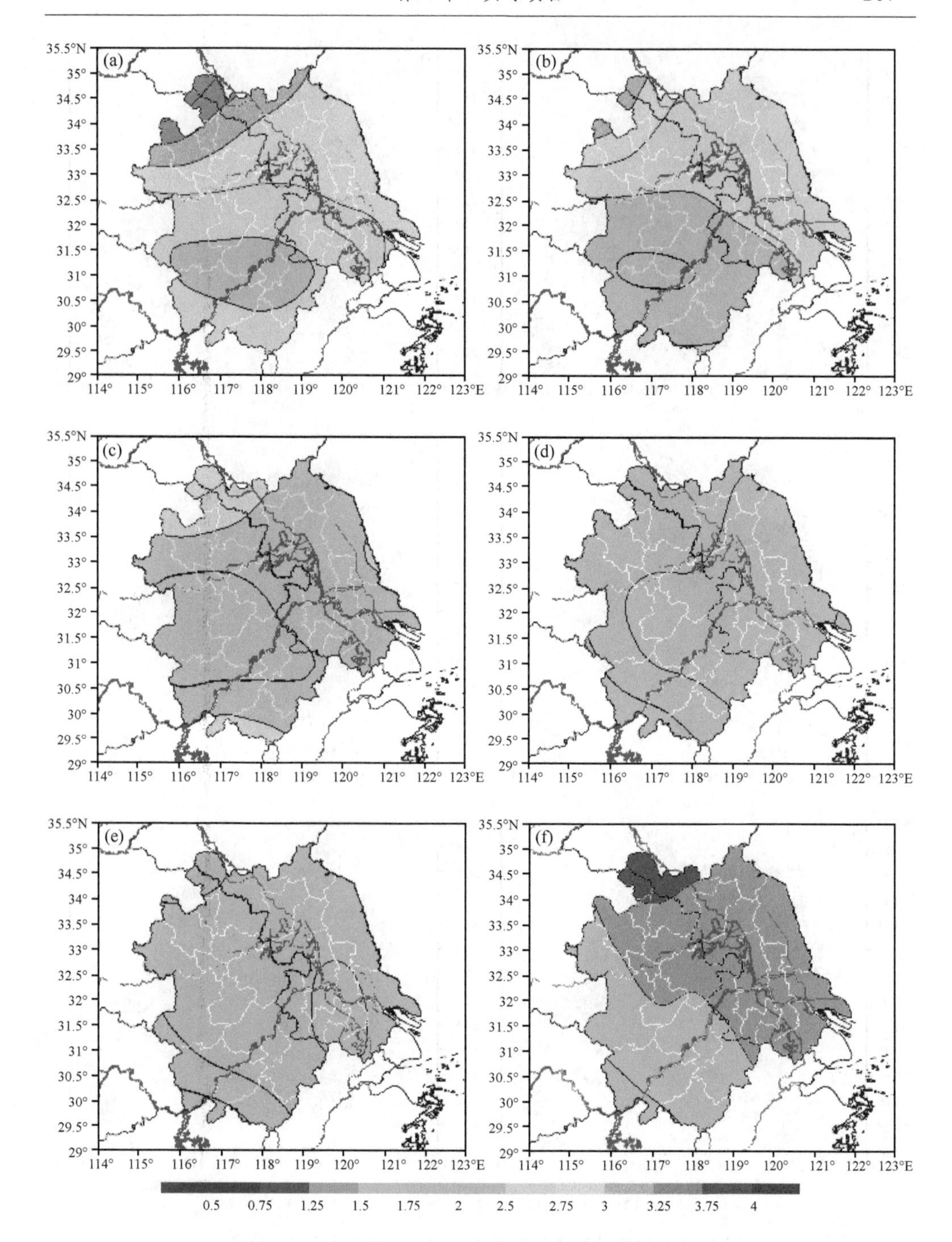
(a)
(b)
(c)
(d)
(e)
(f)
35.5°N
35°
34.5°
34°
33.5°
33°
32.5°
32°
31.5°
31°
30.5°
30°
29.5°
29°
114°
115°
116°
117°
118°
119°
120°
121°
122°
123°E
0.5
0.75
1.25
1.5
1.75
2
2.5
2.75
3
3.25
3.75
4

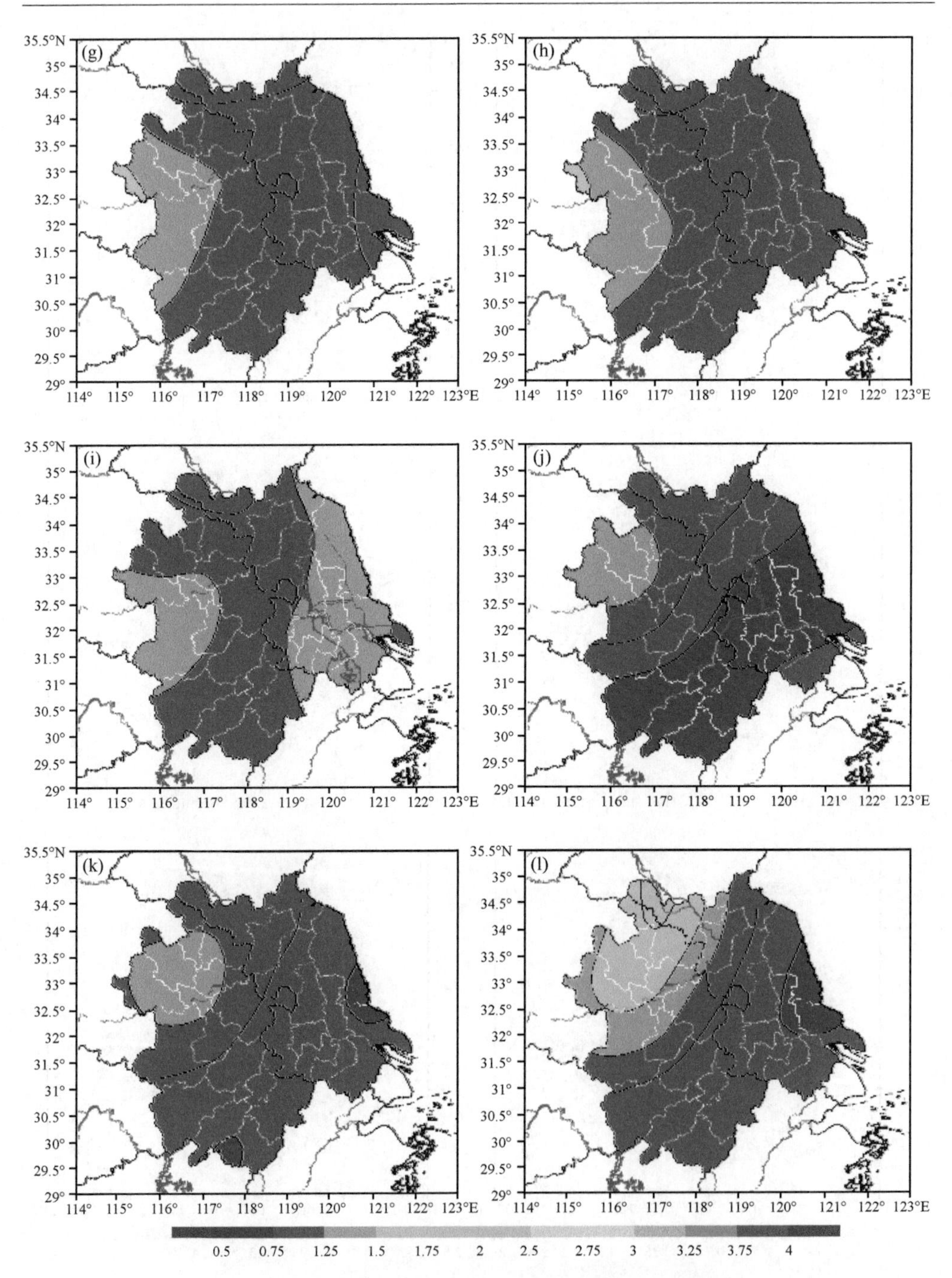

图 4.23 对各时效评分取平均后的苏皖两省 BS 空间分布

(a)6 h,小雨;(b)12 h,小雨;(c)24 h,小雨;(d)6 h,中雨;(e)12 h,中雨;(f)24 h,中雨;(g)6 h,大雨;(h)12 h,大雨;(i)24 h,大雨;(j)6 h,暴雨;(k)12 h,暴雨;(l)24 h,暴雨

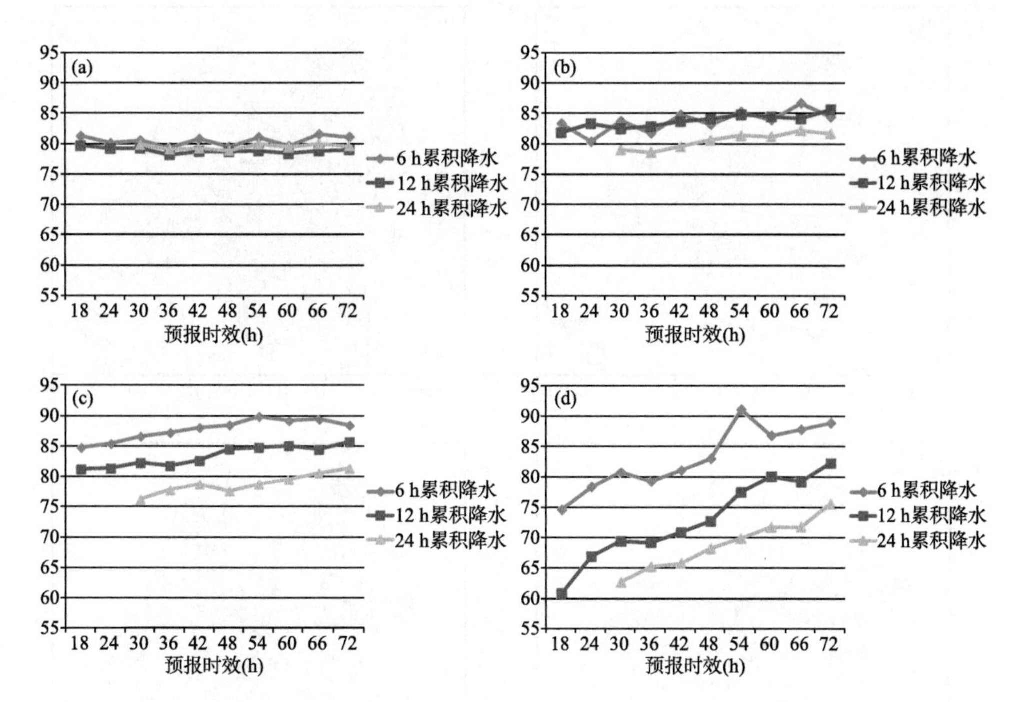

图 4.24　6 h、12 h 和 24 h 累积时长下，T639 模式苏皖地区 2014—2016 年夏季降水预报的小雨(a)、中雨(b)、大雨(c)和暴雨及以上量级(d)降水的空报率(FAR)

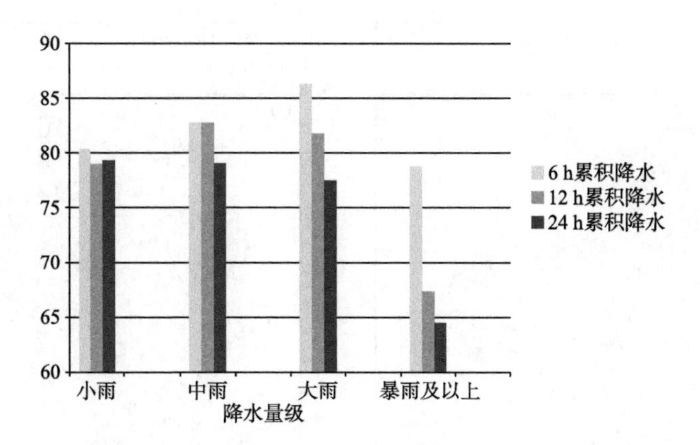

图 4.25　对临近的前五个时效(对 24 h 降水取 030～042 三个时效)的 FAR 取平均后结果

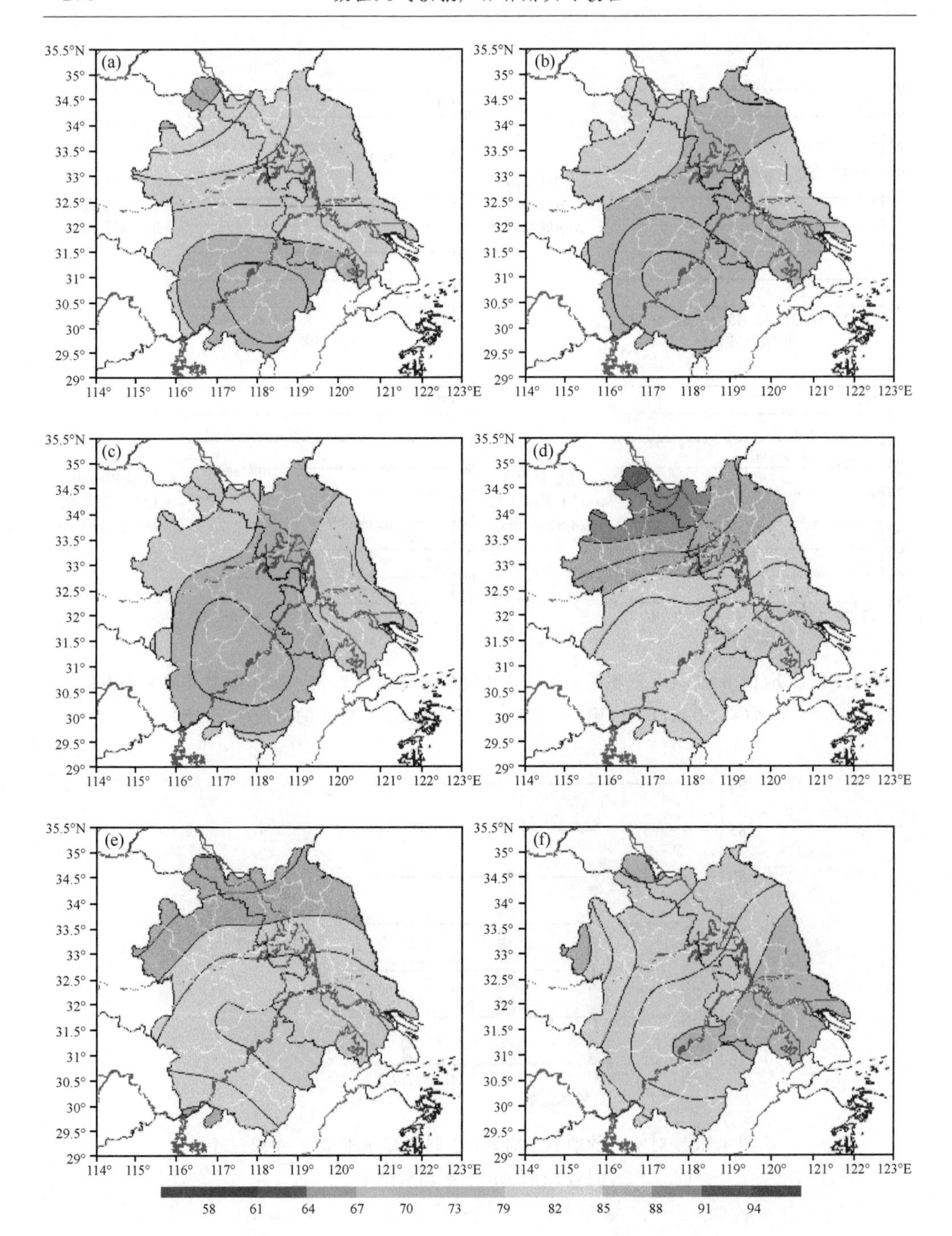
(a)
(b)
(c)
(d)
(e)
(f)
35.5°N
35°
34.5°
34°
33.5°
33°
32.5°
32°
31.5°
31°
30.5°
30°
29.5°
29°
114° 115° 116° 117° 118° 119° 120° 121° 122° 123°E
58 61 64 67 70 73 79 82 85 88 91 94

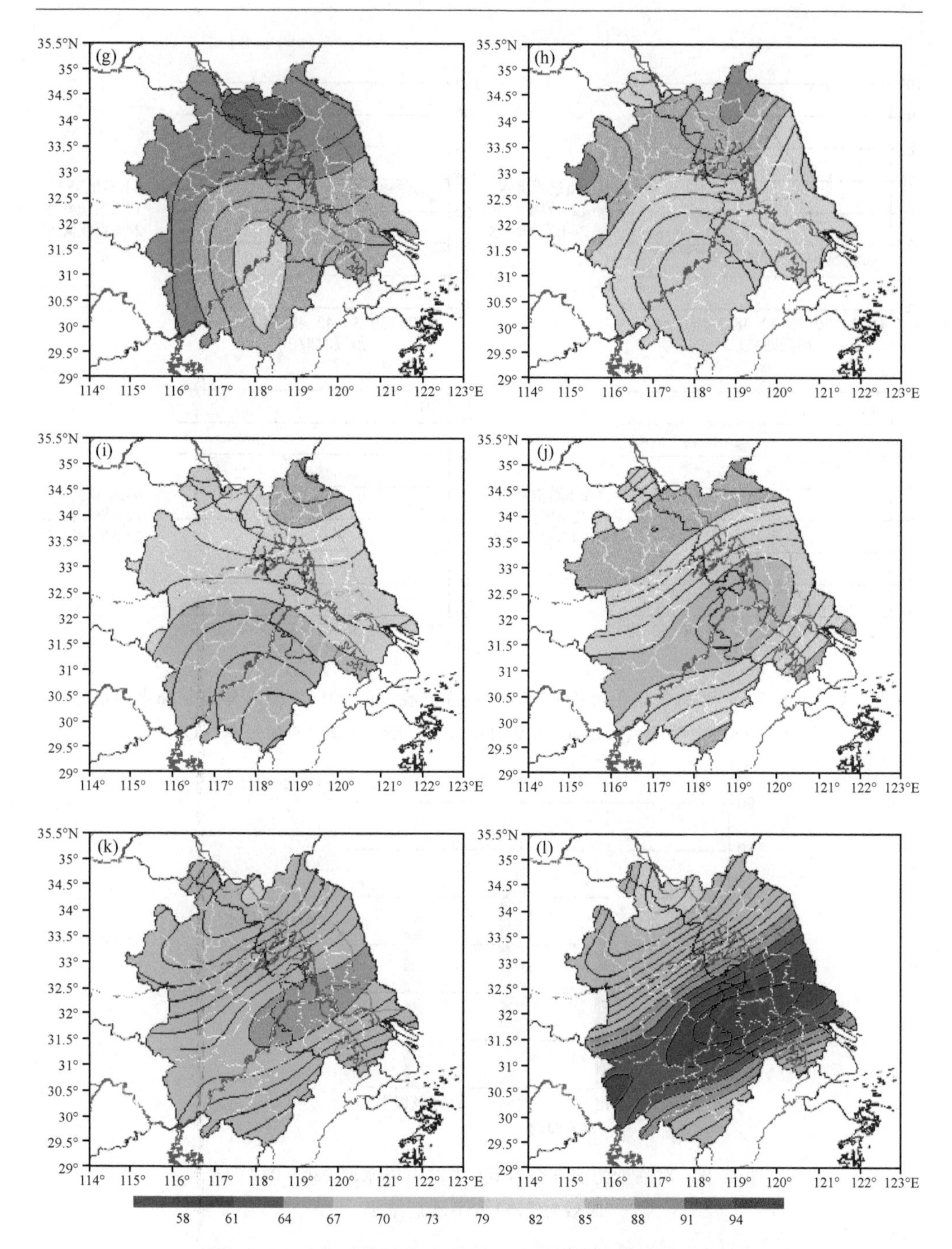

图 4.26　对各时效评分取平均后的苏皖两省 FAR 空间分布

(a)6 h,小雨;(b)12 h,小雨;(c)24 h,小雨;(d)6 h,中雨;(e)12 h,中雨;(f)24 h,中雨;(g)6 h,大雨;(h)12 h,大雨;(i)24 h,大雨;(j)6 h,暴雨;(k)12 h,暴雨;(l)24 h,暴雨

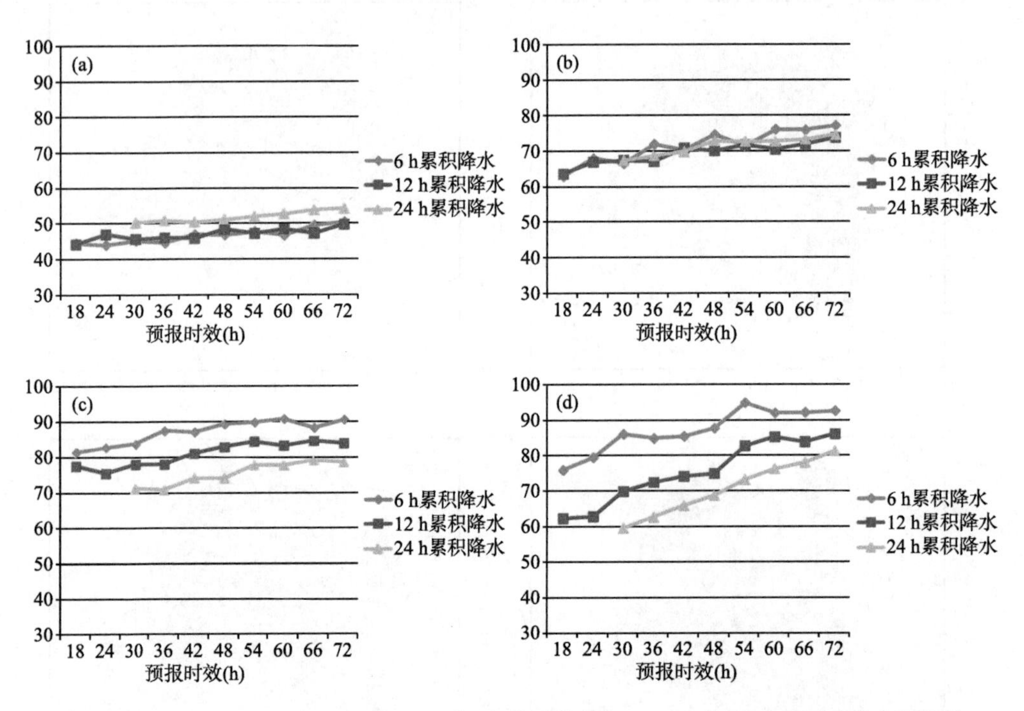

图 4.27 6 h、12 h 和 24 h 累积时长下，T639 模式苏皖地区 2014—2016 年夏季降水预报的小雨(a)、中雨(b)、大雨(c)和暴雨及以上量级(d)降水的漏报率(PO)

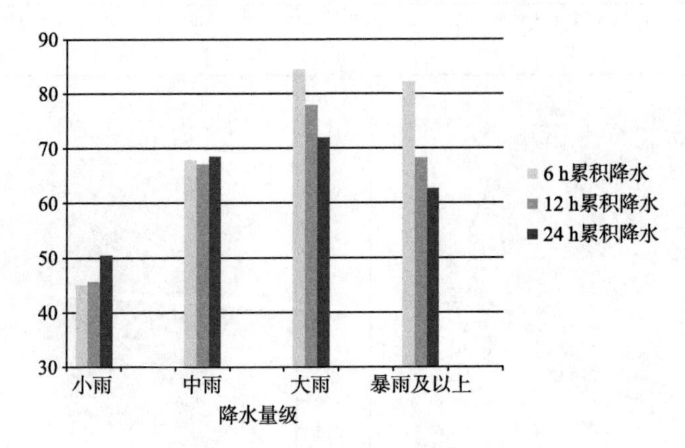

图 4.28 对临近的前五个时效(对 24 h 降水取 030～042 三个时效)的 PO 取平均后结果

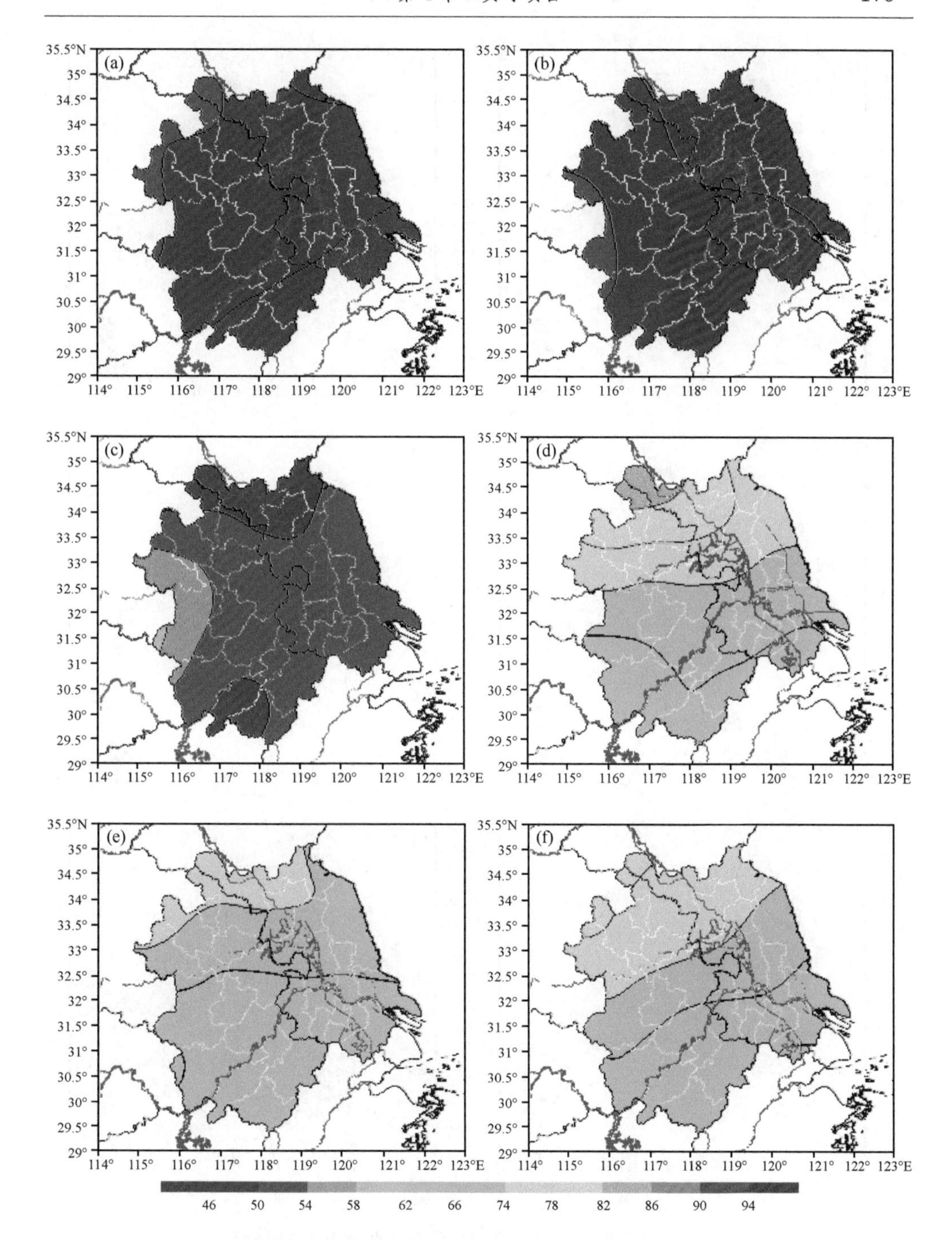
(a)
(b)
(c)
(d)
(e)
(f)
35.5°N
35°
34.5°
34°
33.5°
33°
32.5°
32°
31.5°
31°
30.5°
30°
29.5°
29°
114°
115°
116°
117°
118°
119°
120°
121°
122°
123°E
46
50
54
58
62
66
74
78
82
86
90
94

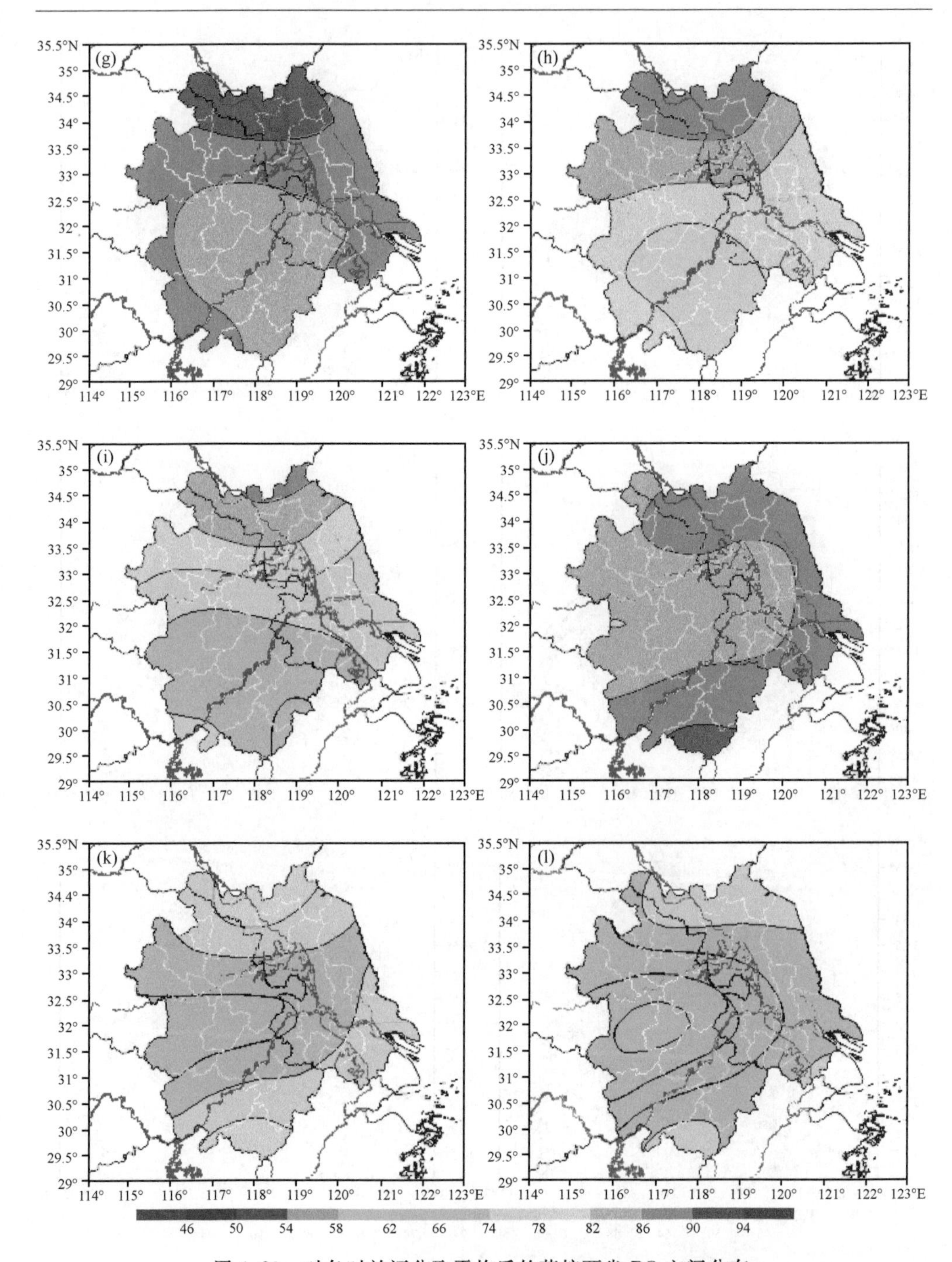

图 4.29 对各时效评分取平均后的苏皖两省 PO 空间分布

(a)6 h,小雨;(b)12 h,小雨;(c)24 h,小雨;(d)6 h,中雨;(e)12 h,中雨;(f)24 h,中雨;(g)6 h,大雨;(h)12 h,大雨;(i)24 h,大雨;(j)6 h,暴雨;(k)12 h,暴雨;(l)24 h,暴雨

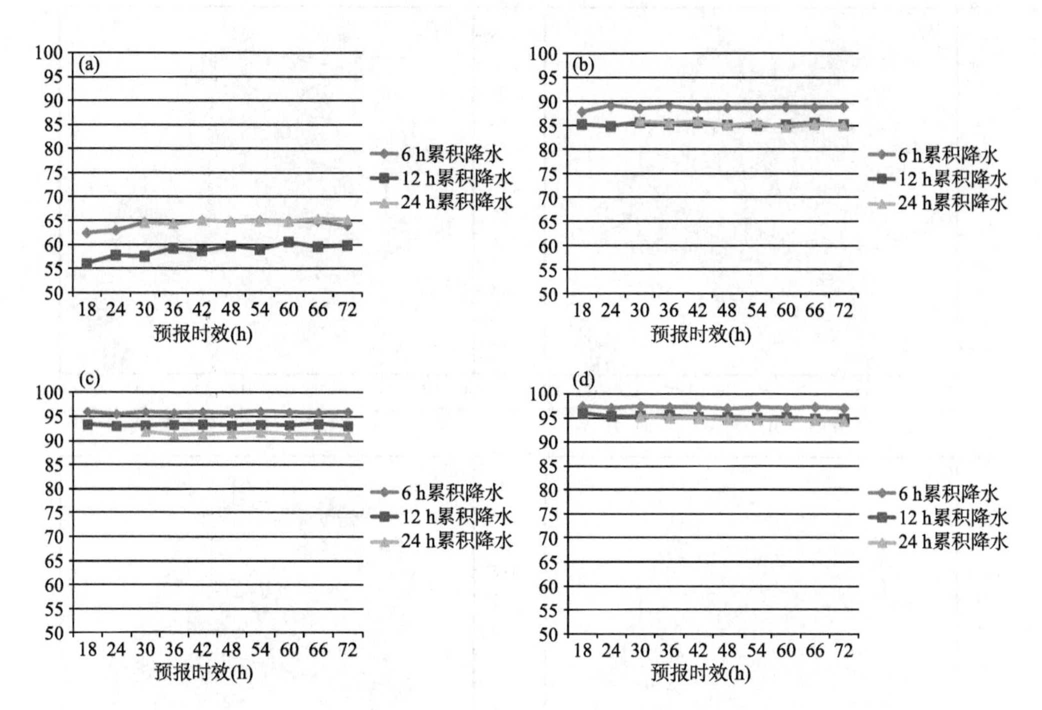

图 4.30 6 h、12 h 和 24 h 累积时长下，T639 模式苏皖地区 2014—2016 年夏季降水预报的小雨(a)、中雨(b)、大雨(c)和暴雨及以上量级(d)降水的晴雨准确率(PC)

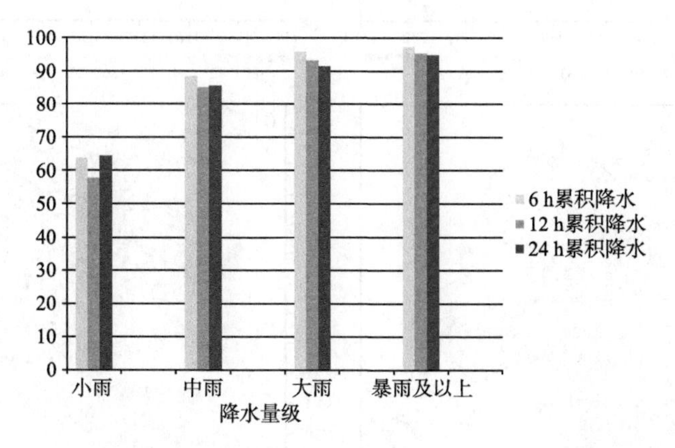

图 4.31 对临近的前五个时效(对 24 h 降水取 030～042 三个时效)的 PC 取平均后结果

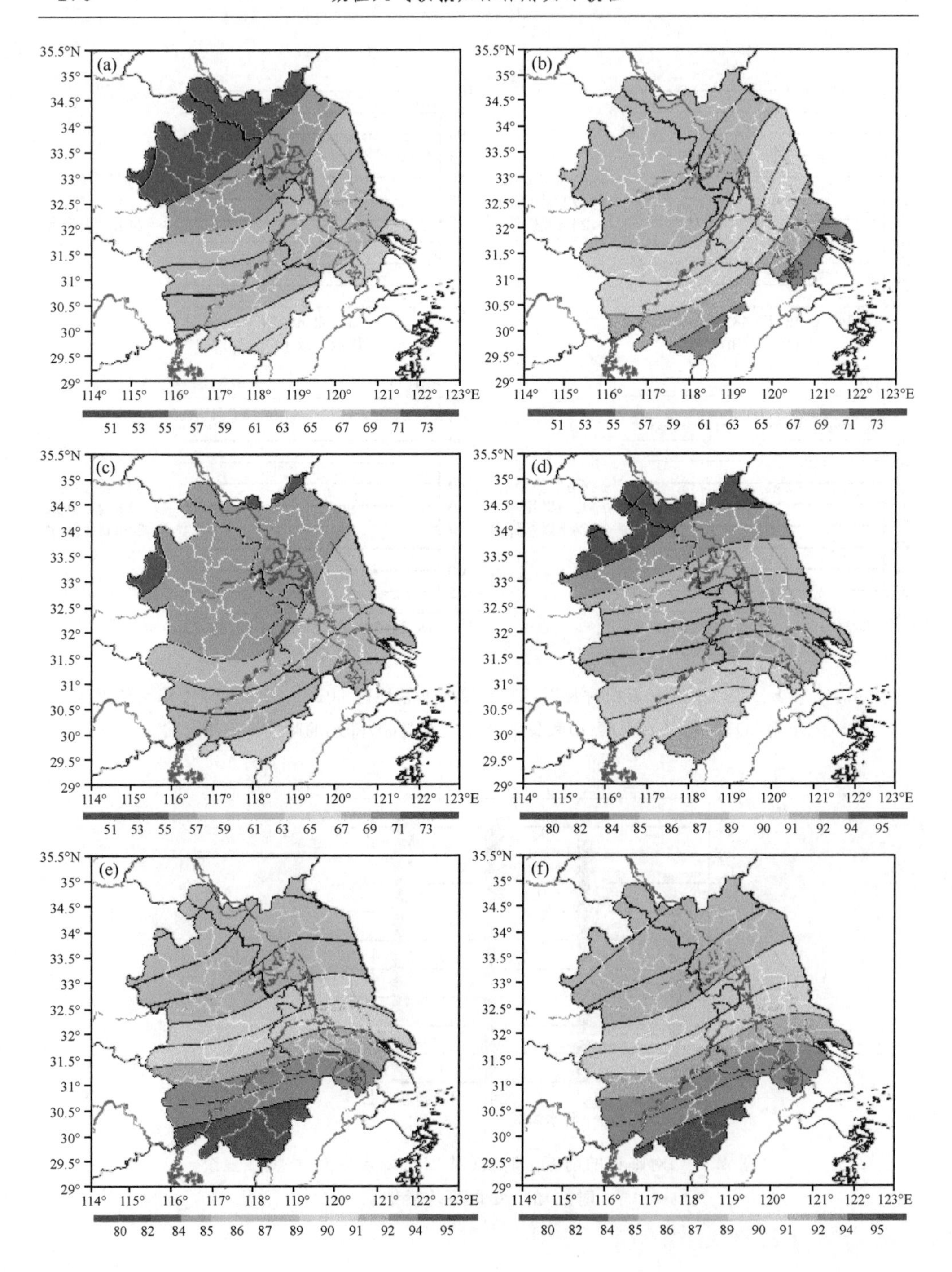
(a)
(b)
(c)
(d)
(e)
(f)
35.5°N
35°
34.5°
34°
33.5°
33°
32.5°
32°
31.5°
31°
30.5°
30°
29.5°
29°
114° 115° 116° 117° 118° 119° 120° 121° 122° 123°E
51 53 55 57 59 61 63 65 67 69 71 73
80 82 84 85 86 87 89 90 91 92 94 95

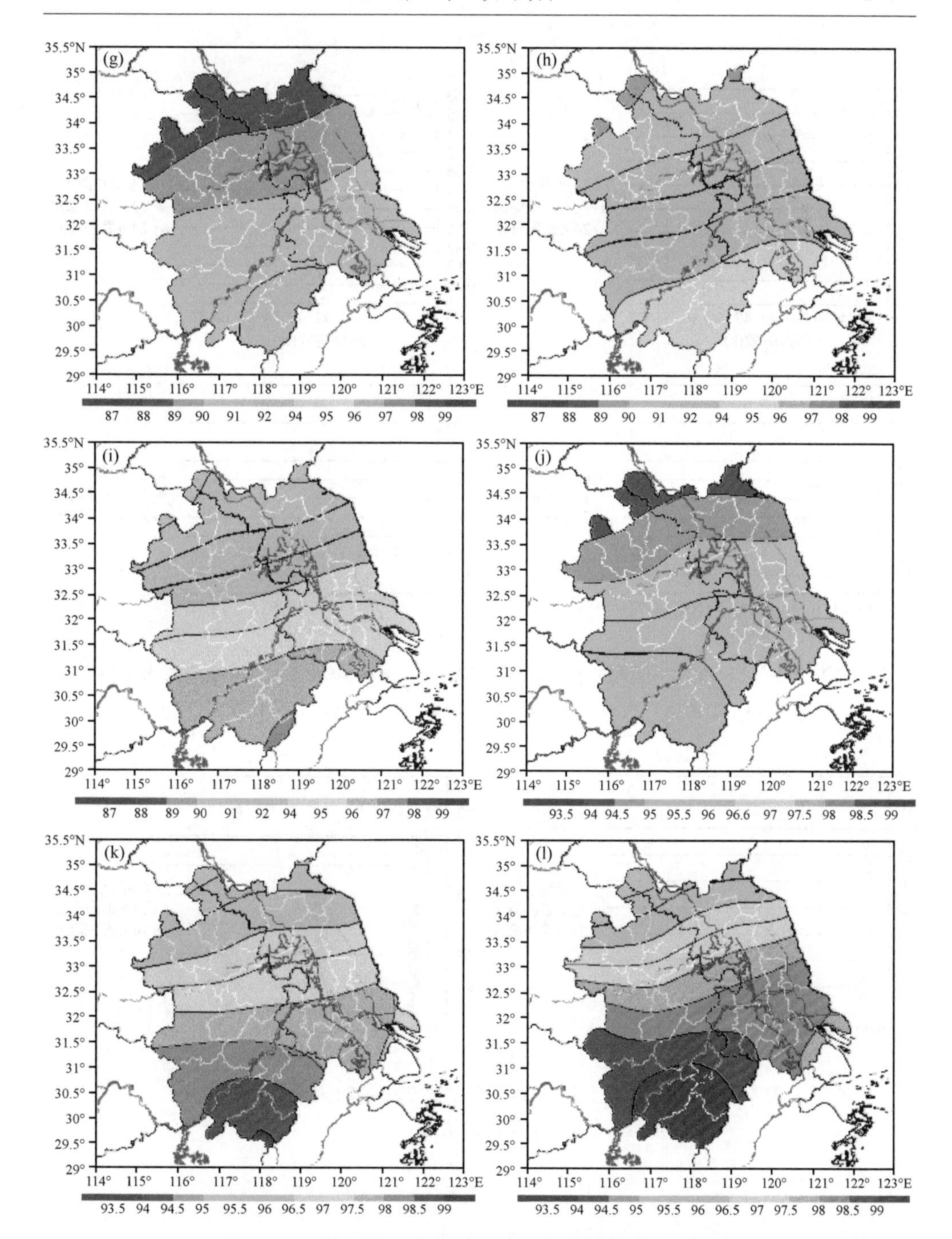

图 4.32　对各时效评分取平均后的苏皖两省 PC 空间分布

(a)6 h,小雨;(b)12 h,小雨;(c)24 h,小雨;(d)6 h,中雨;(e)12 h,中雨;(f)24 h,中雨;(g)6 h,大雨;(h)12 h,大雨;(i)24 h,大雨;(j)6 h,暴雨;(k)12 h,暴雨;(l)24 h,暴雨

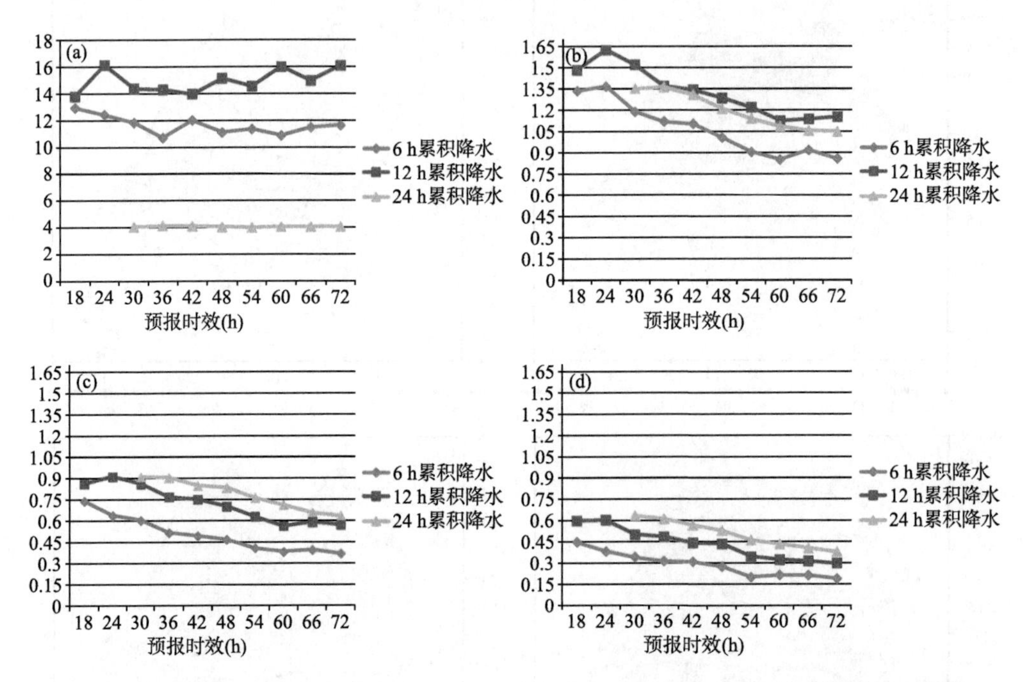

图 4.33 6 h、12 h 和 24 h 累积时长下，T639 模式苏皖地区 2014—2016 年夏季降水预报的小雨(a)、中雨(b)、大雨(c)和暴雨及以上量级(d)降水的百分比误差(BP)

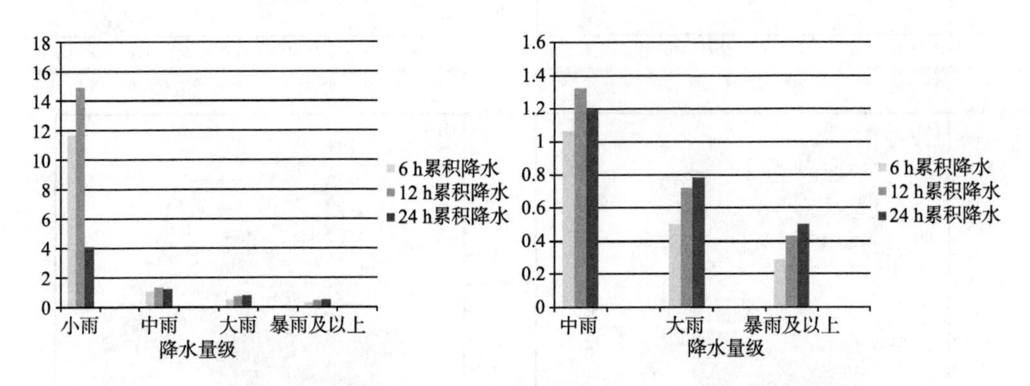

图 4.34 018—072 时效(对 24 h 降水取 030～072 时效)的 BP 评分取平均后结果

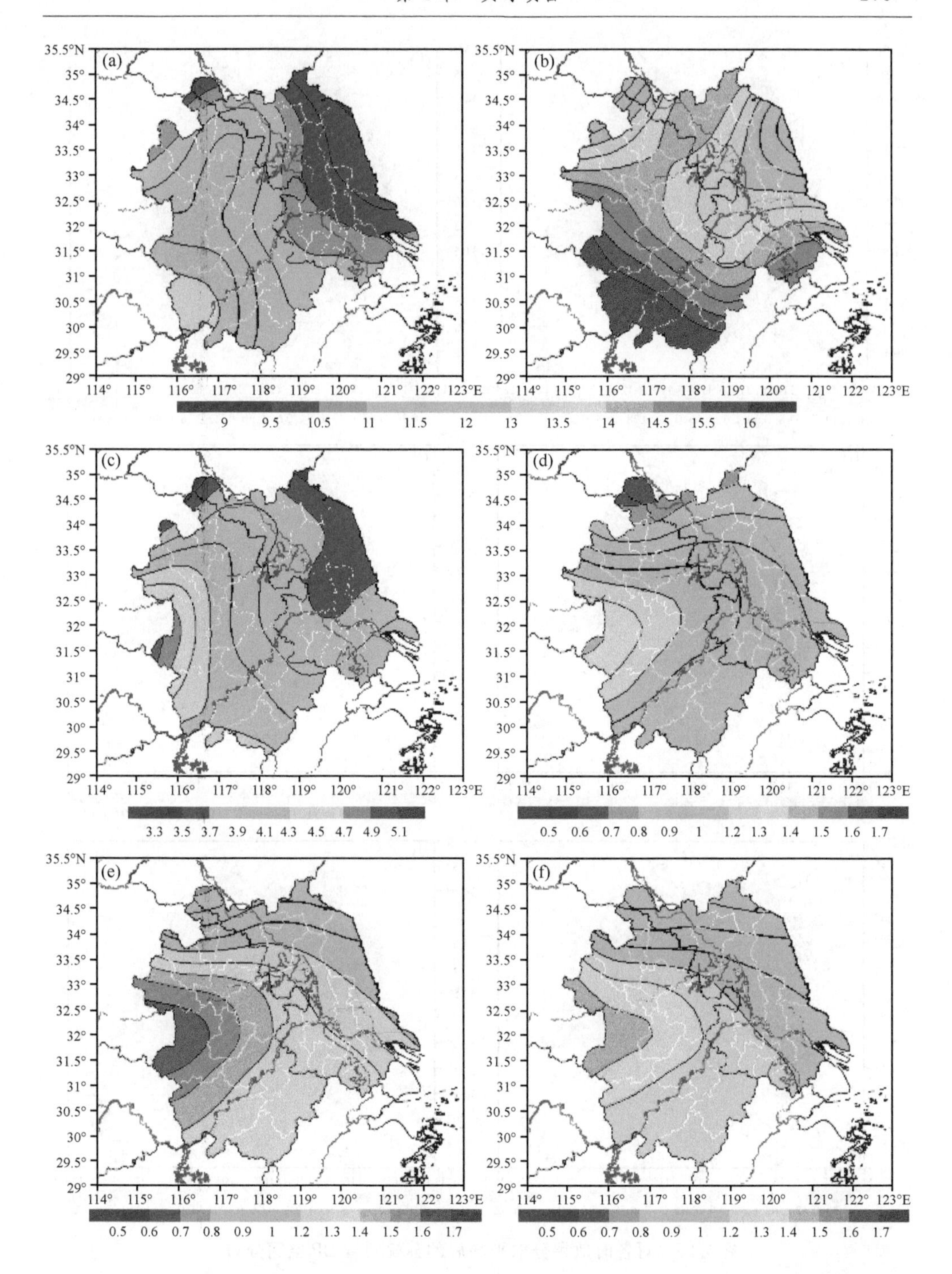
(a)
(b)
(c)
(d)
(e)
(f)
35.5°N
35°
34.5°
34°
33.5°
33°
32.5°
32°
31.5°
31°
30.5°
30°
29.5°
29°
114° 115° 116° 117° 118° 119° 120° 121° 122° 123°E
9 9.5 10.5 11 11.5 12 13 13.5 14 14.5 15.5 16
3.3 3.5 3.7 3.9 4.1 4.3 4.5 4.7 4.9 5.1
0.5 0.6 0.7 0.8 0.9 1 1.2 1.3 1.4 1.5 1.6 1.7

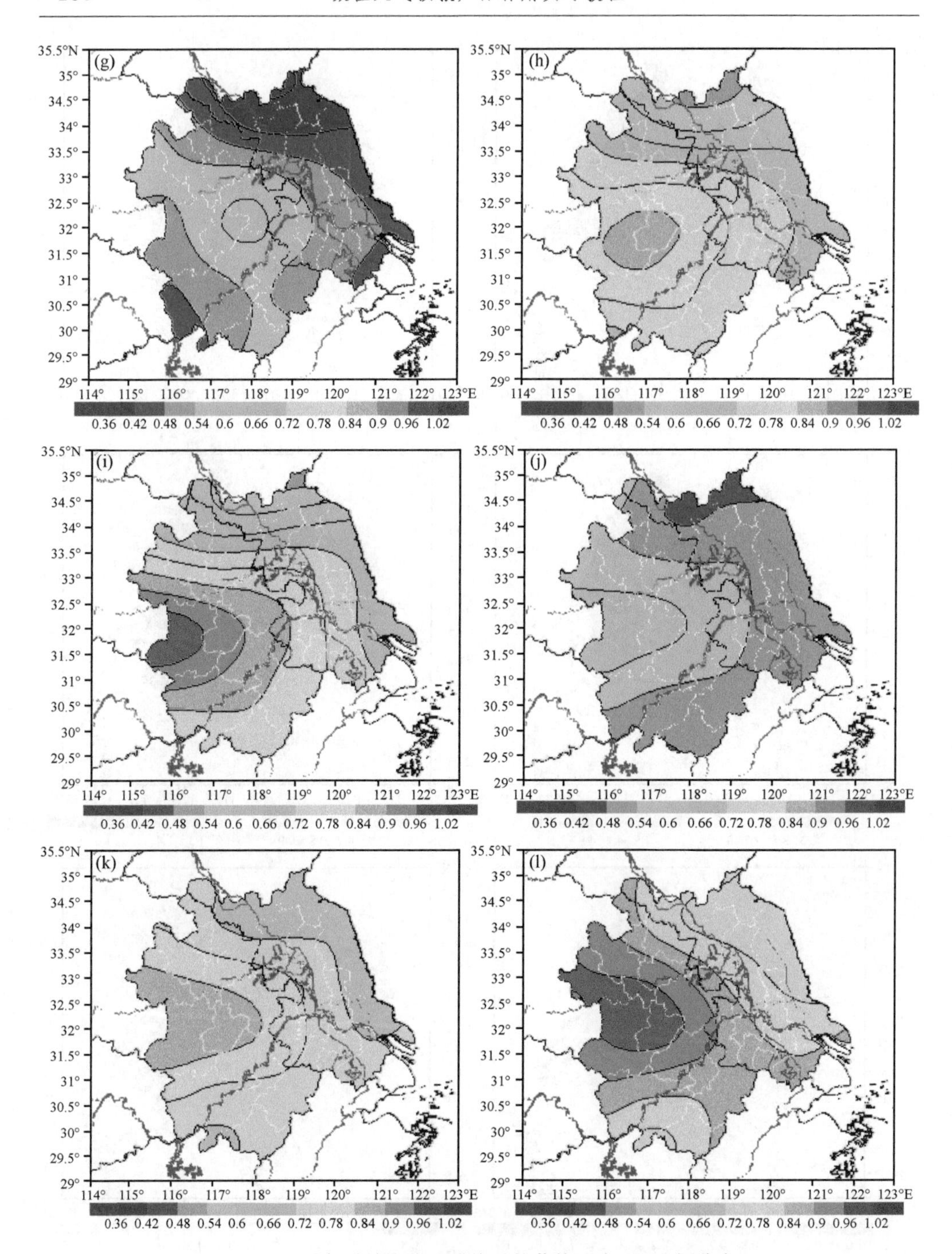

图 4.35 对各时效评分取平均后的苏皖两省 BP 空间分布

(a)6 h,小雨;(b)12 h,小雨;(c)24 h,小雨;(d)6 h,中雨;(e)12 h,中雨;(f)24 h,中雨;(g)6 h,大雨;(h)12 h,大雨;(i)24 h,大雨;(j)6 h,暴雨;(k)12 h,暴雨;(l)24 h,暴雨

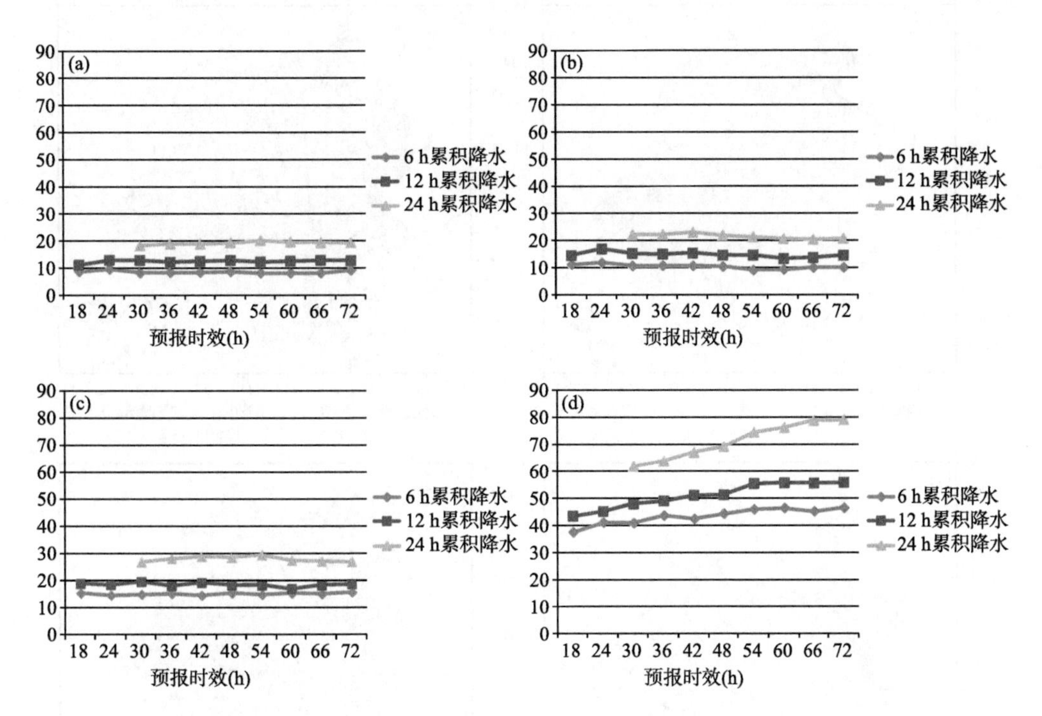

图4.36 6 h、12 h和24 h累积时长下，T639模式苏皖地区2014—2016年夏季降水预报的小雨(a)、中雨(b)、大雨(c)和暴雨及以上量级(d)降水的均方根误差(RMSE)

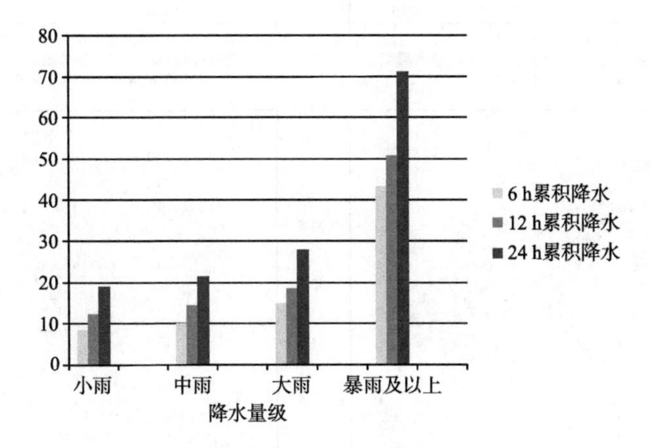

图4.37 018—072时效(对24 h降水取030～072时效)的RMSE评分取平均后结果

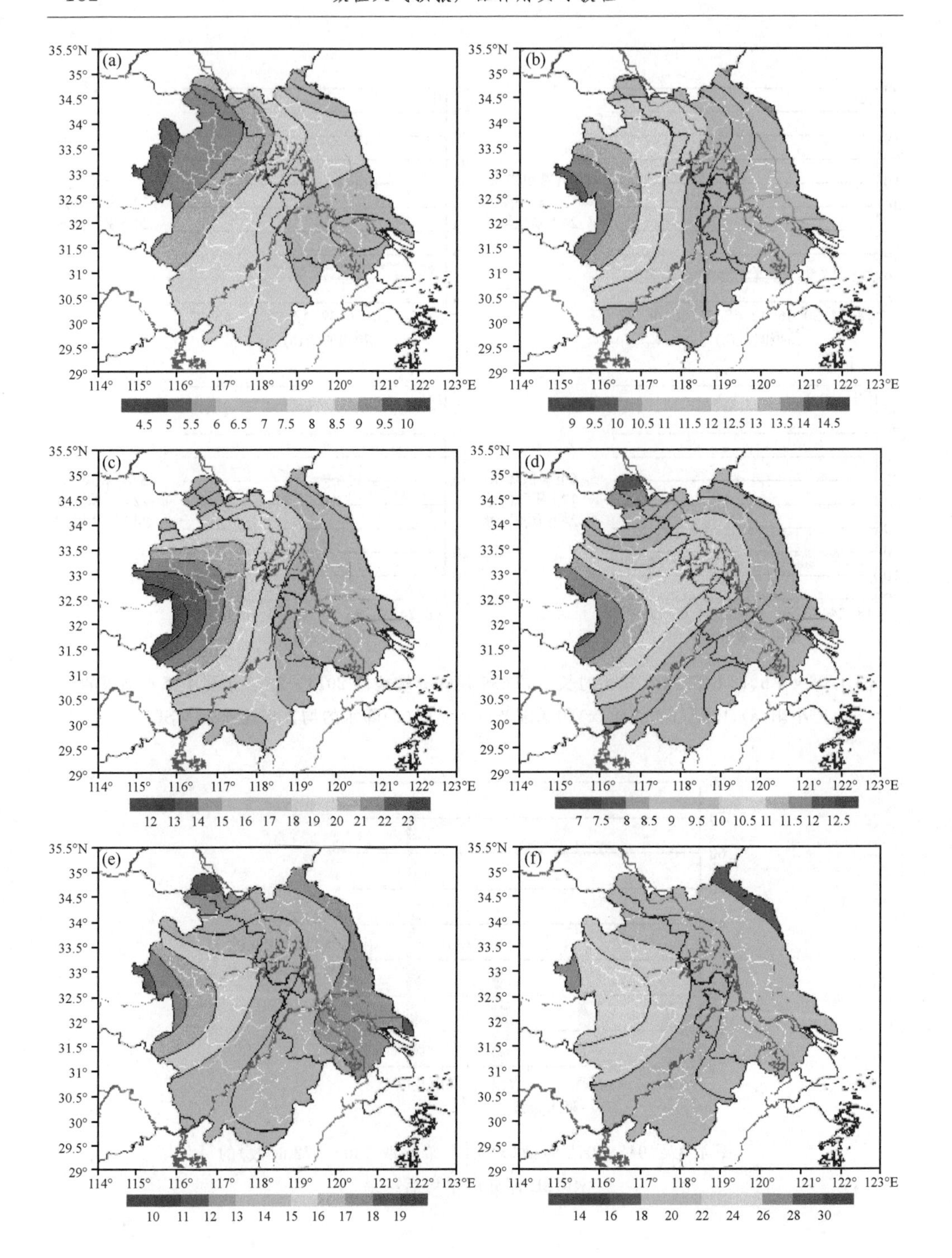
(a)
(b)
(c)
(d)
(e)
(f)
35.5°N
35°
34.5°
34°
33.5°
33°
32.5°
32°
31.5°
31°
30.5°
30°
29.5°
29°
114° 115° 116° 117° 118° 119° 120° 121° 122° 123°E
4.5 5 5.5 6 6.5 7 7.5 8 8.5 9 9.5 10
9 9.5 10 10.5 11 11.5 12 12.5 13 13.5 14 14.5
12 13 14 15 16 17 18 19 20 21 22 23
7 7.5 8 8.5 9 9.5 10 10.5 11 11.5 12 12.5
10 11 12 13 14 15 16 17 18 19
14 16 18 20 22 24 26 28 30

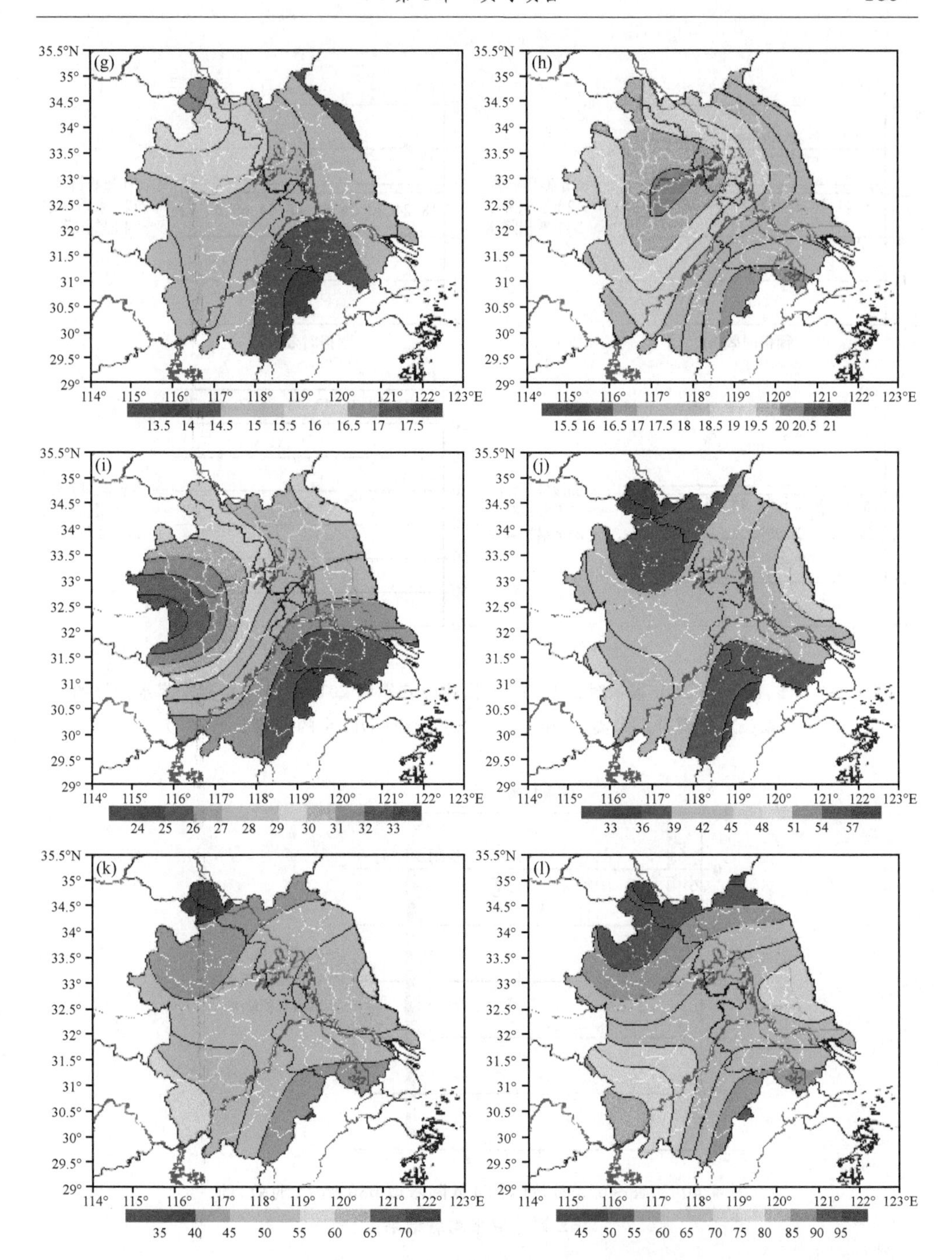

图 4.38　对各时效评分取平均后的苏皖两省 RMSE 空间分布

(a)6 h,小雨;(b)12 h,小雨;(c)24 h,小雨;(d)6 h,中雨;(e)12 h,中雨;(f)24 h,中雨;(g)6 h,大雨;(h)12 h,大雨;(i)24 h,大雨;(j)6 h,暴雨;(k)12 h,暴雨;(l)24 h,暴雨

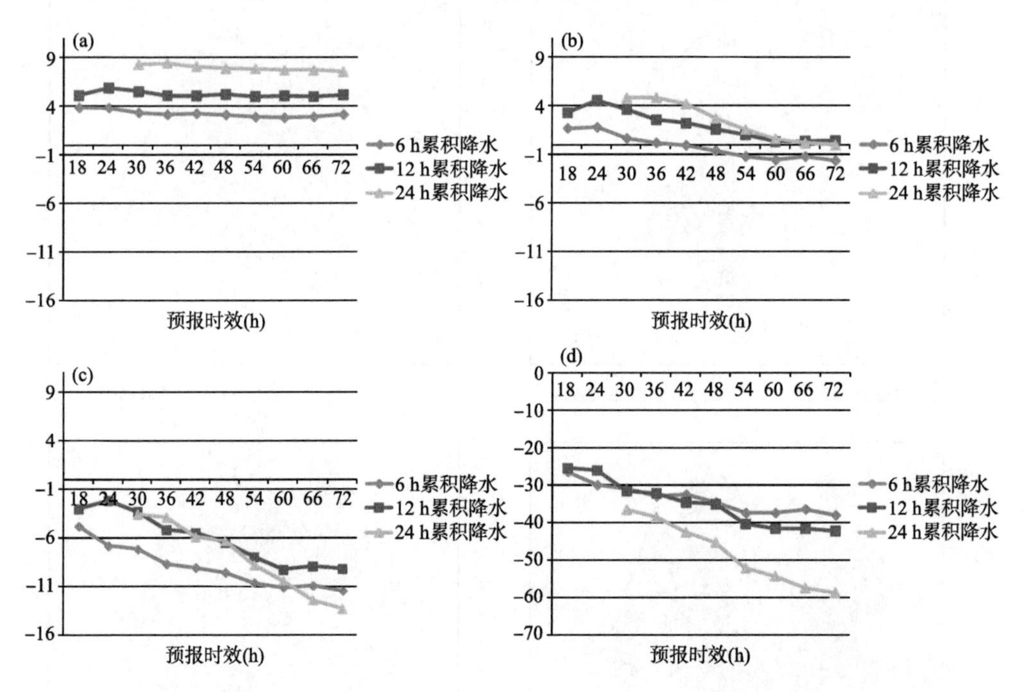

图 4.39 6 h、12 h 和 24 h 累积时长下，T639 模式苏皖地区 2014—2016 年夏季降水预报的小雨(a)、中雨(b)、大雨(c)和暴雨及以上量级(d)降水的平均误差(BE)

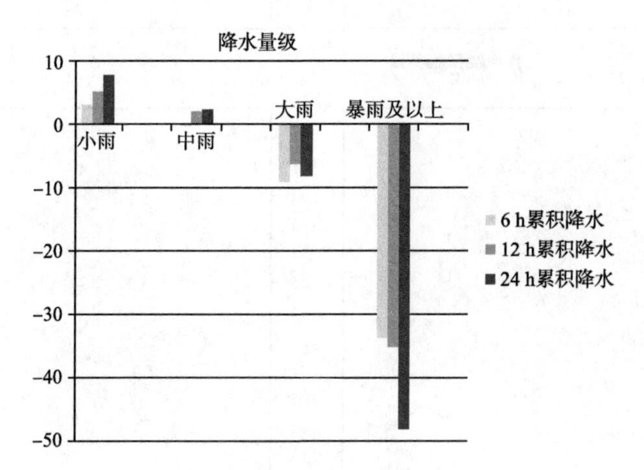

图 4.40 018～072 时效(对 24 h 降水取 030～072 时效)的 BE 评分取平均后结果

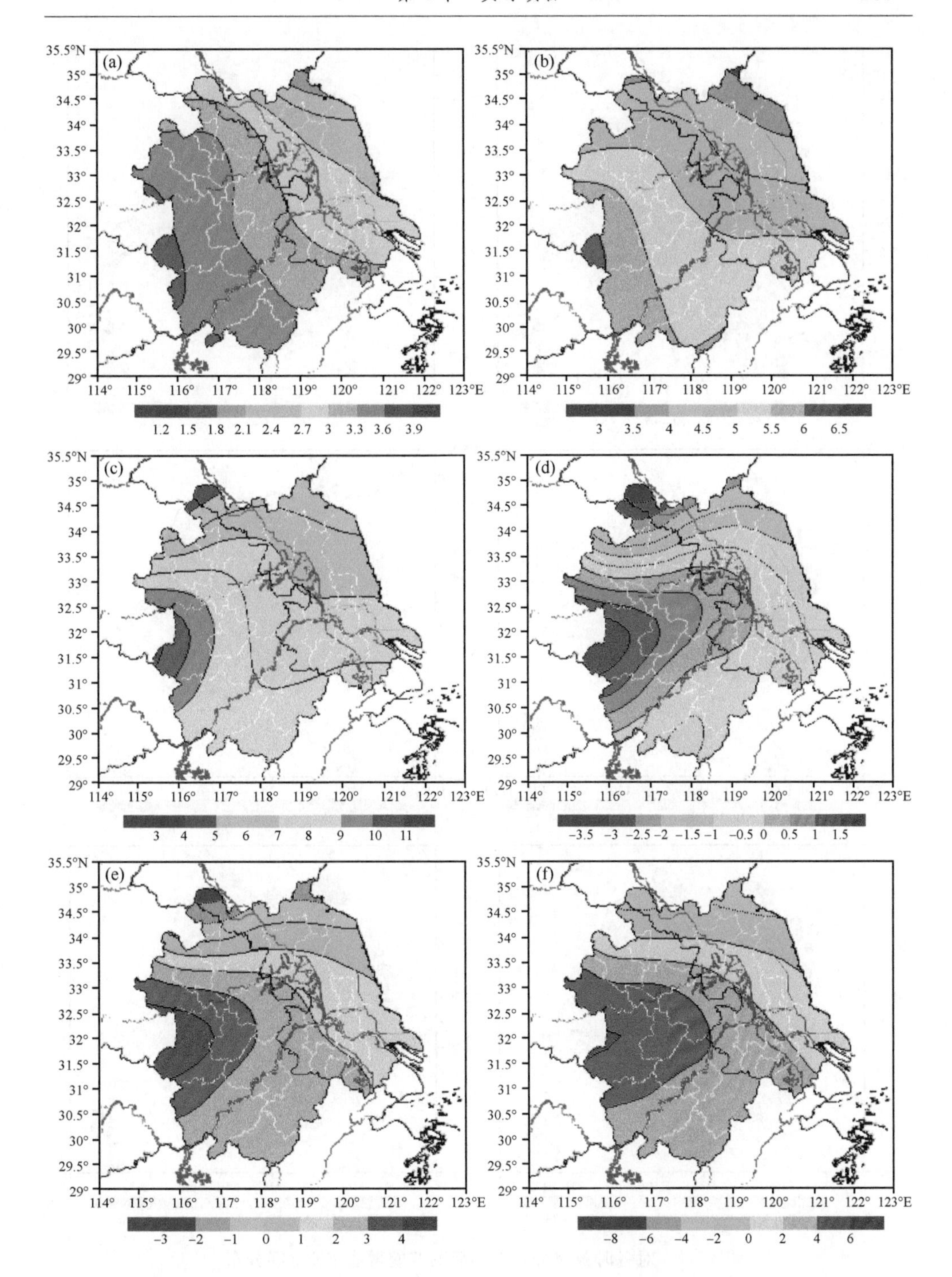
(a)
(b)
(c)
(d)
(e)
(f)
35.5°N
35°
34.5°
34°
33.5°
33°
32.5°
32°
31.5°
31°
30.5°
30°
29.5°
29°
114°
115°
116°
117°
118°
119°
120°
121°
122°
123°E
1.2 1.5 1.8 2.1 2.4 2.7 3 3.3 3.6 3.9
3 3.5 4 4.5 5 5.5 6 6.5
3 4 5 6 7 8 9 10 11
−3.5 −3 −2.5 −2 −1.5 −1 −0.5 0 0.5 1 1.5
−3 −2 −1 0 1 2 3 4
−8 −6 −4 −2 0 2 4 6

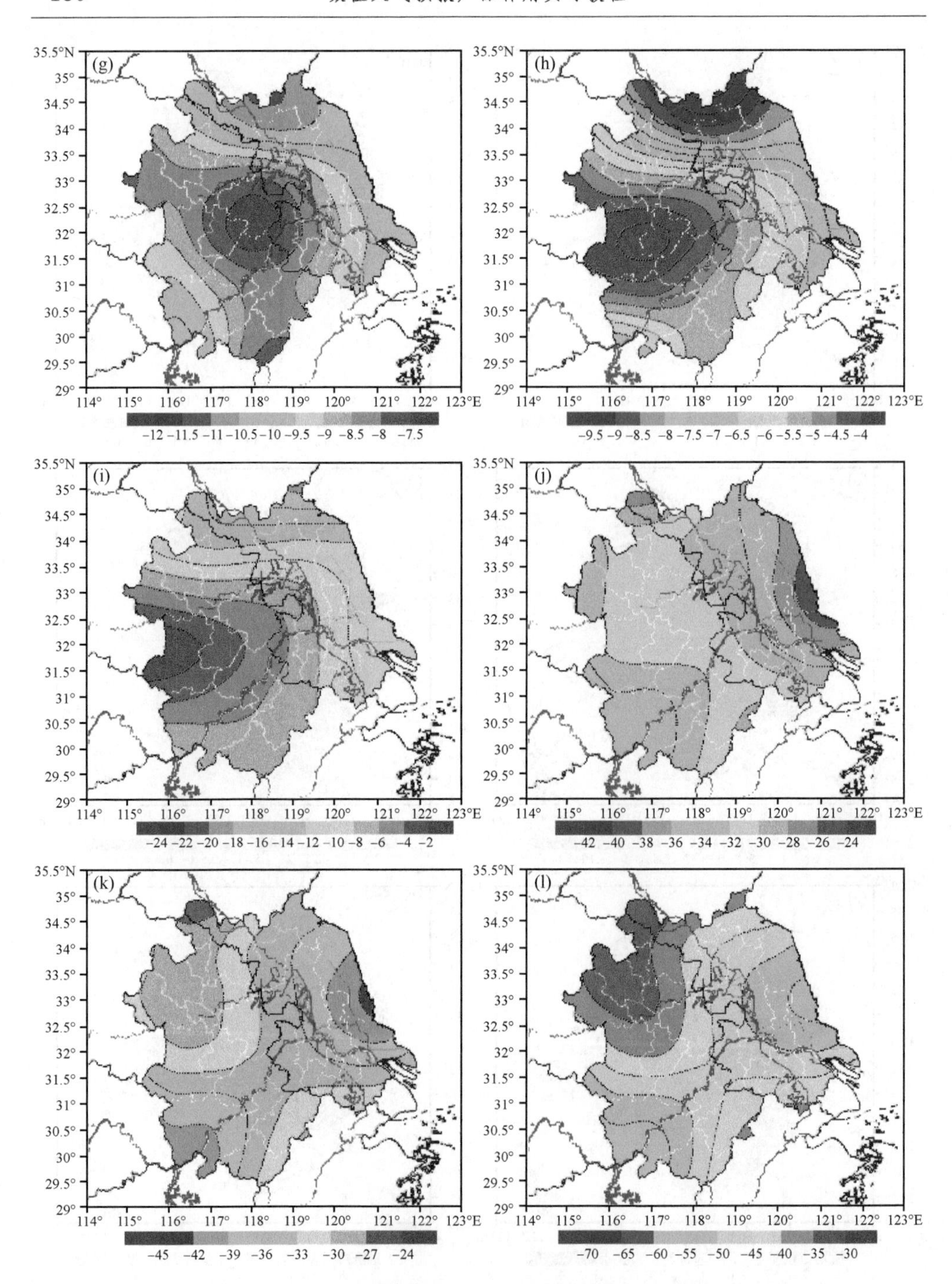

图 4.41 对各时效评分取平均后的苏皖两省 BE 空间分布

(a)6 h,小雨;(b)12 h,小雨;(c)24 h,小雨;(d)6 h,中雨;(e)12 h,中雨;(f)24 h,中雨;(g)6 h,大雨;(h)12 h,大雨;(i)24 h,大雨;(j)6 h,暴雨;(k)12 h,暴雨;(l)24 h,暴雨

4.4　数值预报产品插值检验

为了研究函数的变化规律，往往需要求出不在表上的函数值。因此，我们希望可以根据给定的函数表做一个既能反映函数 $f(x)$ 的特性，又便于计算的简单函数 $P(x)$。用 $P(x)$ 近似 $f(x)$。通常选一类简单的函数作为 $P(x)$，并使 $P(x_i)=f(x_i)$ 对 $i=1,2,\cdots,n$ 成立。这样确定下来的 $P(x)$ 就是我们希望的插值函数，此即为插值法。

4.4.1　目的和要求

4.4.1.1　目的

因为实况资料是分布不均匀的站点资料，模式资料是均匀的格点资料，所以本实验要把格点资料插值到站点上，然后与实况资料进行检验。

4.4.1.2　要求

(1)熟悉 FORTRAN 语言，掌握 GrADS 应用；

(2)熟悉气象台站业务资料格式，应用 FORTRAN 语言编写主程序(提供子程序)，包含资料的读写，子程序调用。(特别要注意的是所读取资料的范围)；

(3)熟悉 GrADS 气象绘图系统的使用，编写数据描述文件以及 GrADS 执行程序。

4.4.2　实习内容

利用 2016 年 11 月 21—22 日 05 时 24 h 的 T639 降水预报资料和 22—23 日 05 时 24 h 实况降水资料。对 T639 资料进行双线性插值，然后与实况资料进行全国降水 TS 检验。分析模式预报降水的效果，最后绘制出图表。

4.4.3　资料和方法介绍

4.4.3.1　资料介绍

所用资料为 2016 年 11 月 21—22 日 05 时 24 h 的 T639 降水预报资料和 22—23 日 05 时 24 h 实况降水资料。

4.4.3.2　方法介绍

科研和实际业务中使用的插值法有拉格朗日插值(线性插值、抛物线插值)、牛顿插值、埃尔米特插值、分段低次插值、三次样条插值等。本实验用的双线性插值法。

线性插值法是指使用连接两个已知量的直线来确定在这两个已知量之间的一个未知量的值的方法。

表达式：
$$y = y_0 + \alpha(y_1 - y_0) \tag{4.13}$$
线性插值法是认为现象的变化发展是线性的、均匀的，所以可利用两点式的直线方程式进行线性插值。

假设我们已知坐标(x_0, y_0)与(x_1, y_1)，要得到$[x_0, x_1]$区间内某一位置x在直线上的y值。

根据图4.42中所示，假设AB上有一点(x, y)，可作出两个相似三角形，我们得到
$$(y - y_0)/(y_1 - y_0) = (x - x_0)/(x_1 - x_0) \tag{4.14}$$
假设方程两边的值为α，那么这个值就是插值系数—从x_0到x的距离与从x_0到x_1距离的比值。由于x值已知，所以可以从公式得到α的值。
$$\alpha = (x - x_0)/(x_1 - x_0) \tag{4.15}$$
同样，
$$\alpha = (y - y_0)/(y_1 - y_0) \tag{4.16}$$
这样，在代数上就可以表示成为：
$$y = (1 - \alpha)y_0 + \alpha y_1 \tag{4.17}$$
或者，
$$y = y_0 + \alpha(y_1 - y_0) \tag{4.18}$$
这样通过α就可以直接得到y。实际上，即使x不在x_0到x_1之间并且α也不是介于0到1之间，这个公式也是成立的。在这种情况下，这种方法叫作线性外推。

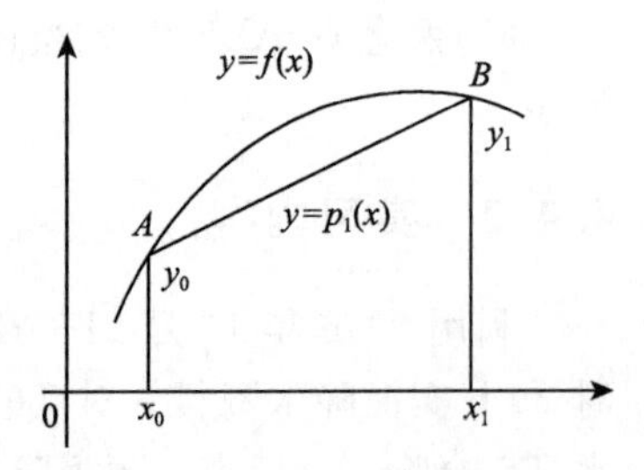

图4.42　线性插值的示意图

已知y求x的过程与以上过程相同，只是x与y要进行交换。

双线性插值，又称为双线性内插。在数学上，双线性插值是有两个变量的插值函数的线性插值扩展，其核心思想是在两个方向分别进行一次线性插值。假如我们想得到未知函数f在点$p=(x, y)$的值，假设我们已知函数f在$Q^{11}=(x_1, y_1)$、$Q^{12}=(x_1, y_2)$，$Q^{21}=(x_2, y_1)$以及$Q^{22}=(x_2, y_2)$四个点的值。首先在x方向进行线性插值，然后在y方向进行线性插值。与这种插值方法名称不同的是，这种插值方法并不是线性的，而是两个线性函数的乘积。线性插值的结果与插值的顺序无关。首先进行y方向的插值，然后进行x方向的插值，所得到的结果是一样的。

如图4.43首先在x方向进行线性插值，得到R_1和R_2，然后在y方向进行线性插值，得到P。这样就得到所要的结果$f(x, y)$。

其中Q^{11}，Q^{12}，Q^{21}，Q^{22}四个点为已知的4个像素点。

第一步：x 方向的线性插值，插入 R_1 和 R_2 两个点；第二步：做完 x 方向的插值后再做 y 方向的插值，由 R_1 与 R_2 计算 P 点，y 方向上插入点 P。

如果选择一个坐标系统使得四个已知点坐标分别为(0,0)、(0,1)、(1,0)和(1,1)，那么插值公式就可以化简为：

$$
\begin{aligned}
f(x,y) = & f(0,0)(1-x)(1-y) + f(0,1)(1-x)y + f(1,1)xy \\
& + f(1,0)x(1-y) + f(1,1)xy
\end{aligned}
\tag{4.18}
$$

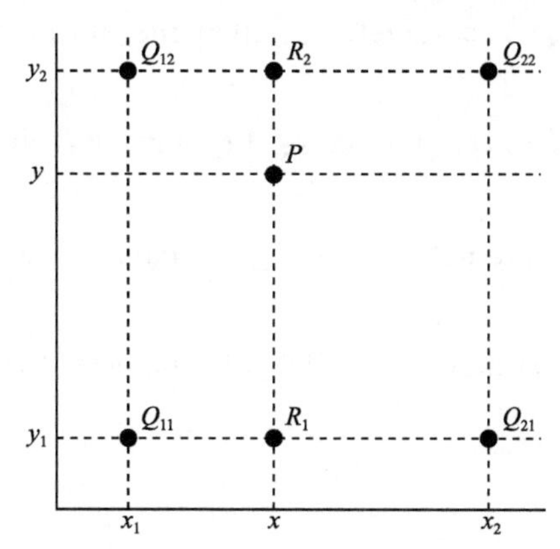

图 4.43　双线性插值的示意图

4.4.4　完成实习报告

(1)说明所用资料及其所用方法。

(2)编写完整的程序。

(3)分析模式预报降水的效果，最后绘制出图表来说明。

4.4.5　部分程序

```
!    PROGRAM:T639 格点资料插值成站点资料
! ****************************************************************
module pra_mod
   implicit none
   integer,parameter :: Nlon=90                    ! T639 E0-180   2
integer,parameter :: Nlat=45                       ! T639 N0-90    2
   integer,parameter :: Nsta_max=5000              ! 最多 5000 站
     real,parameter :: yuezhi=0.1                  ! 有无降水的阈值   mm
   character(len = * ),parameter :: dir_T639='F:\chazhi\t639_05\'
! input original_data
```

```
character(len = * ),parameter :: file1_t639_name='16112102.027'
! input original_data
   character(len = * ),parameter :: file2_t639_name='16112202.027'
! input original_data
        character(len = * ),parameter :: dir_station='F:\chazhi\'
! input original_data
        character(len = * ),parameter :: filename_station='STATIONS.DAT'
! input original_data
        character(len = * ),parameter :: dir_obs='F:\chazhi\sur_05_24\'
! input original_data
   character(len = * ),parameter :: file1_obs_name='16112205.000'
! input original_data
   character(len = * ),parameter :: file2_obs_name='16112305.000'
! input original_data
endmodule pra_mod
module data_mod
   use pra_mod
   implicit none
   real lon_t639(0:Nlon)
   real lat_t639(0:Nlat)
   real Rain_t639(0:Nlon,0:Nlat)
integer Nsta_t639,Nsta_obs,Nsta_common
   integer sta_number_t639(Nsta_max)
   real sta_lat_t639(Nsta_max),sta_lon_t639(Nsta_max),Rain_t639_sta(Nsta_max)
        character(len=10)sta_name_t639(Nsta_max)
real Rain_obs(Nsta_max)
   integer sta_number_obs(Nsta_max)
   integer sta_number_common(Nsta_max)
   real Rain_t639_common(Nsta_max),Rain_obs_common(Nsta_max)
     end module data_mod
program data_chazhi    ! main program
   use pra_mod
   use data_mod
        implicit none
```

```
      character(len=50)  cha
   character(len=10)  cha10
   integer station,stat,templat,templon,temp1,temp2
   real lon,lat,gh,rain,ts
   real   rf,lf,uf,df,lonP,latP
integer rn,ln,un,dn,i,j
do i=0,Nlon
      lon_t639(i)=i*2
  ! write(*,*) "lon",i,lon_t639(i)
   enddo
   do j=0,Nlat
      lat_t639(j)=j*2
  ! write(*,*) "lat",j,lat_t639(j)
   enddo
       Rain_t639(:,:)=0.
       open(22,file=dir_T639//file1_t639_name,form="formatted")
       read(22,*) cha
    ! write(*,*) cha
   read(22,*) cha
    ! write(*,*) cha
   do while(1)
         read(22,'(i6,f8.3,f8.3,f8.1,x,f8.1)',iostat=stat)   station,lon,lat,gh,rain
  if(stat.lt.0)   exit   ! stat.lt.0  文件结束
          i=lon/2
  j=lat/2
  ! write(*,*) i,j,rain
          Rain_t639(i,j)=rain
   enddo
   close(22)
   i=90
   j=45
      write(*,'(f8.1,f8.1,4x,f8.1)')    i*2.0,j*2.0,Rain_t639(i,j)
      Nsta_t639=0
      open(22,file=dir_station//filename_station,form="formatted")
```

```
  do while(1)
         read(22, * ,iostat=stat)    station,templat,templon,gh,temp1,temp2,cha10
  if(stat.lt.0)   exit   ! stat.lt.0  文件结束
  Nsta_t639=Nsta_t639+1
           ! write( * , * ) Nsta_t639,station,templat,templon,cha10
           sta_number_t639(Nsta_t639)=station
sta_lat_t639(Nsta_t639)=templat/100.
           sta_lon_t639(Nsta_t639)=templon/100.
  sta_name_t639(Nsta_t639)=cha10
enddo
  close(22)
  write( * ,'(a20,i6)')    "stations number",Nsta_t639
       ! test integrate_point
       ! lonP=115.7
  ! latP=36.2
       ! call integrate_point(lon_t639,Nlon,lat_t639,Nlat,lonP,latP,&
!                                rf,lf,uf,df,rn,ln,un,dn)
open(22,file=dir_station//"Rain_t639_station.txt",form="formatted")
  do i=1,Nsta_t639
           lonP=sta_lon_t639(i)
      latP=sta_lat_t639(i)
           call integrate_point(lon_t639,Nlon,lat_t639,Nlat,lonP,latP,&
rf,lf,uf,df,rn,ln,un,dn)
  Rain_t639_sta(i)= Rain_t639(rn,un) * rf * uf &
               +Rain_t639(rn,dn) * rf * df &
  +Rain_t639(ln,dn) * lf * df &
                         +Rain_t639(ln,un) * lf * uf
if(((rn+ln).eq.0).or.((un+dn).eq.0)) then
    write( * ,'(a10,i5,2x,2f5.1)')   "bianjie:",i,sta_lon_t639(i),sta_lat_t639(i)
  !超出边界
               sta_number_t639(i)=0
  endif
  write(22,'(i5,2x,2f5.1,2x,4f6.1,x,4f7.2,2x,i6,f7.2)')  i,sta_lon_t639(i),&
sta_lat_t639(i),lon_t639(ln),lon_t639(rn),lat_t639(un),lat_t639(dn),&
```

```
    Rain_t639(rn,un),Rain_t639(rn,dn),Rain_t639(ln,un),Rain_t639(ln,
dn),sta_number_t639(i),Rain_t639_sta(i)
enddo
  close(22)
    Rain_obs(:)=0
  open(22,file=dir_obs//file1_obs_name,form="formatted")
  do i=1,14
        read(22,*) cha
     ! write(*,*) cha
    enddo
  Nsta_obs=0
  do while(1)
       read(22,'(i6,f8.3,f8.3,f6.0,f6.1)',iostat=stat)   station,lon,lat,gh,rain
 if(stat.lt.0)  exit  ! stat.lt.0 文件结束
 Nsta_obs=Nsta_obs+1
        sta_number_obs(Nsta_obs)=station
        Rain_obs(Nsta_obs)=rain
 ! write(*,*)  Nsta_obs,sta_number_obs(Nsta_obs),Rain_obs(Nsta_obs)
  enddo
  close(22)
    write(*,'(a20,i6)')   "stations_obs number",Nsta_obs

    open(22,file=dir_station//"Rain_t639_obs_common.txt",form="formatted")
    Nsta_common=0
    do i=1,Nsta_t639
        stat=0
 do j=1,Nsta_obs
          if(sta_number_t639(i).eq.sta_number_obs(j)) then
  stat=1
exit
          endif
 enddo
 if(stat.eq.0)  then
   sta_number_t639(i)=0
```

```
  else
              Nsta_common = Nsta_common+1
              Rain_t639_common(Nsta_common)=Rain_t639_sta(i)
   Rain_obs_common(Nsta_common)=Rain_obs(j)
   write(22,'(i5,2i6,2x,2f7.1)') Nsta_common,sta_number_t639(i),sta_number_&
obs(j),Rain_t639_common(Nsta_common),Rain_obs_common(Nsta_common)
   endif
   enddo
   write(*,'(a20,i6)')   "Nsta_common number",Nsta_common
        call QETS(Nsta_common,Rain_t639_common(1:Nsta_common),Rain_&
obs_common(1:Nsta_common),ts)
        write(*,*) "ts:",ts
endprogram data_chazhi
subroutine QETS(N,forc,obse,ts)
  use pra_mod,only:yuezhi
       implicit none
  integer :: N                       ! 用于评分的站点数目
       real :: forc(N),obse(N)         ! 预报和观测的降水序列
       real :: ts                      ! ts 得分
  integer :: A,B,C                   ! 命中,空报,漏报
  integer :: i
  A=0
  B=0
  C=0
       do i=1,N
          if(forc(i)>=yuezhi.and.obse(i)>=yuezhi) A=A+1
          if(forc(i)>=yuezhi.and.obse(i)<yuezhi)  B=B+1
          if(forc(i)<yuezhi.and.obse(i)>=yuezhi)  C=C+1
       enddo
       ts=A*1.0/(A+B+C)
       write(*,*) A,B,C
       end subroutine QETS
subroutine integrate_point(lonMap,Ncols,latMap,Nrows,lonP,latP,&
rf,lf,uf,df,rn,ln,un,dn)
```

```
implicit none
   integer,intent(in) :: Ncols,Nrows
   real,intent(in) :: lonMap(0:Ncols),latMap(0:Nrows)
   real,intent(in) :: lonP,latP
   real,intent(out) :: rf,lf,uf,df
   integer,intent(out) :: rn,ln,un,dn
   integer i,j
   if((lonP.le.lonMap(0)).or.(lonP.ge.lonMap(Ncols))) then
   ! 超出边界 rn=ln=0
         rn=0
  ln=0
  rf=0.
  lf=0.
  write(*,*) "(lonP.le.lonMap(0)).or.(lonP.ge.lonMap(Ncols))",lonP
  return
   endif
   if((latP.le.latMap(0)).or.(latP.ge.latMap(Nrows))) then
   ! 超出边界  un=dn=0
         un=0
  dn=0
  uf=0.
  df=0.
  write(*,*) "(latP.le.latMap(0)).or.(latP.ge.latMap(Nrows))",latP
  return
   endif
      rn=1
      ln=1
      rf=1.
      lf=0.
      do i=1,Ncols
         if(lonP.le.lonMap(i)) exit
      enddo
      rn=i
      ln=i-1
```

```
    rf=(lonP-lonMap(i-1))/(lonMap(i)-lonMap(i-1))
    lf=(lonMap(i)-lonP)/(lonMap(i)-lonMap(i-1))
! write(*,'(2i5,6f8.3)') ln,rn,lf,rf,lonP,lonMap(ln),lonMap(rn),lf+rf
    un=1
    dn=1
    uf=1.
    df=0.
    do j=1,Nrows
        if(latP.le.latMap(j)) exit
    enddo
    un=j
    dn=j-1
    uf=(latP-latMap(j-1))/(latMap(j)-latMap(j-1))
    df=(latMap(j)-latP)/(latMap(j)-latMap(j-1))
    ! write(*,'(2i5,6f8.3)') dn,un,df,uf,latP,latMap(dn),latMap(un),df+uf
end subroutine integrate_point
```

4.5 冬季南京降水预报(24小时)

在我国冬季随着寒潮、冷锋等天气过程的发生发展,常常会出现降水现象。产生降水需要有三个条件,一是要有充足的水汽,二是使气块能够抬升并冷却凝结,三是有较多的凝结核。许多复杂的非线性物理过程的存在使得降水预报相对于其他的天气要素如风速、气压、气温等的预报来说更加困难。在针对冬季降水的数值预报产品的日常预报使用及研究中,最主要使用的方法就是利用现有的数值模式产品的预报结果,使用天气学经验及天气学分析方法结合进行预报分析,但是直接的数值预报产品种类繁多,其预报误差复杂,预报的精度不够。而通过使用动力统计释用方法对冬季南京的降水情况进行分析,则可以更好地认识这一天气现象,更深入的理解其触发条件和预报的着眼点,能够更好地运用模式对南京地区的冬季降水进行预报分析,有助于提高天气预报的水平。虽然目前使用动力—统计预报方法对数值预报产品进行释用的技术已经得到长足的发展,但是针对冬季降水过程的研究并不多,是相对来说缺乏深入探索的方面。

主要运用MOS方法,筛选出合适的预报因子与实测降水量建立多元线性回归方程的预报模型,对冬季南京降水进行预报。

4.5.1　目的和要求

4.5.1.2　目的

掌握最常用的数值预报产品释用方法——模式输出统计方法(MOS)。

4.5.1.2　要求

(1)熟悉 FORTRAN 语言,掌握 GrADS 应用;

(2)熟悉气象台站业务资料格式,应用 FORTRAN 语言编写主程序(提供子程序),包含资料的读写,子程序调用。(特别要注意的是所读取资料的范围);

(3)熟悉 GrADS 气象绘图系统的使用,编写数据描述文件以及 GrADS 执行程序。

4.5.2　实习内容

使用 2010—2014 年冬季欧洲中期天气预报中心的预报资料和南京地区 24 小时降水量实测资料。运用 MOS 方法,筛选出合适的预报因子与实测降水量建立多元线性回归方程的预报模型,对冬季南京降水进行预报。最后用 2015 年冬季的 ECMWF 资料代入模型进行试验,并且用南京地区 24 小时实测降水与其进行对比,检验分析预报的效果。

4.5.3　步骤

4.5.3.1　方法介绍

主要采取的释用方法为 MOS 方法,该方法是对要素进行定点定量预报的有效工具。具体的操作方法是把模式预报的输出量作为预报因子与预报时效对应时刻的天气实况(预报对象)建立统计关系。在实际操作中,一般采用多元线性回归方法建立预报方程组。

MOS 预报是建立在多元线性回归技术基础上,对于样本容量为 n 的 m 个预报因子$x_i(i=1,2,\cdots,m)$和预报对象 $y(y_1,y_2,\cdots,y_n)$,可以建立起的线性回归模型为:

$$\boldsymbol{y}=\boldsymbol{\beta}^{\mathrm{T}}\boldsymbol{x}+\boldsymbol{\varepsilon}$$

式中,$\boldsymbol{y}=\begin{bmatrix}y_1\\ \vdots\\ y_n\end{bmatrix}$,$\boldsymbol{\beta}=\begin{bmatrix}\beta_1\\ \vdots\\ \beta_m\end{bmatrix}$,$\boldsymbol{\varepsilon}=\begin{bmatrix}\varepsilon_1\\ \vdots\\ \varepsilon_n\end{bmatrix}$,$\boldsymbol{x}=\begin{bmatrix}1, & x_{11} & \cdots & x_{1m}\\ & \vdots & & \vdots\\ 1, & x_{n1} & \cdots & x_{nm}\end{bmatrix}$。

但是通过多元线性回归方法建立的方程其所有变量的显著水平均未经过检验,模型是不可信的。取显著性水平 $\alpha=0.1$,采用逐步回归方法再建立一个模型并且与采用多元线性回归方法建立的模型进行比较,选取更好的方案进行南京地区降水的统计释用预报。

同时由于降水量的特殊性,即降水不会出现负值,因此当拟合出现负值时则认为当日无降水产生。

4.5.3.2　数据处理

资料有2010—2015年12月、1月和2月欧洲中心数值预报产品和我国各观测站24小时降水的实况数据。根据其物理意义采用的预报因子包括有欧洲中心数值预报产品资料以08时为起报时刻和以20时为起报时刻的、时效分别为24、48和72 h的500 hPa高度场、海平面气压场、850 hPa温度场、700 hPa和850 hPa的相对湿度场以及时效分别为24和48小时的200 hPa、500 hPa、700 hPa和850 hPa的风场(见表4.3)。

表4.3　欧洲中心数值预报产品参数

缩写	参数
0824height,0848height,0872height	08时预报24 h、48 h、72 h后500 hPa高度场
2048height,2048height,2048height	20时预报24 h、48 h、72 h后500 hPa高度场
0824pres,0848pres,0872pres	08时预报24 h、48 h、72 h后海平面气压场
2024pres,2048pres,207pres	20时预报24 h、48 h、72 h后海平面气压场
0824rh700,0848rh700,0872rh700	08时预报24 h、48 h、72 h后700 hPa相对湿度
2024rh700,2048rh700,2072rh700	20时预报24 h、48 h、72 h后700 hPa相对湿度
0824rh850,0848rh850,0872rh850	08时预报24 h、48 h、72 h后850 hPa相对湿度
2024rh850,2048rh850,2072rh850	20时预报24 h、48 h、72 h后850 hPa相对湿度
0824temper,0848temper,0872temper	08时预报24 h、48 h、72 h后850 hPa温度场
2024temper,2048temper,2072temper	20时预报24 h、48 h、72 h后850 hPa温度场
0824winds200,0848winds200	08时预报24 h、48 h后的200 hPa风速
2024winds200,2048winds200	20时预报24 h、48 h后的200 hPa风速
0824winds500,0848winds500	08时预报24 h、48 h后的500 hPa风速
2024winds500,2048winds500	20时预报24 h、48 h后的500 hPa风速
0824winds700,0848winds700	08时预报24 h、48 h后的700 hPa风速
2024winds700,2048winds700	20时预报24 h、48 h后的700 hPa风速
0824winds850,0848winds850	08时预报24 h、48 h后的850 hPa风速
2024winds850,2048winds850	20时预报24 h、48 h后的850 hPa风速
0824wind200,0848wind200	08时预报24 h、48 h后的200 hPa风向
2024wind200,2048wind200	20时预报24 h、48 h后的200 hPa风向
0824wind500,0848wind500	08时预报24 h、48 h后的500 hPa风向
2024wind500,2048wind500	20时预报24 h、48 h后的500 hPa风向
0824wind700,0848wind700	08时预报24 h、48 h后的700 hPa风向
2024wind700,2048wind700	20时预报24 h、48 h后的700 hPa风向
0824wind850,0848wind850	08时预报24 h、48 h后的850 hPa风向
2024wind850,2048wind850	20时预报24 h、48 h后的850 hPa风向

首先将欧洲中期天气预报中心的 2010 年至 2014 年资料中的 12 月、1 月和 2 月的以 08 时和 20 时为起报时刻的、时效分别为 24、48 和 72 h 的数据筛选分类。由于 ECMWF 的原始资料为 2.5°×2.5°的格点资料，因此需编写 FORTRAN 程序将南京周边格点的数值提取并插值，得出南京地区各预报物理量的数值，同时也需将我国各观测站实测资料中的南京站点冬季的降水资料筛选出来。

在将南京站点各预报和实测物理量资料提取的过程中有一个难点，因各物理量逐日不同起报点及预报时次都分别写入单一的文本中，在读取的过程中每个物理量每年均有上百个文本需分别打开提取，若人工操作则耗时过多。因此需使用命令提示符来将文件夹内所有文本的文件名写入一个 txt 文件中，然后使用 FORTRAN 依次读取 txt 文件的每一行的文件名循环打开文件，同时读取字符串中的具体位置记录下起报日期和预报时长，在提取每个数据的同时也能够记录下该数据的时次。

因为预报因子的选取与准确率关系极大，因此，选出合理且有物理意义的预报因子是建立的预报方程是否可信的重要条件。因此，接下来需要计算各个预报参数与降水量之间的简单相关系数，然后进行 t 检验，筛选出建立预报模型所需的因子。设定置信度为 98%，即 $\alpha=0.02$，进行 t 检验之后，保留有意义的因子个数见表 4.4。

表 4.4　相关系数及 t 检验结果

因子	样本量	相关系数	t 检验结果
2048rh850	349	0.4486202	9.350629
2048rh700	354	0.4211797	8.712493
2024rh700	292	0.4434386	8.425133
0824rh700	354	0.3941626	8.046592
2024rh850	284	0.4294107	7.984672
2072rh850	274	0.4338963	7.942615
0848rh700	341	0.3762989	7.478047
0824rh850	348	0.337745	6.674638
2072rh700	281	0.3462377	6.164611
0848rh850	340	0.3007899	5.798481
0872rh700	272	0.321814	5.585052
2048wind500	356	−0.2808722	5.50623
0872height	271	0.288192	4.936127
0848height	344	0.2537894	4.852254
0872rh850	263	0.2832559	4.771561
2072height	284	0.2631648	4.580756
0824height	357	0.233067	4.515678
2024wind500	360	−0.231201	4.496353
2048height	357	0.2199228	4.247657

续表

因子	样本量	相关系数	t检验结果
2024wind700	287	−0.2419837	4.210284
2048wind700	284	−0.2382293	4.119145
0848wind200	281	−0.2320791	3.985297
0824wind500	354	−0.2030506	3.890616
2024height	292	0.2080618	3.622439
0848wind500	350	−0.1800603	3.414793
0848wind850	322	−0.1841814	3.352083
0848pres	343	−0.1688889	3.164187
2048pres	356	−0.1643921	3.135679
0872pres	272	−0.1841029	3.077727
0824wind700	286	−0.1713863	2.931631
2024wind850	333	−0.1583394	2.917539
0848wind700	282	−0.1623926	2.753903
0824temper	326	−0.1491499	2.715067
0824wind850	328	−0.1410871	2.573132
0824pres	356	−0.1245473	2.361733

由于各个参数均有缺测、资料不完整的现象发生，因此，每个因子的样本量不同。但是在之后建立模型进行回归分析时只有各个因子的数组长度相等才能进行计算，所以还需分别查看各个变量，保留相同日期的各参数值。各个因子所缺日期不同，有些因子甚至整年、整月缺测，因此，样本长度大大减少，为保证足够大的样本量，所以在建立多元线性回归方程模型时选取了满足条件的因子数目。同时由于通过多元线性回归方法建立的方程其变量的显著水平均有时未经过检验，模型是不可信的，所以需要逐步剔除未通过检验的因子，最终筛选出合理且有物理意义的因子数，还要确定其数组的长度。

4.5.3.3　建立统计模型

根据满足条件的因子（表4.5，样本长度为229），建立多元线性回归方程模型。并且将建立的多元回归拟合模型与实际结果进行比较，分析模型对不同量级降水拟合的效果。

表4.5　多元回归方案因子

时次时效	500 hPa 气压	海平面气压	700 hPa 相对湿度	850 hPa 相对湿度	850 hPa 气温	500 hPa 风向	850 hPa 风向
08时预报24小时后	√	√	√	√	√	√	√
08时预报48小时后	√	√	√	√		√	√
20时预报24小时后						√	√
20时预报48小时后	√	√	√	√		√	

如果通过多元线性回归方法建立的方程其中有些变量的显著水平均未经过检验，模型是不可信的。因此，取显著性水平 $\alpha=0.1$，逐步剔除未通过检验的因子，最终筛选出了主要的因子(表 4.6，样本量为 249)，并且确定建立的逐步回归方程模型。将建立的该拟合模型与实际的观测结果进行比较，分析模型对不同量级降水的预报效果。

表 4.6　逐步回归方案因子

时次时效	500 hPa 气压	海平面气压	700 hPa 相对湿度	850 hPa 相对湿度	850 hPa 温度
08 时预报 24 小时后					√
20 时预报 48 小时后	√	√	√	√	

每个因子对最终的预报结果的贡献均不相同，每个参数的系数及其与实测降水量的简单相关系数表明了各个因子与降水的关系是正相关还是负相关。分析筛选出的因子对降水产生的影响，重点分析所建立的回归统计模型是否有物理意义，可以将天气学的预报经验融入其中，提高传统数值模式的预报效果，更好地对南京地区的冬季降水进行预报分析。

4.5.3.4　试验结果与检验

在对回归模型进行试验之前，先对降水的量级进行划分，可以分为小雨、中雨、大雨、暴雨和大暴雨(表 4.7)。

表 4.7　降水等级的划分

等级	24 小时降水量(mm)
小雨	0.1～9.9
中雨	10.0～24.9
大雨	25.0～49.9
暴雨	50.0～99.9
大暴雨	≥100.0

对 2015 年的数据资料进行预处理，之后分别查看各个变量，保留相同日期的各参数值。分别分析以多元回归方案和逐步回归方案为检验样本时的样本量，将各个因子分别代入建立的方案中，得出模型预报的降水量。将此两种方案的预报结果与实测结果进行比较，分析对不同量级降水预报的准确率(表 4.8、表 4.9)。

表 4.8 方案一结果统计

实测结果	0	0.01	0	0	0	0	0	0
实测量级	无降水	小雨	无降水	无降水	无降水	无降水	无降水	无降水
预报结果	−0.41	0.74	−0.87	−1.02	−3.05	−0.86	1.45	0.93
预报量级	无降水	小雨	无降水	无降水	无降水	无降水	小雨	小雨
正误情况	√	√	√	√	√	√	×	×
实测结果	0	3.1	10.5	6.6	0.4	0.01	19.9	0
实测量级	无降水	小雨	中雨	小雨	小雨	小雨	中雨	无降水
预报结果	2.50	2.39	3.82	3.58	2.71	1.53902	3.36	−0.40
预报量级	小雨	小雨	小雨	小雨	小雨	小雨	小雨	无降水
正误情况	×	√	×	√	√	√	×	√
实测结果	0.4	0	0.01	0.2	0	0	1.4	0.3
实测量级	小雨	无降水	小雨	小雨	无降水	无降水	小雨	小雨
预报结果	0.04	13.32	2.95	1.58	−0.91	−0.97	2.80	0.89
预报量级	小雨	中雨	小雨	小雨	无降水	无降水	小雨	小雨
正误情况	√	×	√	√	√	√	√	√
实测结果	0	1.9	0.9	0	0	0		
实测量级	无降水	小雨	小雨	无降水	无降水	无降水		
预报结果	5.05	3.75	1.09	−0.62	−0.57	0.52		
预报量级	小雨	小雨	小雨	无降水	无降水	小雨		
正误情况	×	√	√	√	√	×		
无降水	正确	错误	正确率	小雨	正确	错误	正确率	
	10	6	63%		12	0	100%	
中雨	正确	错误	正确率	合计	正确	错误	正确率	
	0	2	0%		22	8	73%	

表 4.9 方案二结果统计

实测结果	0	11	0.01	0	0	0	0	0	0
实测量级	无降水	中雨	小雨	无降水	无降水	无降水	无降水	无降水	无降水
预报结果	1.12	2.85	1.60	−0.36	0.85	−0.44	−1.36	−0.31	2.00
预报量级	小雨	小雨	小雨	无降水	小雨	无降水	无降水	无降水	小雨
正误情况	×	×	√	√	×	√	√	√	×
实测结果	0	0	0	3.1	10.5	0.01	0.4	0.01	19.9
实测量级	无降水	无降水	无降水	小雨	中雨	小雨	小雨	小雨	中雨
预报结果	1.03	1.81	0.64	2.84	3.72	1.35	2.03	1.22	4.08
预报量级	小雨	小雨	小雨	小雨	小雨	小雨	小雨	小雨	小雨
正误情况	×	×	×	√	×	√	√	√	×

续表

实测结果	0	0.4	0	0.01	0.01	0.2	0	0	1.4
实测量级	无降水	小雨	无降水	小雨	小雨	小雨	无降水	无降水	小雨
预报结果	0.00	0.58	−15.76	2.74	2.46	1.83	−1.25	−0.65	2.70
预报量级	无降水	小雨	无降水	小雨	小雨	小雨	无降水	无降水	小雨
正误情况	√	√	√	√	√	√	√	√	√
实测结果	0	1.9	0.9	0	0	0			
实测量级	无降水	小雨	小雨	无降水	无降水	无降水			
预报结果	3.54	4.36	0.64	0.23	1.11	0.50			
预报量级	小雨	小雨	小雨	小雨	小雨	小雨			
正误情况	×	√	√	×	×	×			
无降水	正确	错误	正确率	小雨	正确	错误	正确率		
	8	10	44%		12	0	100%		
中雨	正确	错误	正确率	合计	正确	错误	正确率		
	0	3	0%		20	13	61%		

采用国家气象中心气象预报产品评分系统使用的降水客观评分方法。由下列公式得到预报检验统计量。

TS评分

$$TS = \frac{NA}{NA + NB + NC} \tag{4.19}$$

预报偏差

$$B = \frac{NA + NB}{NA + NC} \tag{4.20}$$

漏报率

$$PO = \frac{NC}{NA + NC} \tag{4.21}$$

空报率

$$NH = \frac{NB}{NA + NB} \tag{4.22}$$

预报效率

$$EH = \frac{NA + ND}{NA + NB + NC + ND} \tag{4.23}$$

式中，NA、NB、NC、ND分别由表4.10定义，TS评分在0～1之间，它反映了预报模型对降水有效预报的准确程度。预报偏差是预报与实况发生该天气现象的样本数的比值，其数值在1～+∞之间。当B值大于1，表明预报模型预报的降水偏多，反之则说明预报的降水偏少，预报偏差最好接近或等于1。漏报率和空报率为漏报和空报分别与实况样本数的比值，两者数值在 0～1 之间，值越小，反映预报模型的漏报或空报越少，预报的准确率越高。预报效率是降水预报正确的样本数与总样本数之比，值在 0～1 之间，它受报对样本数的影响，又与漏报和空报有关，同时又弥补了 TS 评分不能对实况无降水而预报也无降水这一报对情况做出评价的不足，因而它也是反映总体预报性能的一个参数。

表 4.10 等级降水的检验分类表

预报		有	无
实况	有	NA	NC
实况	无	NB	ND

为了检验两种方案的预报情况，需要对比各个预报性能参数的效果（表 4.11），分析这两个方案与实测数据的差距，检验所建立的回归模型能否更好地对南京地区冬季降水进行预报。

表 4.11 各方案预报情况及预报性能

方案一				方案二			
预报		有	无	预报		有	无
实况	有	14	0	实况	有	15	0
实况	无	6	10	实况	无	10	8
TS 评分	0.7			TS 评分	0.6		
预报偏差	1.43			预报偏差	1.67		
漏报率	0%			漏报率	0%		
空报率	30%			空报率	40%		
预报效率	80%			预报效率	70%		

4.5.4 实习报告

(1)说明所用资料及其所用方法。

(2)列出预报因子列表、相关系数列表、通过相关性检验的因子列表。

(3)列出建立的回归统计模型预报方程常数项和各因子前的系数。

(4)给出预报效果检验结果。

(5)给出 TS 评分结果。

(6)用所学知识分析上述图表。

4.6 夏季南京降水预报(24 小时)

降水是中小尺度系统与大尺度环流相互作用的综合效果,同时也是本地地形、当地地貌、流场结合的产物,降水是全球变化的重要组成部分,降水的区域和降水量的大小对人们的生产、生活具有直接的影响,充分做好降水预报,可以对人们的生产生活有重要影响的自然灾害做好防御措施,争取降低由降水灾害所造成的损失,还有利于研究许多能源的开发时间和地点。南京地处长江中下游地区,位于我国东部地区,属于温带季风气候区,受西太平洋副热带高压的影响,夏季南京地区盛行西南季风,带来大量的水汽和热量,冬季盛行干燥寒冷的西风,受洋面水汽的作用,加之,受长江的影响,南京夏季的降水量明显多于冬季,夏季高温多雨,季风气候显著,常常受到热带气旋的影响,产生强对流天气,伴随着大雨、大风及风暴潮,夏季(6—8 月)的降水量占全年降水量的 70%以上,潮湿多雨,灾害性的降水天气会造成严重的财产损失和人员伤亡,山区可能引发泥石流、山洪及河水泛滥,破坏基础设施,造成公路、铁路交通不便,影响救灾工作的进行;产生涝灾,使农业减产;灾害性降水天气造成道路积水,下水道破坏,可能引起流行病的传染,同时城市化进程加剧,因此,对南京降水数值预报产品的统计释用研究也是很有必要的,具有重要的理论意义和现实意义。

主要运用 MOS 方法,筛选出合适的预报因子与实测降水量建立多元线性回归方程的预报模型,对夏季南京降水进行预报。

4.6.1 目的和要求

4.6.1.1 目的

掌握最常用的数值预报产品释用方法——模式输出统计方法(MOS)。

4.6.1.2 要求

(1)熟悉 FORTRAN 语言,掌握 GrADS 应用;

(2)熟悉气象台站业务资料格式,应用 FORTRAN 语言编写主程序(提供子程序),包含资料的读写,子程序调用。(特别要注意的是所读取资料的范围);

(3)熟悉 GrADS 气象绘图系统的使用,编写数据描述文件以及 GrADS 执行程序。

4.6.2 实习内容

利用 2010—2013 年每年夏季欧洲中期天气预报中心(ECMWF)的数值预报产品资料、MICAPS 系统中的地面逐日累积降水量实况资料,采用 MOS 方法建立降水预报方程,将 2015 年夏季 EC 资料代入 MOS 预报方程中进行试报,再做预报效果检验分析，计算出空报率 NH、漏报率 PO、降水预报 TS 评分。

4.6.3 步骤

4.6.3.1 资料介绍

使用的降水数据资料是 MICAPS 格式 2010 年—2013 年及 2015 年共计五年夏季的逐日 08 时 24 h 累积降水量实况资料，时间分辨率为 24 小时，该资料为站点资料，用于建立 MOS 方程，制作南京夏季降水预报。所用的数值模式预报产品是欧洲中期天气预报中心(ECMWF)的预报资料，包括：

(1)每日 08 时起报的 24、48 h 时效及每日 20 时起报的 24、48 h 时效的 500 hPa 位势高度场资料；

(2)每日 08 时起报的 24、48 h 时效及每日 20 时起报的 24、48 h 时效的海平面气压场资料；

(3)每日 08 时起报的 24、48 h 时效及每日 20 时起报的 24、48 h 时效的 700 hPa 及 850 hPa 相对湿度资料；

(4)每日 08 时起报的 24、48 h 时效及每日 20 时起报的 24、48 h 时效的 850 hPa 温度资料；

(5)每日 08 时起报的 24、48 h 时效及每日 20 时起报的 24、48 h 时效的 700 hPa、850 hPa 风场资料。

格距均为 $2.5°\times2.5°$，因做南京夏季降水预报，故应先将南京站附近的四个格点资料进行平均近似代替南京站的预报值。

4.6.3.2 方法介绍

把 EC 模式预报的逐日 08 时、20 时起报的 24 h 及 48 h 预报时效的 500 hPa 位势高度场资料、海平面气压场资料、700 hPa 及 850 hPa 相对湿度资料、850 hPa 温度资料及 200 hPa、500 hPa、700 hPa、850 hPa 风场资料作为预报因子，并与预报时效对应日期后一天的 08 时 24 h 累积降水量的实况资料建立统计关系。根据其相关性引入预报因子，建立起粗选预报因子库，然后利用逐步回归方法对粗选因子进行筛选，并对引入的因子做显著性检验，使用 t 检验，取统计显著性水平为 $\alpha=0.10$，计算出相应的临界值，根据临界值的大小对进入预报方程的因子数进行筛选，然后将对因变量(实况的逐日 08 时前 24 h 累积降水量)影响不显著的自变量(EC 模式输出产品)剔除，即剔除没有通过显著性检验的自变量，逐步剔除，“最优”回归方程即由最后剩下的 α 较大的自变量(EC 模式输出产品)及相应的回归系数组成的回归方程，这样就得到了 MOS 预报方程。之后将相应的预报因子(EC 模式预报产品)代入 MOS 预报方程对 2015 年夏季(6—8 月)逐日 08 时前 24 h 累积降水量进行预报，再将预报结果与实况降水量进行对比，对 MOS 方法的降水预报能力进行检验。

4.6.3.3 数据处理

使用的实况资料是逐日 08 时 24 h 累积降水量,属于 MICAPS 系统中第 3 类数据格式,为站点数据,先编写程序将 2010—2013 年每年夏季逐日 08 时前 24 h 累积降水量资料中南京站的降水量数值批量提取出来,存放在一个文本文件中。所用到的 EC 模式预报产品,包括位势高度场资料、海平面气压场资料、相对湿度资料、温度资料、风场资料,都是 MICAPS 系统生成的第 2 类或第 3 类的格点数据,格距为 2.5×2.5,本实习采用四点平均的方法将数值预报产品格点值平均得到南京站的数值预报产品物理量值。所应用的原理为:

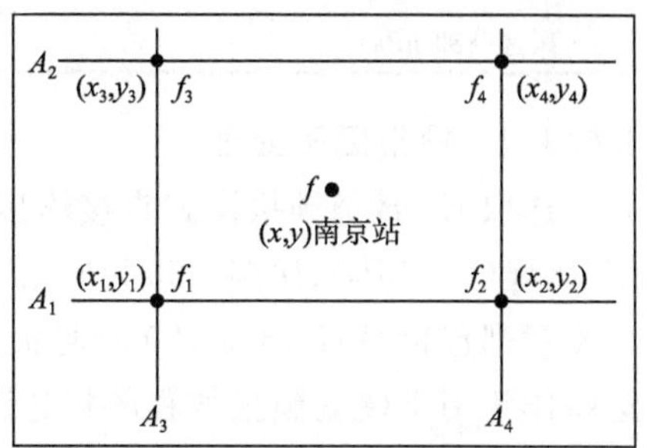

图 4.44 站点位置示意图

利用 FORTRAN 编写程序提取得到离南京站周围最近的四个格点的经纬度及数值模式输出产品的数值,如图 4.44 所示:离南京站最近的四个格点的经纬度值分别为:(x_1, y_1)、(x_2, y_2)、(x_3, y_3)、(x_4, y_4),与其相对应的格点预报值为 f_1、f_2、f_3、f_4,$(x_1, y_1)=(117.5, 30.0)$、$(x_2, y_2)=(120.0, 30.0)$、$(x_3, y_3)=(117.5, 32.50)$、$(x_4, y_4)=(120.0, 32.5)$,而所需站点即南京站的站点经纬度值为 $(x, y)=(118.79, 32)$,站点预报值为 f。然后求得其周围四个格点数值(即 f_1、f_2、f_3、f_4)的平均值,作为南京站的模式预报值,即:

$$f(x,y) = (f_1 + f_2 + f_3 + f_4)/4 \tag{4.24}$$

另外,分析时段是 2010—2013 年每年的夏季(6—8 月),用于预报方程检验的时段是 2015 年夏季,由于所用数据的时间序列不连续,统计后可知 2010—2013 年夏季、2015 年夏季各个物理量逐日 08 时及 20 时起报的 24 h 及 48 h 时效的数据长度,如表 4.12 及表 4.13 所示。

表 4.12 2010—2013 年每年夏季各物理量、各预报时效的数据总长度

物理量	08 时 24 h 预报	08 时 48 h 预报	20 时 24 h 预报	20 时 48 h 预报
位势高度(500 hPa)	291	278	294	279
海平面气压	293	213	291	280
比湿(700 hPa)	288	278	292	281
比湿(850 hPa)	287	276	293	283
温度(850 hPa)	267	256	265	252
风速(700 hPa)	241	236	232	235
风速(850 hPa)	244	237	244	237

表 4.13　2015 年夏季各物理量、各预报时效的数据总长度

物理量	08 时 24 h 预报	08 时 48 h 预报	20 时 24 h 预报	20 时 48 h 预报
位势高度(500 hPa)	63	63	63	64
海平面气压	63	63	64	64
比湿(700 hPa)	63	63	64	64
比湿(850 hPa)	63	63	64	64
温度(850 hPa)	63	63	64	64
风速(700 hPa)	63	63	64	64
风速(850 hPa)	63	63	64	64

4.6.3.4　预报因子处理

选取 EC 数值预报模式直接输出的基本要素，包括位势高度(500 hPa)、海平面气压、比湿(700 hPa)、比湿(850 hPa)、风速(850 hPa)、风速(700 hPa)、温度(850 hPa)，每个要素都包括每日 08 时、20 时起报的 24 h 及 48 h 时效的值，故一共 28 个因子，将这些作为用于建立预报方程的粗选因子。将粗选出作为预报因子的 EC 模式输出产品与预报对象进行相关性分析，给定显著性水平 $\alpha=0.05$，可用查相关系数表的办法对相关系数 R 进行检验。逐一求解粗挑出来的预报因子与逐日实况 24 h 累积降水量的相关系数，通过显著性水平为 $\alpha=0.05$ 的显著性检验的相关系数及其对应的预报因子，如表 4.14 中所示。

表 4.14　通过显著性水平为 $\alpha=0.05$ 的显著性检验的相关系数及其对应的预报因子

项目	位势高度	海平面气压	比湿	比湿	比湿	比湿
预报因子	500 hPa	1000 hPa	700 hPa	700 hPa	700 hPa	850 hPa
	20.024	08.048	08.024	20.024	20.048	08.048
R	−0.25	−0.12	0.258	0.273	0.260	0.221
项目	比湿	比湿	风速	风速	风速	
预报因子	850 hPa	850 hPa	700 hPa	850 hPa	850 hPa	
	20.024	20.048	20.048	20.024	20.048	
R	0.231	0.222	0.224	0.162	0.2	

4.6.3.5　建立 MOS 预报方程

一般的统计方程的数学表达式如下所示：

$$y\Delta t = f(x(t),m) \quad t \in [T_a, T_B] \tag{4.25}$$

式中，y 是预报量，x 是 n 维预报因子，Δt 为预报时效，m 是相应的方程系数，t 为预报初始时刻，受资料准确性、样本资料长度及所采用的方法不同的影响，还需要找到一种方法，在预报因子已经选定的情况下，使建立的预报方程计算出来的结果最接近所

预报时间段的天气实况。

采取逐步剔除法，从包括全部自变量的多元回归方程中逐一检验回归系数，剔除对因变量作用不显著的自变量，逐步剔除，之后再检验回归系数，剔除不显著的物理量，重复上述步骤，直到多元回归方程中保留的自变量的回归系数都通过显著性水平为 $\alpha=0.1$ 的 t 检验，得出的回归方程即为“最优”的回归方程。绘制出经逐步回归分析剔除剩下的预报因子与实况降水量的相关关系图。最后要分析由回归分析方法挑选出来的预报因子的天气学及物理意义。参见表 4.15—4.18。

表 4.15 与实况降水量相关性较强的物理量

位势高度	海平面气压	比湿	比湿	比湿	比湿
500 hPa	1000 hPa	700 hPa	700 hPa	700 hPa	850 hPa
20.024	08.048	08.024	20.024	20.048	08.048
比湿	比湿	风速	风速	风速	
850 hPa	850 hPa	700 hPa	850 hPa	850 hPa	
20.024	20.048	20.048	20.024	20.048	

表 4.16 逐步回归筛选得到的预报因子表及对应的 t 值

预报因子	x_1	x_2	x_3	x_4	x_5	x_6
回归方程系数	−0.488	0.000002	0.125	0.119	−0.036	0.119
t 检验值	−1.211	0.001	1.278	0.697	−0.181	0.603
预报因子	x_7	x_8	x_9	x_{10}	x_{11}	
回归方程系数	0.151	0.062	0.356	−1.595	2.08	
t 检验值	0.569	0.207	0.46	−1.431	1.805	

表 4.17 逐步回归筛选得到的预报因子表

预报因子	x_3	x_7	x_{11}
回归方程系数	0.12786	0.3656	1.23841

表 4.18 逐步回归方程中的自变量所代表的物理量含义

预报因子	x_1	x_2	x_3
物理量名称	比湿	比湿	风速
起报时间	每日 08 时	每日 20 时	每日 20 时
预报时效	24 h	24 h	48 h
层次	700 hPa	850 hPa	850 hPa

4.6.3.6 降水预报效果评估

一般降水预报检验分为两种，一种是晴雨预报检验即有无降水的预报检验，另外可以对降水量大小进行分级，针对某量级的降水进行统计检验。在对已建立的MOS预报方程进行预报效果评估时，对2015年南京夏季(6—8月)的逐日24 h累积降水量进行试报，将2015年夏季逐日的预报因子代入由逐步回归方法得出的预报方程中计算，得出南京地区夏季逐日08时前24 h累积降水量。得出24 h累积降水量预报结果后将其与实况降水资料进行统计分析，分别计算出晴雨预报及不同降水量级预报的TS预报评分、漏报率PO、空报率NH，由于MOS方法对暴雨及大暴雨的预报能力较低，故本实验不予考虑。

计算公式为：

$$PO=\frac{\text{观测次数}-\text{报对次数}}{\text{报对次数}}\text{(最佳为 0,最差为 1)}$$

$$NH=\frac{\text{预报次数}-\text{报对次数}}{\text{预报次数}}\text{(最佳为 0,最差为 1)}$$

$$TS=\frac{\text{报对次数}}{\text{预报次数}+\text{观测次数}-\text{报对次数}}\text{(最佳为 1,最差为 0)}$$

计算结果如表4.19所示。绘制试报得出24 h降水量和逐日实况08时24 h累积降水量图，分析实况降水量与预报降水量曲线的拟合程度。

表4.19　2015年6—8月EC数值预报产品24 h降水量检验结果

项目	*TS*	*PO*	*NH*
晴雨	0.443	0.628	0.386
小雨	0.373	0.83	0.456
中雨	0.027	1.0	0.947
大雨	0.016	1.0	0.982

4.6.4 实习报告

(1)说明所用资料及其所用方法。

(2)列出预报因子列表、相关系数列表、通过相关性检验的因子列表。

(3)列出建立的回归统计模型预报方程常数项和各因子前的系数。

(4)给出预报效果检验结果。

(5)给出各种评分结果。

(6)用所学知识分析上述图表。

4.7　南京地区冬季逐日风速的 MOS 预报

风作为自然界中普遍的天气现象之一，它的形成和大型的环流背景很有关联，也与中小尺度的天气系统有比较密切的关系，此外，风力等同时也受到地形以及地貌的影响。因此，有关风的预报是气象要素预报当中的难点之一。业务系统中，预报风通常在基于理论探讨风表达式的基础上，以天气学预报经验为主。随着数值预报的发展，对风预报数值产品的研究也越来越多，旨在改进数值预报结果。

风是一种局域性较强的气象要素，模式输出统计法(MOS)是在风的预报中得到广泛应用的一种统计学释用法，同时在应用 MOS 法对风进行预报的过程中也遇到了很多难点。本项目根据模式输出统计法，采用多元线性回归和逐步回归分别建立预报方程，实现南京地区冬季逐日平均风速的短期 MOS 预报。

4.7.1　目的和要求

4.7.1.1　目的

掌握最常用的数值预报产品释用方法——模式输出统计方法(MOS)

4.7.1.2　要求

(1)熟悉 FORTRAN 语言，掌握 GrADS 应用；

(2)熟悉气象台站业务资料格式，应用 FORTRAN 语言编写主程序(提供子程序)，包含资料的读写，子程序调用。(特别要注意的是所读取资料的范围)；

(3)熟悉 GrADS 气象绘图系统的使用，编写数据描述文件以及 GrADS 执行程序。

4.7.2　实习内容

采用欧洲中期天气预报中心的数值预报产品，对南京地区冬季(12、1、2 月份)的逐日风速进行预报分析。根据模式输出统计法，利用历史数据资料，采用多元线性回归和逐步回归分别建立 24 h 和 48 h 两个时效的预报方程，实现南京地区冬季逐日平均风速的短期 MOS 预报。

4.7.3　步骤

4.7.3.1　资料介绍

实况资料采用 MICAPS 中南京测站(118.8°E，32°N)2011—2015 年总共 5 年冬季(12 月、1 月、2 月)每天 8 个时次(02 时、05 时、08 时、11 时、14 时、17 时、20 时、23 时)的风速。

数值预报产品资料采用了欧洲中期天气预报中心 2011—2015 年冬季三个月时间内每天 08 时和 20 时的 500 hPa 高度场、海平面气压场、700 hPa 和 850 hPa 相对湿度、850 hPa 温度、200 hPa 风速、500 hPa、700 hPa 和 850 hPa 风速。

4.7.3.2 资料处理

实测风速资料为站点资料，首先从实况风速中提取南京站点的数据。一共包括五年三个月一共 451 天的风速值，每天标准的应该为 8 个时次的观测值，但有一些缺测存在，于是最后依据有记录的时次来计算日平均风速。将 8 个时次均缺测的日期删除，最后保留了 434 天的实测风速。

欧洲中期天气预报中心的数值预报资料为格点资料，于是选取了离南京站点最近的两个格点(117.5°E，32.5°N)和(120°E，32.5°N)的数据计算二者平均值得到南京站点的数据。

4.7.3.3 方法介绍

利用 MOS 统计方法建立风速预报的多元回归和逐步回归方程。回归方程的类型为 $y=b_0+b_1x_1+b_2x_2+\cdots+b_nx_n$，$y$ 为预报量，$x_1,\cdots,x_n$ 为预报因子，$b_1,\cdots,b_n$ 为回归系数，b_0 为回归常数。建立回归方程的时候，y 代表日平均风速，预报因子则为分别从 ECMWF 数值预报产品中挑选的和预报量相关性比较好的一些因子。

建立多元回归时，直接采用通过初选来的相关系数较大的若干因子，一起用来建立回归方程。建立逐步回归方程时，则在预报因子的引入过程中，每做一次回归分析，则计算一次每个因子的 t 检验值，并剔除一个远小于 t 检验临界值的因子，直到所有因子的 t 检验值均大于临界值，引入这些因子建立预报方程。

4.7.3.4 因子选取

选取预报因子的思路总体上是把与风速关系密切的因子合理地挑选出来。在空间上选择离预报站点最近的模式要素预报结果作为预报因子。本实验选取了 08 时和 20 时的 200 hPa 风速、500 hPa 高度场和风速、海平面气压场、700 hPa 相对湿度和风速、850 hPa 相对湿度、温度和风速。表 4.20 给出了部分预报因子和平均风速之间的相关情况(只给出了通过 0.1 的显著性检验标准的相关系数)。

表 4.20 南京地区冬季日平均风速预报因子相关性分析

预报因子	500 hPa 全风速	700 hPa 相对湿度	850 hPa 相对湿度	温度	位势高度
24 小时 08 时	−0.199	0.417	0.305	0.199	0.364
24 小时 20 时	−0.148	0.436	0.250		0.286
48 小时 08 时	−0.178	0.400	0.275	0.222	0.389
48 小时 20 时		0.433	0.249		0.283

4.7.3.5 回归预报方程的建立

分不同时次首先建立多元回归预报方程。接着将筛选出的因子与预报对象之间进行逐步回归计算，建立了不同时次的逐步回归预报方程。最后建立 24 h 和 48 h 回归预报方程。

表 4.21 给出了 24 h 逐步回归方程建立过程中，逐步剔除和引入因子的情况。其中序号表示该因子在哪一步被剔除的。

表 4.21 24 小时逐步回归过程中逐步剔除和引入因子的情况

检验标准 \ 方差贡献	X_1	X_2	X_3	X_4	X_5	X_6	X_7	X_8	X_9
$T_1=1.6592$	1.6409	0.1538	1.1886	0.8945	2.3434	0.3368	1.7033	2.4154	0.8025
$T_2=1.6591$	1.6435	①	1.1848	0.9462	2.3691	0.4687	1.7041	2.4351	0.7935
$T_3=1.6590$	1.6036	①	1.1598	1.0276	2.3308	②	1.6654	2.4714	0.9910
$T_4=1.6588$	1.5752	①	0.9501	2.2567	2.2756	②	1.6991	2.3843	③
$T_5=1.6587$	1.6080	①	④	2.2612	2.3434	②	1.7617	2.4212	③
$T_6=1.6586$	⑤	①	④	2.5605	2.7722	②	1.2293	2.1778	③
$T_7=1.6585$	⑤	①	④	2.3537	2.4929	②	⑥	2.0869	③

最终建立的 24 h 逐步回归预报方程为：

$$y=-22.7878956+0.04483029\,x_4+0.007639\,x_5+0.006875\,x_8$$

式中，y 表示日平均风速，x_4 表示 08 时 500 hPa 位势高度，x_5 表示 08 时 700 hPa 相对湿度，x_8 表示 20 时 700 hPa 相对湿度。从预报方程可以看出，与日平均风速关系较为密切的是 500 hPa 位势高度场和低层的相对湿度。位势高度和相对湿度数值越大，日平均风速越大。当中层具有足够的湿度时，能维持高空下沉气流到达地面，使风速增大。

表 4.22 给出了 48 h 逐步回归方程建立过程中，逐步剔除和引入因子的情况。其中序号表示该因子在哪一步被剔除的。

表 4.22 48 h 逐步回归过程中逐步剔除和引入因子的情况

检验标准 \ 方差贡献	X_1	X_2	X_3	X_4	X_5	X_6	X_7	X_8
$T_1=1.6591$	0.0690	0.2909	1.5706	1.0817	1.9447	3.0731	0.6646	0.0834
$T_2=1.6590$	①	0.2991	1.6213	1.1239	1.9554	3.0932	0.6966	0.0917
$T_3=1.6588$	①	0.3034	1.6269	1.1934	2.6737	3.1568	0.6956	②
$T_4=1.6587$	①	③	1.7456	1.2791	2.7149	3.5852	0.6332	②
$T_5=1.6586$	①	③	1.7049	1.4473	2.7939	3.6166	④	②
$T_6=1.6585$	①	③	1.5780	⑤	2.4556	3.5633	④	②
$T_7=1.6583$	①	③	⑥	⑤	2.8887	3.7411	④	②

最终建立的 48 h 逐步回归预报方程为：

$$y=-27.7740962+0.053925989x_5+0.010844x_6$$

式中，y 表示日平均风速，x_5 表示 08 时高度，x_6 表示 20 时 700 hPa 相对湿度。该预报方程和 24 h 预报方程一致。

4.7.3.6 预报效果及评估

将应用多元回归分析和逐步回归分析分别建立的 24 h 和 48 h 预报方程，利用南京站 2014 年和 2015 年冬季(12—2 月)的实测风速资料，对预报方程的预报效果进行检验和评估。

表 4.23 给出了多元回归预报方程对南京地区 2014 年 1 月日平均风速的预报结果与实测数据的对比。

表 4.23 2014 年 1 月日平均风速多元回归预报结果与实测数据的对比

24 h 预报				48 h 预报			
实测风速	预报风速	实测风级	预报等级	实测风速	预报风速	实测等级	预报等级
1.75	2.782	2	2	1.875	1.869	2	2
1.875	2.122	2	2	1.125	2.326	1	2
1.125	2.324	1	2	4	3.414	3	3
3.125	3.894	2	3	1.75	2.612	2	2
4	3.645	3	3	3.75	3.449	3	3
1.75	2.46	2	2	3	3.507	2	3
3.75	3.673	3	3	2.25	2.936	2	2
3	3.755	2	3	2.25	2.675	2	2
2.25	2.608	2	2	2.429	2.292	2	2
2.25	2.106	2	2	1.714	2.33	2	2
2.429	2.231	2	2	2.25	2.488	2	2
2.5	3.016	2	2	2.625	2.151	2	2
1.875	3.031	2	2	1.875	2.194	2	2
2.25	2.928	2	2	3.125	2.531	2	2
2	2.994	2	2	1.875	2.707	2	2
2.625	2.273	2	2	3.25	2.567	2	2
1.875	2.417	2	2	3.75	3.06	3	2
2.25	2.473	2	2	2	2.706	2	2
3.125	2.682	2	2	1.8	2.913	2	2
1.875	2.507	2	2	1.4	3.049	1	2
3.25	2.81	2	2	3.5	2.841	3	2
3.75	2.946	3	2	0.375	3.327	1	3
2	2.831	2	2	1.375	2.491	1	2
1.8	3.227	2	2	3	2.958	2	2

表4.24给出了逐步回归预报方程对南京地区2015年12月日平均风速的预报结果与实测数据的对比。

表4.24 2015年12月日平均风速逐步回归预报结果与实测数据的对比

24 h预报				48 h预报			
实测风速	预报风速	实测风级	预报等级	实测风速	预报风速	实测等级	预报等级
1.5	3.54	1	3	3.25	2.864	2	2
1.25	2.875	1	2	1.25	2.788	1	2
1.125	3.256	1	2	1.5	3.632	1	3
4.25	3.247	3	2	1.25	2.958	1	2
2.125	3.692	2	3	1.125	3.297	1	2
2.625	3.337	2	2	2.125	3.719	2	3
2.5	2.848	2	2	2.625	3.166	2	2
1.75	3.079	2	2	2.5	2.979	2	2
1.875	3.916	2	3	1.75	3.179	2	2
1.875	3.295	2	2	1.875	3.982	2	3
2.125	2.519	2	2	1.875	3.753	2	3
3.75	2.149	3	2	2.125	2.688	2	2
1.875	2.326	2	2	3.75	2.139	3	2
1.5	2.715	1	2	1.875	2.446	2	2
3	3.798	2	3	1.5	2.849	1	2
1.625	3.634	2	3	3	3.995	2	3
2.5	3.534	2	3	1.625	3.683	2	3
1.5	4.085	1	3	2.5	4.09	2	3
1.625	3.329	2	2	1.5	4.007	1	3
2.25	3.483	2	3	1.625	3.905	2	3
1.875	2.617	2	2	2.25	3.76	2	3
1.25	2.62	1	2	1.875	2.653	2	2
2.875	2.631	2	2	1.25	2.725	1	2
1.875	2.689	2	2	2.875	2.689	2	2
1.875	2.693	2	2	1.875	2.669	2	2

分别绘制2014年和2015年南京地区冬季日平均风速24小时和48小时多元回归预报和逐步回归预报结果与实际风速的对比折线图。对比分析本次MOS预报中，采用多元回归预报和采用逐步回归预报与实际风速的效果。

此外，为了检验MOS方法对南京地区冬季逐日风速的预报效果，根据当前气象系统广泛使用的《中短期天气预报质量检验办法》里面的有关规则，采用一种将风速预报分等级检验的方式。当预报风速与实际风速是同样的等级时，就认为预报结果是准确的；当预报风速小于实际风速时，则认为预报结果偏弱；当预报风速大于实际风速时，则认为预报结果偏强。在以上具体规定下，对本次采用的MOS统计预报法对南京地区冬季逐日风速的预报结果进行了评估。为了方便作比较，在结果分析计算正确率时，将预报结果和实际风速都按换算成风力等级。

表4.25和表4.26分别给出了本次使用MOS法建立的多元回归预报方程和逐步回归预报方程对2014年和2015年南京地区冬季日平均风速的24 h和48 h预报结果的分析。

表4.25 2014年和2015年南京地区冬季日平均风速24 h预报结果分析

24小时	2014年多元回归	2014年逐步回归	2015年多元回归	2015年逐步回归
预报天数	65	65	60	60
级差为0	44	43	32	31
级差为-1	5	6	4	5
级差为1	15	15	21	20
级差为2	1	1	2	3
级差为-3	0	0	1	1
同级正确率	67.7%	66.2%	53.3%	51.7%
一级以内正确率	98.5%	98.5%	95%	93.3%
平均绝对误差	0.806	0.83	1.645	1.141

表4.26 2014年和2015年南京地区冬季日平均风速48 h预报结果分析

48小时	2014年多元回归	2014年逐步回归	2015年多元回归	2015年逐步回归
预报天数	57	57	48	52
级差为0	33	34	21	21
级差为-1	7	7	3	4
级差为1	15	14	22	24
级差为2	2	2	1	2
级差为-3	0	0	1	1
同级正确率	57.9%	59.6%	43.6%	40.4%
一级内正确率	96.5%	96.5%	95.8%	94.2%
平均绝对误差	0.877	0.868	1.188	1.254

通过分析采用多元回归和逐步回归的预报风速与实际风速的绝对误差，来分析多元回归预报和逐步回归预报对于日平均风速的预报是否能够达到可用预报的水平。

4.7.4 实习报告

(1)说明所用资料及其所用方法。

(2)列出预报因子列表、相关系数列表、通过相关性检验的因子列表。

(3)列出建立的回归统计模型预报方程常数项和各因子前的系数。

(4)给出预报效果检验结果。

(5)给出各种评分结果。

(6)绘制2014年和2015年南京地区冬季日平均风速24 h和48 h多元回归预报和逐步回归预报结果与实际风速的对比折线图。

4.8　南京冬季最低气温预报(24小时)

4.8.1　目的和要求

4.8.1.1　目的

掌握单站冬季日最低气温预报影响因子选取的思路和方法,用模式输出统计方法(MOS)来制作单站冬季日最低气温预报。

4.8.1.2　要求

熟悉实况观测资料和欧洲中期天气预报中心产品等台站业务资料,掌握MICAPS第一类、第二类、第四类数据格式的读写,实现单站或区域资料的读写,运用FORTRAN语言编写程序运算。

4.8.2　实习内容

使用南京站2013—2015年冬季逐日最低气温观测值和欧洲中期天气预报中心(ECMWF)的数值预报产品,利用逐步回归方法和MOS预报方法,建立本地化的南京冬季日最低气温的客观预报模型,并利用实况日最低气温观测资料,进行效果检验。

4.8.3　步骤

4.8.3.1　方法

(1)气温预报方法

单站气温变化可以用热力学方程来表示:

$$\frac{\partial T}{\partial t}=-V_h\cdot\nabla_h T+\frac{(\gamma_d-\gamma)RT}{\rho g}\omega+\frac{1}{C_p}\dot{Q} \tag{4.26}$$

上式右边第一项$-V_h\cdot\nabla_h T$表示温度平流对温度局地变化的影响作用,暖平流使温度升高,冷平流使温度下降。该项对气温变化有很大的影响,是决定气温的一个重要因素。若当日白天有强冷空气侵袭,温度大幅度下降,持续不断的负变温可能会使最低气温出现在白天而不是夜晚。右边第二项$\frac{(\gamma_d-\gamma)RT}{\rho g}\omega$表示垂直运动对温度局地变化的影响作用。大气处于稳定层结状态，即$\gamma_d>\gamma$时，$\frac{(\gamma_d-\gamma)RT}{\rho g}>0$，垂直运动的方向和大小直接影响气温的局地变化。当有上升运动时，$\omega<0$，此时温度下降；当有下沉运动时，$\omega>0$，此时温度上升。右边第三项$\frac{1}{C_p}\dot{Q}$表示非绝热加热因子对气温局地变化的影响作用，包括辐射变化、湍流交换、水汽蒸发、凝结等，主要体现在低层大气中。在近地面层中，温度的平流变化和非绝热加热变温是影响气温变化的主要因子，因此在分析日最低气温的数值释用时，需考虑这两方面因素的影响。

(2)统计预报方法

在气温预报中，模式输出统计方法、完全预报方法、卡尔曼滤波等方法是目前常用的统计预报方法。MOS方法最大的优点在于可以引入各种各样的预报因子，如：垂直速度、涡度，还可以引入各种遥感探测资料、实时地面观测资料等，还能自动修正数值预报模式系统误差，精度较高。大量的研究表明，对于气温的预报，MOS预报方法预报效果较好，在此应用MOS方法对欧洲中期天气预报中心(ECMWF)数值预报产品的效果进行释用。

4.8.3.2 数据处理

(1)资料

实习所用的资料样本是2012—2014年冬季(12月、次年1月和2月)总共9个月的逐日实况观测资料和ECMWF数值预报产品每天08时和20时(北京时间)起报的预报资料，数值预报产品资料的空间分辨率为2.5°×2.5°，时间分辨率为24 h。

(2)数据的提取

实习所用的ECMWF产品的预报资料分为站点资料和格点资料两类。对于站点资料，可编写FORTRAN程序批量读取数值预报产品中南京站(区站号58238)逐日的数据，按照起报时间、预报物理量的名称、预报时效等要素将数值资料存放在之后要调用的数据库中。对于格点资料，因南京站(经纬度为118.9°E,31.93°N)并不位于格点上，需要将数值预报产品的格点值插值到站点上。从资料的存储格式可以确定包围南京站的最小矩形区域的4个格点：A(117.5°E,32.5°N)、B(120.0°E,32.5°N)、C(117.5°E,30.0°N)、D(120.0°E,30.0°N)，将这四个点上的数值产品的预报值分别记为f_A,f_B,f_C,f_D。计算这四个点上的预报值的平均值作为南京站的预报值f_0，即：$f_0=(f_A+f_B+f_C+f_D)/4$，并存放在数据库中保存。

(3)缺测资料的处理

2012年—2014年冬季ECMWF数值预报产品中，南京站的逐日资料存在缺失现象，故在这一时间序列中一些日期的预报存在空缺。这里，将缺测的天数的持续时间划分为：1～4 d 和 4 d 以上两种情况。当 ECMWF 数值预报产品缺测 1～4 d 时，分别采用 ECMWF 预报缺测值前一天 24 h、48 h、72 h、96 h 预报数据代替这几日的缺测资料。随着预报时效增加预报准确率随之下降，因此当缺测天数达 4 d 以上时，不再将缺测值插值补全，即不再考虑这部分缺测值。

4.8.3.3　建立统计预报模型

(1)初选预报因子

在建立 24 h MOS 预报方程之前，需要选取适当的预报因子。考虑到温度平流变化和非绝热加热变温这两个因素对最低气温的影响，需要分析 ECMWF 中与这两个因素相关的物理量场对预报量(最低温度)的影响大小和其预报时刻和时效。考虑到南京地区有时白天遭遇强冷空气侵袭，导致大幅度降温，而使得最低气温出现在白天的情况，故选取 08 时 24 h、08 时 48 h、20 时 24 h、20 时 48 h 四个时次的物理量场。又考虑到海平面气压场、500 hPa 高度场、各层风场与温度平流的相关关系，700 hPa、850 hPa 相对湿度可以表征天空云的状况和降水状况，850 hPa 温度与地表温度的直接相关性，并结合南京冬季气候特征，初步选取 08 时 24 h、08 时 48 h、20 时 24 h、20 时 48 h 四个时次的 500 hPa 高度场、海平面气压场、700 hPa 相对湿度、850 hPa相对湿度、850 hPa 温度场、700 hPa 风速、850 hPa 风速共 28 个因子作为预报因子(表 4.27)，选取预报日当天的最低气温的实况资料作为预报量(因变量)。

表 4.27　初选的欧洲中期天气预报中心的预报因子

预报因子缩写	参数
height 500 24-08	北京时间 08 时起报的 24 h 时效 500 hPa 高度场
height 500 48-08	北京时间 08 时起报的 48 h 时效 500 hPa 高度场
height 500 24-20	北京时间 20 时起报的 24 h 时效 500 hPa 高度场
height 500 48-20	北京时间 20 时起报的 48 h 时效 500 hPa 高度场
pressure psl 24-08	北京时间 08 时起报的 24 h 时效海平面气压
pressure psl 48-08	北京时间 08 时起报的 48 h 时效海平面气压
pressure psl 24-20	北京时间 20 时起报的 24 h 时效海平面气压
pressure psl 48-20	北京时间 20 时起报的 48 h 时效海平面气压
temper 850 24-08	北京时间 08 时起报的 24 h 时效 850 hPa 温度
temper 850 48-08	北京时间 08 时起报的 48 h 时效 850 hPa 温度
temper 850 24-20	北京时间 20 时起报的 24 h 时效 850 hPa 温度
temper 850 48-20	北京时间 20 时起报的 48 h 时效 850 hPa 温度
wind 850 24-08	北京时间 08 时起报的 24 h 时效 850 hPa 风场

续表

预报因子缩写	参数
wind 850 48-08	北京时间 08 时起报的 48 h 时效 850 hPa 风场
wind 850 24-20	北京时间 20 时起报的 24 h 时效 850 hPa 风场
wind 850 48-20	北京时间 20 时起报的 48 h 时效 850 hPa 风场
wind 700 24-08	北京时间 08 时起报的 24 h 时效 700 hPa 风场
wind 700 48-08	北京时间 08 时起报的 48 h 时效 700 hPa 风场
wind 700 24-20	北京时间 20 时起报的 24 h 时效 700 hPa 风场
wind 700 48-20	北京时间 20 时起报的 48 h 时效 700 hPa 风场
700rh 24-08	北京时间 08 时起报的 24 h 时效 700 hPa 相对湿度
700rh 48-08	北京时间 08 时起报的 48 h 时效 700 hPa 相对湿度
700rh 24-20	北京时间 20 时起报的 24 h 时效 700 hPa 相对湿度
700rh 48-20	北京时间 20 时起报的 48 h 时效 700 hPa 相对湿度
850rh 24-08	北京时间 08 时起报的 24 h 时效 850 hPa 相对湿度
850rh 48-08	北京时间 08 时起报的 48 h 时效 850 hPa 相对湿度
850rh 24-20	北京时间 20 时起报的 24 h 时效 850 hPa 相对湿度
850rh 48-20	北京时间 20 时起报的 48 h 时效 850 hPa 相对湿度

为了使预报方程的准确率更高，将预报量（最低气温）与选出的各个因子进行相关性分析，衡量各因子与最低气温间的相关密切程度。由相关系数的 r 的计算公式：

$$r_{iy} = \frac{\sum_{t=1}^{n}(X_t - \overline{X})(Y_t - \overline{Y})}{\sqrt{\sum_{t=1}^{n}(X_t - \overline{X})^2} \cdot \sqrt{\sum_{t=1}^{n}(Y_t - \overline{Y})^2}} \tag{4.27}$$

式中，r_{iy}表示物理量 X 与物理量 Y 的相关系数，$\overline{X}$表示物理量 X 的平均值，$\overline{Y}$表示物理量 Y 的平均值，X_t表示第 t 个物理量 X 的值，Y_t表示第 t 个物理量 Y 的值，n 表示两个物理量的样本数。由公式可以计算出表 4.27 中初选出的预报因子与预报量的相关系数。

不同物理量场与预报量的相关性大小不同，同一物理量的时刻和时效也会对相关程度造成影响。给定显著性水平 $\alpha=0.05$，用查相关系数表的方式对两个物理量的相关性进行检验。查出对应的临界相关系数r_α，挑选出满足相关系数 $r>r_\alpha$ 的因子，即可得出在 $\alpha=0.05$ 的显著性水平下，相关系数是显著的因子。

(2)多元回归预报方程

为了找到预报量（日最低气温）与各预报因子间的统计关系，分别建立多元回归和逐步回归两种线性回归模型对日最低气温进行预报，并通过检验评分，对比两种方程的预报效果。

在建立多元回归方程的过程中，将初选的多个因子分别与预报日实况资料建立

24 小时预报对应关系，筛选出每个因子对应的相同的预报日，统计得到具有 24 小时预报对应关系的预报因子的天数，并建立这些因子全部参与的与最低温度（因变量）的多元回归方程：

$$y = a_0 + a_1 X_1 + a_2 X_2 + a_3 X_3 + \cdots + a_m X_m \qquad (4.28)$$

式中，$X_i(i=1,2,\cdots,m)$表示预报因子，m 表示预报因子总数，y 表示因变量（日最低气温）。通过拟合计算可求得常数项a_0、各个因子前的系数$a_i(i=1,2,\cdots,m)$和各个因子前的标准误差值$S_i(i=1,2,\cdots,m)$。

(3)逐步回归预报方程

根据多元线性回归的特点，并非因子个数越多，拟合效果越好。在资料样本数较少的情况下，因子过多会削弱主要影响因子的作用，因子过少又无法拟合出气温模型，而且各个因子间可能存在相关关系。故当引入新的因子之后，若原来的因子随之变得不再显著，需将原来的因子删除，以确保每次引入新的变量之前回归方程中只包含显著性变量，以此来确定各个因子最优的一个组合，最大程度地减少预报误差，即采用逐步回归的方法建立预报日实况资料与各预报因子间的对应关系。传统的逐步回归做法步骤很多，计算量很大，操作困难。在此，在传统计算方法的基础上，对其进行改进，即建立包含所有初选因子的回归方程，然后将没有通过统计检验的因子（对因变量没有显著性影响的自变量）剔除，直到剩下的所有因子都具有高显著性水平，将剩下的预报因子与因变量（最低气温）建立最优回归方程。用逐步回归方法建立 MOS 预报模型的流程图如图 4.45 所示。

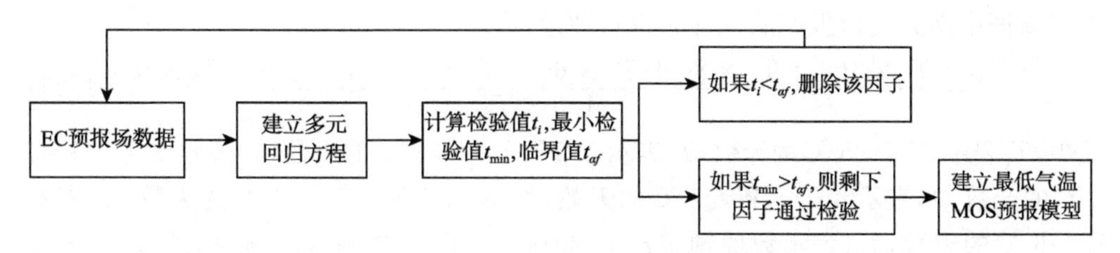

图 4.45　建立 MOS 预报模型的流程图

在 $\alpha=0.05$ 的显著性水平下，对每个因子进行 t 检验。查表可得临界值$t_{\alpha f}$。由$t_i=b_i/S_i$可计算每个预报因子对应的 t 检验值，找出 t_i 绝对值最小的因子 t_{imin}，当 $t_{imin}<t_{\alpha f}$ 时将对应的因子剔除。对余下的因子按以上步骤再进行相同的操作，直到剩下的所有因子都通过 t 检验。对余下的因子进行显著性水平 $\alpha=0.05$ 的 F 检验并建立逐步回归方法求得的最优回归方程。

4.8.3.4　MOS 预报模型效果检验

各种数值预报产品对气象要素的预报不可避免地会存在一定的误差，考查一个数值预报模式和预报方程的优劣需要对其进行预报评分。在此实习中采用绝对误差值评分对建立的 MOS 最低气温预报方程的效果进行检验。绝对误差值评分是以实况温度和预报温度的绝对误差值的大小来检验预报模型的预报能力的一种方法，即定义气温绝对误差(W)为：

$$W = |\text{预报温度} - \text{对应预报日的实况温度}|$$

这里选用 2014—2015 年冬季(2014 年 12 月，2015 年 1、2 月)逐日的温度实况资料对预报模型的质量进行检验。

(1)多元回归模型效果检验

为了检验多元回归模型效果，将 2014—2015 年数值预报产品的预报场资料带入建立的多元回归方程，计算预报量(最低气温)并与实况进行对比分析，见式(4.15)。

为了更客观定量地评定多元回归方程的预报效果，需统计冬季逐日最低气温的温度绝对误差(W)的天数，如表 4.28 所示。

表 4.28 气温绝对误差天数统计表

气温绝对误差 W(℃)	$W\leqslant1.5$	$1.5<W\leqslant3$	$3<W\leqslant4$	$4<W\leqslant5$	$5<W\leqslant6$	$W>6$
天数(天)						

根据中国气象局制定的气温预报评分规定，每天的最低气温预报结果评分标准为(气温绝对误差设为 W，单位为℃)：$W\leqslant1.5$，评定为 100 分；$1.5<W\leqslant3$ 评定为 80 分；$3<W\leqslant4$，评定为 60 分；$4<W\leqslant5$，评定为 40 分；$5<W\leqslant6$，评定为 20 分；$W>6$，评定为 0 分(吴明月，2007)。根据气温预报评定规定，定义一个最低气温预报得分 TS 来对欧洲中期天气预报产品准确率进行评定，即：

$$S=\frac{T_1\times100+T_2\times80+T_3\times60+T_4\times40+T_5\times20+T_6\times0}{100\times T_{总}} \quad (4.29)$$

式中，T_1表示 $W\leqslant1.5$ ℃的天数，T_2表示 1.5 ℃$<W\leqslant3$ ℃的天数，T_3表示 3 ℃$<W\leqslant$ 4 ℃的天数，T_4表示 4 ℃$<W\leqslant5$ ℃的天数，T_5表示 5 ℃$<W\leqslant6$ ℃的天数，T_6表示 $W>6$ ℃的天数，$T_{总}$表示数值预报产品 2014—2015 年冬季总的预报天数。由公式(4.16)可计算出多元回归预报模型的效果评分。

(2)逐步回归模型预报效果检验

为了更直观地检验逐步回归预报模型的预报效果，可绘制 2014—2015 年南京冬季预报温度与实况的折线图。

为了定量、客观地检验建立的 MOS 预报模型的效果，同样需计算逐步回归方程冬季最低气温的温度绝对误差并参照表 4.28 统计对应的天数。

参照中国气象局制定的气温预报评分办法规定，应对欧洲数值预报产品准确率进行了评定，计算逐步回归预报模型的效果评分 S。

4.8.4 实习报告

(1)依据初选预报因子,计算并列出初选预报因子和最低气温的相关系数以及通过显著性水平 $\alpha=0.05$ 的相关性检验的预报因子。

(2)列出多元回归预报方程的预报因子和最低气温的相关系数以及通过显著性水平 $\alpha=0.05$ 的相关性检验的预报因子。

(3)给出逐步回归预报方程的预报因子和最低气温的相关系数;绘制通过显著性水平 $\alpha=0.05$ 的相关性检验的预报因子与最低气温的相关关系图。

(4)请分别列出上述建立的多元回归预报方程和逐步回归预报方程。

(5)请分别给出上述两个预报方程的预报效果检验并对结果进行分析。依据 TS 评分结果制作图表并分析。

(6)对预报模型误差的成因进行分析,并提出改进建议。

4.9 南京夏季最高气温预报(24 小时)

4.9.1 目的和要求

4.9.1.1 目的

掌握单站夏季日最高气温预报影响因子选取的思路和方法,用模式输出统计方法(MOS)来制作单站夏季日最高气温预报。

4.9.1.2 要求

熟悉实况观测资料、T639 和欧洲中期天气预报中心产品等台站业务资料,掌握 MICAPS 第一类、第二类、第四类数据格式的读写,实现单站或区域资料的读写,运用 FORTRAN 语言编写程序运算。

4.9.2 实习内容

基于南京站 2013—2015 年夏季逐日最高气温观测资料、T639 和 ECMWF 的数值预报产品的多个物理量资料,利用逐步回归方法,使用 MOS 预报方法,建立本地化的南京夏季日最高气温客观预报模型;并利用实况观测资料,进行效果检验。

4.9.3 步骤

4.9.3.1 最高气温预报方法

根据天气学相关理论(朱乾根等,2007)可知,影响气温变化的因素很多,也很复杂。决定气温变化的最重要因素是冷暖平流、锋面等造成的系统性垂直运动以及非绝热因子。当大气层结稳定时，下沉运动会使局地气温上升，上升运动会使局地气温下降。非绝热因子对气温变化的作用也很大，天空状况（晴天、阴雨）、天气现象（风、雾等）以及地表情况等，都会对气温的变化产生影响。

MOS 方法作为一种较为常见的传统数值预报产品统计释用方法，从提出以来，经过不断地发展、完善，已得到广泛应用。在此以南京地区夏季最高气温预报为例，使用 MOS 预报方法，希望能够得到适合本地特征的夏季日最高气温的预报方程。

4.9.3.2 数据处理

（1）资料

使用南京站（区站号 58238）2013—2015 年间夏季最高气温的逐日观测资料、欧洲中心（ECMWF，下文简称 EC）以及我国 T639 模式 2013—2015 年间 6—8 月的数值预报产品。

（2）缺失资料处理

对于缺失的数据，当缺失 4 天及以内的 A 型资料，以相应的 08 时的 48 小时、72 小时、96 小时、120 小时预报值来补充；当缺失 7 天及以内的 B 型资料，以相应的 08 时的 48 小时、72 小时、96 小时、120 小时、144 小时、168 小时、192 小时预报值来补充；当缺失日期较多时，无论 A 还是 B 型资料都不选取。

（3）预报因子的选取

由公式（4.11）可以看出温度平流、垂直运动、非绝热因子，是造成局地温度变化的关键因子。根据现有资料，选取欧洲中心以及 T639 模式的预报要素：地面 2 m 的气温即 T2 m，700 和 850 hPa 两层相对湿度即 RH700、RH850，500 hPa、700 hPa、850 hPa 温度平流即 T-ADV500、T-ADV700、T-ADV850，24 小时累计降水量即 rain24，500 hPa、700 hPa、850 hPa 垂直速度即 omega500、omega700、omega850，500、700、850、925、1000 hPa 比湿 Q 和地面 10 m 风速即 W_{10} 共 16 个自变量，这 16 个变量均选取当日 08 时的 24 小时预报值来作为预报方程自变量。非绝热变化项因子天空状况（晴天、阴雨）、天气现象（风、雾等）以及地表情况等，数值预报产品中并没有给出，可以由统计学方法结合误差修正进行改进，具体如下所示：

$$T_{max} = T_{max0} + \Delta T, \quad \Delta T = T_1 + T_2 + T_R$$

式中，T_{max} 为预报最高温度，T_{max0} 为当日最高温度即数值预报产品，T_1 为白天云量日际变化所引起的变温，T_2 为风向日际变化所引起的变温，T_R 为降水引起的订正值。这里暂时不要求考虑这些因素，直接对回归方程中的随机误差 ε 取值为 0。

由于欧洲中心提供的气象要素资料偏少，所以在运用时，同时使用 2 种数值预报产品，以欧洲中心数值产品为辅，T639 数值产品为主，使用两种资料相互补充，是为了能够得到更好的预报效果（表 4.29）。

表 4.29 因子列表

数值产品	符号	数值产品	符号
EC 700 hPa 相对湿度	A1	T639 850 hPa 涡度	B7
EC 850 hPa 相对湿度	A2	T639 500 hPa 比湿	B8
T639 500 hPa 温度平流	B1	T639 700 hPa 比湿	B9
T639 700 hPa 温度平流	B2	T639 850 hPa 比湿	B10
T639 850 hPa 温度平流	B3	T639 925 hPa 比湿	B11
T639 24 h 降水量	B4	T639 1000 hPa 比湿	B12
T639 500 hPa 涡度	B5	T639 地面 2 m 温度	B13
T639 700 hPa 涡度	B6	T639 地面 10 m 风速	B14

对于A型数据，即EC资料，由于它的格点间距为2.5个经纬度，所以选取了离南京站最近的一个点的数值作为南京站的值，选取了东经117.5°、北纬32.5°这个点，离南京的距离最短。A型数据对比B型数据即T639资料，缺少数据的日期更多，但由于可信度较高，所以坚持保留下来。原本打算主要依靠EC资料，但无奈气象要素少、缺失多，所以选取了很多B型T639数据。

对于B型数据，它的格点间距为1个经纬度，相比于EC资料，使用下述插值方法更好。将数值模式输出的格点资料，以模式空间点插值到南京站点时，采用站点周围4个点平均的插值方法，所含格点为：以南京站东经：118°46′、北纬：32°03′为中心，包围南京的4个格点。图4.46为插值示意图。

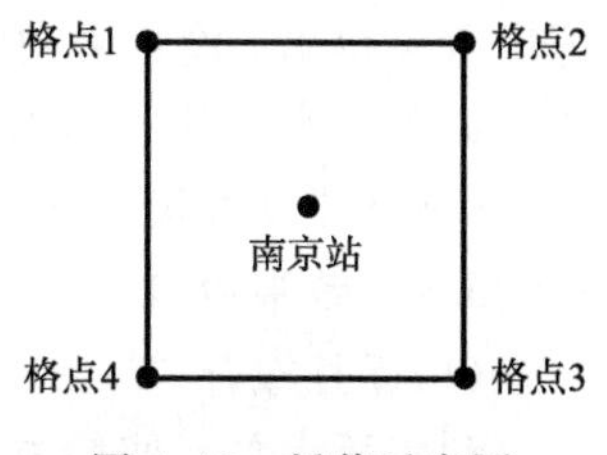

图 4.46 插值示意图

(4)MOS方法在温度预报中的释用

把选取的两种数值预报产品的输出量作为预报因子，并将预报时效对应时刻的气温实况(预报对象)建立多元线性回归方程组。对于精细化的南京最高温度预报，需要先提取单站的预报值，再把数值模式输出量代入所建立的预报方程组，即可得出南京夏季日最高气温的客观预报信息。

4.9.3.3 逐步回归建立最优回归方程

(1)利用南京站的实况日最高气温，选取2013至2015年的6、7、8月，共276天的最高温度作为因变量 y。

(2)利用台站读取数据的方法，分别读取出地面2 m的温度、500 hPa的温度平流、700 hPa的温度平流、850 hPa的温度平流、降水量、500 hPa的比湿、700 hPa的比湿、850 hPa的比湿、925 hPa的比湿、1000 hPa的比湿、500 hPa的涡度、700 hPa的涡度、850 hPa的涡度、700 hPa的相对湿度、850 hPa的相对湿度以及地面10m高度处的风速，共16组数据作为自变量 $x_1,\cdots,x_n$。

(3)基于上面的数据矩阵,选取了 EXCEL 表格来进行线性回归分析(王飞凤,2011)。在 EXCEL 中,LINEST 函数既能返回线性方程的系数,还能返回附加回归统计值,返回的数据呈现表 4.30 的格式。

表 4.30　统计值样式

第1列	2	…	$m-1$	m	$m+1$
B_m	b_{m-1}	…	b_2	b_1	b_0
S_m	S_{m-1}	…	S_2	S_1	S_0
R^2	S_E				
F	f				
U	Q_L				

表中,S_0为常数项,b_0为标准误差值,R^2为相关系数的平方,S_E为剩余标准差,F 为 F 统计值或观察值,U 为回归平方和,Q_L为剩余平方和。$S_1,S_2,\cdots,S_m$ 为不同预报因子的标准差,$b_1,b_2,\cdots,b_m$ 分别为与上述预报因子对应的回归方程的系数,每个预报因子系数的 t 检验值:$t_j=b_j/S_j(j=1,2,\cdots,m)$,$t$ 检验值的自由度为 $f=n-m-1$,由 t_j 可以判断自变量 x_j 的重要性。

(4)在 EXCEL 表格中选好数据,由系统自动算得回归方程因子的系数。由此,初步建立所有自变量参加的多元回归方程。检验该方程中统计量的显著水平,此时可以查表得出 t 检验中的临界值 t_{nf},也可以使用 EXCEL 中的 TINV 函数求得,这里选定显著性水平的概率为 0.1,逐次剔除未通过检验的 t 检验值绝对值最小的自变量,并最终建立最优的回归方程。

4.9.3.4　效果检验

(1)逐月拟合

利用所得多元回归方程,进行拟合,得到 2013 至 2015 年间夏季最高温度的模拟值。通过使用 EXCEL 中的 TREND 函数,得到逐日最高温度的预报值。进行逐月对比,求出两者间的距平百分比,并给出两者的折线分布图。

(2)距平百分比

计算距平百分比的公式为:

距平百分比=(预报温度-实际温度)/实际温度×100%

4.9.3.5　相关系数及预报质量检验

(1)相关系数

根据得到的逐月数据,对比实况温度可以求出逐月的相关系数:

$$r = S_{xy}/(D_x D_y) \tag{4.30}$$

式中,S_{xy}为预报温度与实况温度的协方差,D_x为预报温度的标准差,D_y为实况温度的标准差。

(2)平均绝对误差

$$T_{\text{mean}} = \sum |T_{fi} - T_{oi}|/N \tag{4.31}$$

式中,T_{fi}为南京站第i次预报温度,T_{oi}为南京站第i次实况观测温度,N为当月日数。

(3)预报评分

预报准确率:

$$P=\frac{N_{fm}}{N_{om}}\times 100\%,\quad N_{tm}=\sum m_i \tag{4.32}$$

当$|T_{fi}-T_{oi}|\leqslant 1$时,$m_i=1$;当$1<|T_{fi}-T_{oi}|\leqslant 2$,$m_i=0.8$;$2<|T_{fi}-T_{oi}|\leqslant 3$时,$m_i=0.6$;$|T_{fi}-T_{oi}|>3$时,$m_i=0$。其中,$T_{fi}$为南京站第$i$次预报温度,$T_{oi}$为南京站第$i$次实况观测温度,$N_{tm}$为南京站预报正确的次数,$N_{fm}$为南京站预报的总次数,$P$为预报准确率,$m$为每日得分(需累计一个月)。

4.9.4 实习报告

(1)给出建立逐步回归方程通过t检验的变量并加以说明。补充完成表4.31,并列出回归方程。

表4.31 统计值及t检验值

统计值	X_i
系数	
标准差	
相关性值	
F统计值	
平方和	
临界值	
t检验值	

(2)参照4.9.3.4节中逐月拟合的步骤进行拟合,对2013年至2015年间夏季最高温度的模拟值和实况日最高气温进行逐月对比,求出两者间的距平百分比,绘制两者的折线分布图并分析。

(3)分别计算模拟的2013年、2014年、2015年6月的距平百分比并绘图分析。

(4)计算各年逐月的相关系数、平均绝对误差和预报准确率,并分析结果。

4.10 江淮流域夏季降水预报

4.10.1 目的和要求

4.10.1.1 要求

熟悉气象台站业务资料及格式,运用FORTRAN语言编写程序运算。

4.10.1.2 目的

掌握降水预报相关影响因子的筛选和用模式输出统计方法(MOS)来做区域夏季降水预报。

4.10.2 实习内容

利用常规地面和高空观测资料以及同时段的 T639 模式预报产品对江淮地区 2013—2015 年夏季发生的降水过程进行统计分析。从降水的机制出发，通过相关分析选出预报因子，利用逐步回归方法确定预报因子，再利用 MOS 方法建立降水预报方程。基于所建的方程，对 2016 年夏季降水过程作预报并与实况进行比对，对其预报能力进行检验。

4.10.3 步骤

4.10.3.1 数据处理和方法

(1)资料

使用 2013 年 6 月和 2014—2016 年 6—8 月常规地面观测资料，T639 模式每日输出的 1°×1°的各类格点数据。

(2)区域及站点

选取江淮地区阜阳、蚌埠、合肥、徐州、盱眙、南京、高邮、射阳和上海 9 个代表站点为研究对象，地理分布如图 4.47 所示。

图 4.47 江淮地区 9 个站点分布

(3)降水日数的确定

所用资料为 2013 年 6 月和 2014—2016 年 6—8 月常规地面观测资料，当同一天内 9 个代表站中 5 个或以上站点均出现降水时视为一次(天)降水过程。

(4)预报因子的选取

选择合理且有物理意义的预报因子对建立预报方程的成功起着至关重要的作用。同时，预报因子的多少也会对预报结果产生影响，预报因子过少会导致无法建立预报模型，而预报因子过多也会削弱预报因子的作用，导致预报方程结果误差偏大。建立降水预报方程时，关于预报因子的选择有两种方式，一种是主观选择，另外一种是客观选择，即依据经验和依据与降水的相关性。这里从降水所需的动力条件和水汽条件出发，并结合大量降水概率相关文献中提到的因子通过初步筛选，选取与降水相关的主要物理量：500 hPa 的垂直速度、500 hPa 的水汽通量散度、500 hPa 的涡度、500 hPa 的假相当位温、700 hPa 的垂直速度、700 hPa 的水汽通量散度、700 hPa 的相对湿度、700 hPa 的涡度、700 hPa 的比湿、700 hPa 的假相当位温、850 hPa 的垂直速度、850 hPa 的水汽通量散度、850 hPa 的相对湿度、850 hPa 的涡度、850 hPa 的比湿、850 hPa 的假相当位温来重点分析这 16 个物理量。

(5)插值

利用双线性插值方案将 T639 模式中选取的物理量的格点资料插值为站点资料，并对 9 个代表站 2013 年 6 月、2014—2015 年 6—8 月的相对湿度、比湿、水汽通量散度、垂直速度、涡度、假相当位温与降水进行相关分析，利用 t 检验粗选预报因子，利用逐步回归方法确定预报因子，建立降水预报方程。

(6)相关分析

计算衡量两个气象要素之间关系的相关系数。

(7)逐步回归分析

逐步回归方法是用来筛选对预报量影响显著的因子的一种方法，是根据每个因子的贡献大小来达到剔逐除贡献小的因子的一种方法。逐步回归有两个优点，可以在筛选出影响显著的因子的基础上，又能保证回归方程中的残差方差估计很小。逐步回归方法有三种方案，分别是逐步剔除方案、逐步引进方案、双重检验的逐步回归方案。这里选择逐步剔除方案。

(8)准确率检验

$$\begin{aligned}&\text{准确率计算公式：}P_T = T/(T+K+L)\times 100\%\\&\text{空报率计算公式：}P_K = K/(T+K+L)\times 100\%\\&\text{漏报率计算公式：}P_L = L/(T+K+L)\times 100\%\end{aligned}\tag{4.33}$$

式中，T 为预报准确数，K 为空报数，L 为漏报数。

4.10.3.2 基于 T639 产品的江淮地区降水 MOS 预报

(1)确定预报因子

降水的形成主要有三个过程,水汽条件、垂直运动、云滴增长条件。在降水预报中主要分析前两个过程。另外,除了动力因子和水汽因子的考虑,降水还与热力因子相关,尤其是暴雨这类短时强对流天气。

通过相关分析法,可以分析这些物理量与降水的相关系数,初步筛选预报因子。当相关系数越高,绝对值越接近 1 时,说明该物理量与降水的相关程度越大。

具体操作如下:将每日 08 时每隔 6 小时物理量的预报量与每隔 6 小时实况降水量进行相关分析,计算相关系数。用 t 检验对相关系数进行置信度 $\alpha=0.1$ 的显著性检验。通过初步筛选,剔除未通过检验的预报因子,对余下的因子进行逐步回归分析。

(2)建立预报方程

将 T639 模式中格点资料通过双线性插值方案转为站点资料,根据 2013 年—2015 年夏季的逐 6 小时的地面实况降水资料与每隔 6 小时物理量场中上述筛选出的因子进行逐步回归分析建立降水的多元线性方程。将某一时刻的物理量带入预报方程,得到的 Y 即为降水预报量。

4.10.3.3 预报效果检验

(1)个例概况及检验

2016 年 6 月 24 日 08 时至 25 日 08 时(图 4.48),江淮大部分地区有雨,安徽中西部地区有大到暴雨,其中安徽霍山站 24 小时累计降水量达到 74 mm。24 日 08

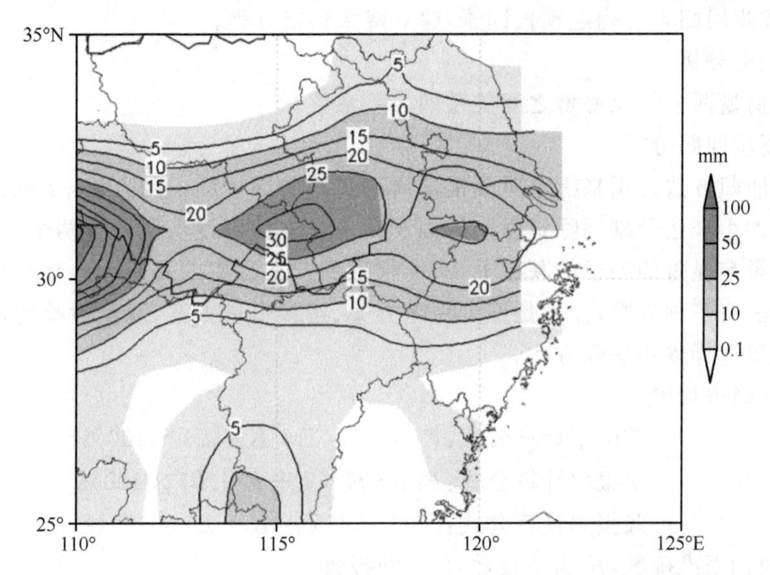

图 4.48 2016 年 6 月 24 日 08 时至 25 日 08 时江淮地区降水量分布

时,江淮地区开始降水,一直持续到25日08时,降水区域由西北部向东部移动,主要降水区域位于江淮中西部地区,间隔6小时的实况降水资料如表4.32所示。

表4.32 2016年6月24—25日江淮地区代表测站6 h降水量 (单位:mm)

时间	南京	上海	高邮	合肥	徐州	阜阳	蚌埠	射阳	盱眙
24日14时	22	0	4	26	0	0	9	0	4
24日20时	17	0.9	0.01	4	0	0	0	0	0
25日02时	0.7	3	0	8	0	0	0	1	0
25日08时	9	3	0	4	0	0	0	0	0

将2016年6月24日08时T639数值预报产品08时预报的各时次的预报因子带入新建立的9个测站的预报方程中,得到各个站点对应不同时次的降水预报值。

将计算的降水预报量与表4.32中的实况降水进行比对,进行准确率检验。如果某时刻有雨,也预报出了降水量级,或某时刻降水为0,预报结果也为0,则为预报准确,据此可计算出2014年6月24日08时—25日08时各代表站的预报准确率。

(2)降水预报模型检验

利用T639预报产品及建立的预报方程对2016年6—8月3个月内统计的降水过程进行试报,并与实况降水进行比对,对24小时的预报结果进行准确率、空报率、漏报率的检验。

4.10.4 实习报告

(1)利用地面和高空常规资料、T639数值预报产品,对2016年6月24—25日江淮地区的降水进行分析。

(2)请分别给出江淮地区9个代表测站的降水MOS预报方程,依据预报方程作2016年6月24日08时—25日08时各站点的6 h降水预报,计算24小时的预报准确率并分析。

(3)利用T639预报产品及建立的预报方程对2016年6月—8月3个月内统计的降水过程进行试报,并与实况降水进行比对,对24小时的预报结果进行准确率检验。

4.11 我国东北地区降雪预报

4.11.1 目的

掌握降水预报相关影响因子的筛选和用模式输出统计方法(MOS)来作区域冬

季降雪预报。

4.11.2 实习内容

利用2013年到2016年冬季(12月到次年2月)的东北地区地面常规观测资料及T639的逐日数值预报产品,对冬季东北地区10个代表站点的降雪过程进行了统计分析,筛选物理因子,利用MOS法和逐步回归法,确定相关系数高的因子,建立回归方程制作24小时内逐6小时的降雪预报,最后选取个例对预报方程进行试报和检验。

4.11.3 步骤

4.11.3.1 数据处理

(1)资料

所用资料为2013年到2016年冬季(12月到次年2月)的东北地区地面常规观测资料及T639的逐日数值预报产品,其中T639产品中每日08时起报和输出的4个时刻(14时、20时、02时、08时)的分辨率为1°×1°的数值预报产品。

(2)天气过程的确定

当出现一个站次的降雪天气时,即判定为出现一次降雪过程。统计2013年12月—2014年2月、2014年12月—2015年2月、2015年12月—2016年2月的东北地区地面实况观测资料,共出现28次降雪过程(表4.33)。

表4.33 东北境内28次降雪过程时间分布表

年份	月份	日期
2013年	12月	9日、11日、20日、26日
2014年	1月	20日
	2月	27日
	12月	1日、2日、4日、10日、11日
2015年	2月	22日、23日、26日
	12月	2日、3日、4日、10日、11日、15日、16日
2016年	1月	19日、20日
	2月	12日、13日、14日、23日

(3)区域及站点

如图4.49所示,选取伊春、佳木斯、孙吴、北安、哈尔滨、牡丹江、通化、东岗、黑山等九个站点作为代表站,通过逐步回归方法建立回归方程,建立东北地区降雪的预报模型。

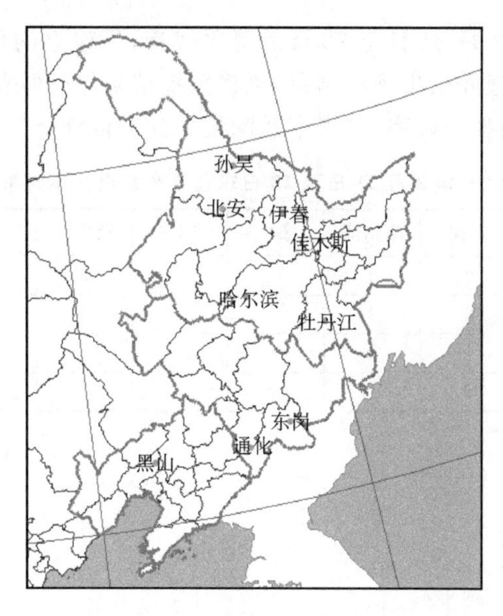

图 4.49 东北地区选取站点分布图

(4)预报因子

参考降雪条件及东北地区降雪预报已有成果,选择 850 hPa 比湿、850 和 700 hPa 的垂直速度、850 和 500 hPa 散度、涡度和水汽通量散度等 9 个物理因子。

4.11.3.2 预报方程的建立

利用 T639 模式的格点资料,先利用双线性插值法转化为站点资料,再依据 2013 年到 2016 年冬季的每隔 6 小时的物理量场进行预报,通过对物理因子做逐步回归分析,建立东北地区 9 个代表站的降雪预报方程。在实际的预报过程中,将预报的物理量带入预报方程中,所得的即是 6 小时内的累计降雪量。

4.11.3.3 预报方程的检验

将预报降雪量和实际降雪量进行对比,若某时刻实况有降雪发生,预报也报出了降雪的值,则认为预报正确,若实况无降雪,预报也无降雪或有微迹降雪,则认为预报正确,若实况中有微迹降雪,预报也为微迹降雪,则认为预报正确。若实况为微迹降雪,而预报的降雪量在 0.1 mm 以上,视为空报;若实况降雪量在 0.1 mm 以上,预报的降雪量在 0.1 mm 以下,视为一次漏报;其中预报值为负值认为无降雪。准确率、空报率和漏报率的计算公式见式(4.33)。

4.11.4 实习报告

(1)请给出各物理量与东北地区 9 个代表站点的对应降雪量的相关系数。

(2)利用 T639 模式的预报资料,建立东北地区 9 个代表站的降雪预报方程。

(3)选取2015年2月21日至22日的降雪过程,用建立的预报模型分别对9个站点的降雪量做出预报并给出预报结果,再将预报结果与下列表4.34列出的实况进行对比,计算各自的预报准确率、空报率及漏报率并进行分析。

表4.34 2015年2月21日至22日东北9个站点6小时累计降水量 (单位:mm)

时间	北安	东岗	哈尔滨	黑山	佳木斯	牡丹江	孙吴	通化	伊春
15022114	3	2	4	0	4	2	10	1	5
15022120	3	0	2	0	2	0	4	0	2
15022202	0.1	0	0	0	0.7	0.1	3	0.2	0.1
15022208	3	2	0.5	0	0.1	2	2	3	0.6

参考文献

曹萍萍,陈朝平,徐栋夫,等,2017.基于集合预报的四川夏季强降水订正试验[J].热带气象学报,3(1):111-118.

常军,李祯,布亚林,等,2007.大到暴雪天气模型及数值产品释用预报方法[J].气象与环境科学,30(3):54-56.

常俊,彭新东,范广洲,等,2015.结合历史资料的天气预报误差订正[J].气象学报,2:351-354.

陈超辉,李崇银,谭言科,等,2010.基于交叉验证的多模式超级集合预报方法研究[J].气象学报,68(4):464-476.

陈德辉,薛纪善,2004.数值天气预报业务模式现状与展望[J].气象学报,62(5):623-633.

陈德辉,薛纪善,沈学顺,2006.中国气象局新一代数值天气预报系统(GRAPES)[C]//海峡两岸气象科学技术研讨会.

陈静,桑志勤,1998.数值预报产品动力一统计释用方法与寒潮预报[J].气象,24(2):34-38.

陈力强,韩秀君,张立祥,2003.基于MM5模式的站点降水预报释用方法研究[J].气象科技,31(5):268-272.

陈联寿,孟智勇,2001.我国热带气旋研究十年进展[J].大气科学,25(3):420-432.

陈录元,尚可政,周海,等,2012.环渤海地区4～10天风速预报中相似预报法的应用[J].气象科技,40(2):219-225.

陈起英,姚明明,王雨,2004.国家气象中心新一代业务中期预报模式T213L31的主要特点[J].气象,30(10):16-21.

陈豫英,陈晓光,马金仁,等,2005.基于MM5模式的精细化MOS温度预报[J].干旱气象,23(4):52-56.

陈豫英,陈晓光,马金仁,等,2006a.风的精细化MOS预报方法研究[J].气象科学,26(2):210-216.

陈豫英,陈晓光,马筛艳,等,2006b.精细化MOS相对湿度预报方法研究[J].气象科技,34(2):143-146.

程麟生,1999.中尺度大气数值模式发展现状和应用前景[J].高原气象,18(3):350-360.

程娅蓓,任宏利,谭桂容,2016.东亚夏季风跨季预测的EOF一相似误差订正[J].应用气象学报,27(3):285-293.

范苏丹,盛春岩,车军辉,等,2015.2014年6—8月数值模式产品对山东气温预报的检验分析[J].山东气象,143(35):13-22.

甘少华,单军辉,郭卫东,2013.T511L60全球中期数值预报性能统计评估[J].解放军理工大学学报自然科学版,14(1):107-111.

龚奕,范其平,2010.一种影响浙北沿海的温带气旋大风集成预报方法[C].中国气象学会.

龚建东,2013.同化技术:数值天气预报突破的关键——以欧洲中期天气预报中心同化技术演进为例[J].气象科技进展,(3).

巩崇水,曾淑玲,尚可敬,等,2011.基于MOS方法的环渤海地区大风中期预报[J].兰州大学学报,47(4):33-37.

巩宪伟,王子一,魏婷婷,等,2016.EC细网格模式对四平地区气温预报检验分析[J].气象灾害防御,1:13-16.

郭肖容,阎之辉,1995.有限区分析预系统及其业务应用[J].气象学报,53(3):306-318.

国家气象中心集合预报团队,2015.集合预报应用手册[Z].北京.

韩慎友,2016.基于卡尔曼滤波方法的精细化气温格点预报[R].第33届中国气象学会年会S8数值模式产品应用与评估.

侯淑梅,李灿,王月兰,等,2009.一次暴雨过程预报的多模式NWP产品与物理参数的综合分析应用[J].暴雨灾害,28(1):36-42.

黄辉,陈淑琴,2006.MM5数值预报产品在舟山海域风力分区预报中的释用[J].海洋预报,23(2):67-71.

黄嘉佑,1990.气象统计分析与预报方法[M].北京:气象出版社.

黄嘉佑,谢庄,1993.卡尔曼滤波在天气预报中的应用[J].气象,19(4):3-7.

黄伟,端义宏,薛纪善,等,2007.热带气旋路径数值模式业务试验性能分析[J].气象学报,65(4):578-587.

黄亿,2008.基于MOS方法的客观降水预报模型的研究与应用[D].南京:南京信息工程大学.

黄卓,等,2001.气象预报产品质量评分系统技术手册[Z].北京:中国气象局预测减灾司.

贾朋群,2016.ECMWF未来10年“2+4+1”战略:将天气气候预报引向极致[J].气象科技进展,6(4):29-29.

矫梅燕,2010.现代数值预报业务[M].北京:气象出版社:162-176.

金龙,林熙,金健,等,2003.模块化模糊神经网络的数值预报产品释用预报研究[J].气象学报,61(1):78-84.

金琪,王丽,叶成志,等,2008.基于AREM数值预报产品的强降水动力释用试验[J].安徽农业科学,36(3):1156-1157.

黎玥君,余贞寿,2016.基于多模式降水量预报的浙江省统计降尺度研究[J].浙江气象,37(4):6-10.

李朝奎,陈良,王勇,2007.降雨量分布的空间插值方法研究—以美国爱达荷州为例[J].矿产与地质,21(6):684-687.

李得勤,陈力强,周晓珊,等,2012.风电场风速降尺度预报方法对比分析[J].气象与环境学报,28(6):25-31.

李得勤,周晓珊,陈力强,等,2012.基于数值模式的风速预报方法研究[J].太阳能学报,33(10):1684-1690.

李文娟,郦敏杰,2013.MOS方法在短时要素预报中的应用与检验[J].气象与环境学报,29(2):12-18.

李晓娟,李茵茵,温晶,2011.广东省第4、5天分县气温预报及其误差分析[J].广东气象,33(2):4-8.

李泽椿,毕宝贵,金荣花,等,2014.近10年中国现代天气预报的发展与应用[J].气象学报,(6):1069-1078.

梁钰,布亚林,贺哲,等,2006.用卡尔曼滤波制作河南省冬春季沙尘天气短期预报[J].气象,32(1):63-67.

林春泽,智协飞,韩艳,等,2009.基于TIGGE资料的地面气温多模式超级集合预报[J].应用气象学报, 20(6):706-712.

林健玲.2005.逐日降水的数值预报产品人工神经网络[D].南京:南京信息工程大学.

林良勋,程正泉,张兵,等,2004.完全预报(PP)方法在广东冬半年海面强风业务预报中的应用[J].应用气象学报,15(4):485-493.

林中鹏,周顺武,温继昌,2015.ECMWF细网格10m风场在"天兔"大风预报中的释用[J].气象水文海洋仪器,(3):7-12.

刘鸿升,余功梅,2002.偏北大风的数值预报释用方法研究[J].气象科学,22(1):100-106.

刘还珠,张绍晴,1992.中期数值预报的统计检验分析[J].气象,18(9):50-54.

刘联,肖玉兵,顾爱辉,2012.南京市近50年降水变化特征分析[J].江苏农业科学,40(12):357-359.

刘琳,陈静,程龙,等,2013.基于集合预报的中国极端强降水预报方法研究[J].气象学报,71(5):853-866.

刘梅,濮梅娟,高苹,等,2008.江苏省夏季最高温度定量预报方法[J].气象科技,36(6):728-733.

刘明,王仁曾,2012.基于t检验的逐步回归的改进[J].统计与决策,6:16-19.

刘鹏飞,于跃,郭佰汇,等,2014.850 hPa温度在朝阳地区最低气温预报模型中的应用研究[J].现代农业科技,23:271-275.

刘姝姝,李海悦,崔悦,等,2014.我国T639数值模式产品本地释用检验[C].吉林省科学技术学术年会.

刘宇迪,崔新东,艾细根,2014.全球大气数值模式动力框架研究进展[J].气象科技,42(1):1-12.

龙强,王锋,孟艳静,等,2014.MEOFIS平台在渤海湾北部海面气温和风速精细化预报的适用性分析[J].应用海洋学学报,33(2):258-265.

陆如华,何于班,1994.卡尔曼滤波方法在天气预报中的应用[J].气象,20(9):41-43.

罗阳,赵伟,翟景秋,2009.两类天气预报评分问题研究及一种新评分方法[J].应用气象学报,20(2):129-136.

马雷鸣,2014.国内台风数值预报模式及其关键技术研究进展[J].地球物理学进展,29(3):1013-1022.

马旭林,陆续,于月明,等,2014.数值天气预报中集合一变分混合资料同化及其研究进展[J].热带气象学报,30(6):1188-1195.

孟英杰,吴洪宝,王丽,等,2008.2007年主汛期武汉区域四种数值模式定量降水预报评估[J].暴雨灾害,27(3):83-87.

苗春生,段婧,徐春芳,2007.人工神经网络方法在短期天气预报中的应用[J].江南大学学报(自然科学版),6(6):648-653.

闵晶晶,孙景荣,刘还珠,等,2010.一种改进的BP算法及在降水预报中的应用[J].应用气象学报,21(1):55-62.

慕秀香,2014.高分辨率数值模式在吉林省短期业务预报中的效果检验[D].兰州:兰州大学.

潘留杰,张宏芳,王建鹏,2014.数值天气预报检验方法研究进展[J].地球科学进展,29(3):327-335.

潘留杰,张宏芳,袁媛,等,2015.基于T639细网格模式的陕西省秋淋天气预报效果评估[J].气象与环境学报,31(6):9-17.

潘留杰,张宏芳,朱伟军,等,2013.ECMWF模式对东北半球气象要素场预报能力的检验[J].气候与环境研究,18(1):112-123.

钱传海,端义宏,麻素红,等,2012.我国台风业务现状及其关键技术[J].气象科技进展,02(5):36-43.

乔琪,2007.MOS方法在贵州省降水预报中的应用[C].中国气象学会年会天气预报预警和影响评估技术分会场.

秦成云,王永红,顾善齐,等,2012.江苏省一次低温冰冻雨雪雷电冰雹复杂天气成因分析[J].现代农业科技,22:235-237.

邱小伟,季致建,刘学华,等,2010.数值预报产品的几种主观释用技术[J].长三角科技论坛能源分论坛长三角气象科技论坛.

任宏利,丑纪范,2007.动力相似预报的策略和方法研究[J].中国科学,37(8):1101-1109.

任宏利,丑纪范,2007.数值模式的预报策略和方法研究进展[J].地球科学进展,22(4):376-385.

任文斌,杨新,孙潇棵,等,2014.T639数值预报产品订正方案[J].气象科技,42(1):145-150.

荣艳敏,阎丽凤,盛春岩,等,2015.山东精细化海区风的MOS预报方法研究[J].海洋预报,32(3):59-67.

沈桐立,2010.数值天气预报[M].北京:气象出版社.

沈学顺,2013.GRAPES暴雨数值预报系统[M].北京:气象出版社.

沈学顺,苏勇,胡江林,等,2017.GRAPES_GFS全球中期预报系统的研发和业务化[J].应用气象学报,28(1):1-10.

孙军波,钱燕珍,陈佩燕,等,2010.登陆台风站点大风预报的人工神经网络方法[J].气象,36(9):81-86.

孙照渤,谭桂容,1998.人工神经网络方法在夏季降水预报中的应用[J].南京气象学院学报,21(1):47-52.

谭桂容,段浩,任宏利,2012.中高纬度地区500 hPa高度场动力预测的统计订正[J].应用气象学报,23(3):304-309.

田向军,谢正辉,王爱慧,等,2011.一种求解贝叶斯模型平均的新方法[J].中国科学:地球科学,(11):1679-1687.

涂小萍,赵声蓉,曾晓青,等,2008.KNN方法在11—3月中国近海测站日最大风速预报中的应用

[J]. 气象,34(6):67-73.

万夫敬,袁慧玲,宋金杰,等,2012. 南京地区降水预报研究[J]. 南京大学学报,48(4):513-525.

万仕全,何文平,封国林,等,2014. 数值模式误差订正方法初探[J]. 高原气象,33(2):460-466.

王晨稀,2013. 热带气旋集合预报研究进展[J]. 热带气象学报,29(4):698-704.

王东海,杜钧,柳崇健,2011. 正确认识和对待天气气候预报的不确定性[J]. 气象,37(4):385-391.

王海军,闫荞荞,向芬,等,2014. 逐时气温质量控制中界限值检查算法的设计[J]. 高原气象,33(6)1722:1729.

王磊,白松竹,庄晓翠,2016. T639 模式对新疆北部暖区强降雪过程的预报效果检验[J]. 暴雨灾害,35(5):489-496.

王迎春,等,2002. 北京地区中尺度非静力数值预报产品释用技术研究[J]. 应用气象学报,13(3):312-321.

王雨,2006. 2004 年主汛期各数值预报模式定量降水预报评估[J]. 应用气象学报,17(3):316-324.

吴爱敏,郭江勇,2006. HLAFS 资料在短期降水、气温 MOS 预报方法中的应用[J]. 干旱气象,24(2):45-48.

吴建秋,郭品文,2009. 基于统计降尺度技术的精细化温度预报[J]. 中国科技信息,(12):44-45.

肖红茹,王灿伟,周秋雪,等,2013. T639、ECMWF 细网格模式对 2012 年 5—8 月四川盆地降水预报的天气学检验[J]. 高原山地气象研究,33(1):80-85.

肖玉华,赵静,蒋丽娟,2010. 数值模式预报性能的地域性特点初步分析[J]. 暴雨灾害,29(4):322-327.

邢谦,王峰云,2006. MOS 方法及其应用介绍[C]. 中国气象学会 2006 年年会.

许敏,丛波,刘艳杰,等,2016. 廊坊地区 5 种数值模式降水预报性能检验与评估. 气象与环境学报,32(1):9-15.

许映龙,张玲,高拴柱,2010. 我国台风预报业务的现状及思考[J]. 气象,36(7):43-49.

薛文博,王金南,杨金田,等,2013. 国内外空气质量模型研究进展[J]. 环境与可持续发展,38(3):14-20.

严明良,2004. 数值产品释用方法在预报业务系统中的应用[C]. 中国气象学会 2004 年年会.

严明良,曾明剑,濮梅娟,2006. 数值预报产品释用方法探讨及其业务系统的建立[J]. 气象科学,26(1):90-96.

阎清元,1997. 天气预报相关因子的选择和使用[J]. 内蒙古气象,5:12-15.

杨杰,赵俊虎,郑志海,等,2012. 华北汛期降水多因子相似订正方案与预报试验[J]. 大气科学,1:11-22.

杨睿敏,史平,彭菊蓉,2011. 正确认识天气预报的不确定性[J]. 汉中科技,(4):65-66.

叶金印,邱旭敏,黄勇,等,2013. 气象遥感图像及格点场重采样插值方法[J]. 计算机工程与应用,49(18)237:252.

叶朗明,莫小梅,苏耀墀,等,2010. 数值预报产品在一次强降水过程中的释用[C]. 粤西、北部湾区域气象合作会议暨气象灾害防御研讨会.

叶燕华,王平鲁,孙兰东,2002. 用 MOS 法建立预报方程的试验流程[J]. 甘肃气象,20(1):13-15.

于海鹏,黄建平,李维京,等,2014. 数值预报误差订正技术中相似－动力方法的发展[J]. 气象学报,1:1013-1019.

余功梅,宋火,茅卫平,等,1999. 用 PP 法制作中期气温趋势预报[J]. 气象科技,4:34-38.

宇如聪,2004. AREMS 中尺度暴雨数值预报模式系统[M]. 北京:气象出版社.

袁杰颖,陈永平,潘毅,等,2017. 台风路径集合化预报方法的优化[J]. 海洋预报,34(2):37-42.

曾瑾瑜,韩美,吴幸毓,等,2014. WRF、EC 和 T639 模式在福建沿海冬半年大风预报中的检验与应用[R]. 福州:福建省气象局,75-85.

曾晓青,赵声蓉,段云霞,2013. 基于 MOS 方法的风向预测方案对比研究[J]. 气象与环境学报,29(6):140-144.

张诚忠,2001. 不同因子处理方法对广西 MOS 方程降水预报准确率影响的试验[J]. 广西气象,22(3):24-26.

张宏芳,潘留杰,杨新,2014. ECMWF、日本高分辨率模式降水预报能力的对比分析[J]. 气象,40(4):424-432.

张人禾,沈学顺,2008. 中国国家级新一代业务数值预报系统 GRAPES 的发展[J]. 科学通报,(20):2393-2395.

张秀年,曹杰,杨素雨,等,2011. 多模式集成 MOS 方法在精细化温度预报中的应用[J]. 云南大学学报:自然科学版,33(1):67-71.

赵文婧,赵中军,尚可政,等,2015. 云量时间精细化预报研究以榆中为例[J]. 气象与环境学报,31(1):60-66.

赵秀娟,徐敬,张自银,等,2016. 北京区域环境气象数值预报系统及 $PM_{2.5}$ 预报检验[J]. 应用气象学报,27(2):160-172.

郑志海,2010. 基于可预报分量的 6～15 天数值天气预报业务技术研究[D]. 兰州:兰州大学.

智协飞,季晓东,张璟,等,2013. 基于 TIGGE 资料的地面气温和降水的多模式集成预报[J]. 大气科学学报,36(3):257-266.

智协飞,林春泽,白永清,等,2009. 北半球中纬度地区地面气温的超级集合预报[J]. 气象科学,29(5):569-574.

智协飞,彭婷,李刚,等,2014. 多模式集成的概率天气预报和气候预测研究进展[J]. 大气科学学报,37(2):248-256.

智协飞,王姝苏,周红梅,等,2016. 我国地面降水的分级回归统计降尺度预报研究[J]. 大气科学学报,39(3):329-338.

中国气象局,2016. GRAPES:自主创新推动预报模式发展[EB/OL]. (2016-09-07)[2017-05-14]. http://www.cma.gov.cn/2011xzt/2016zt/20160506/201609/t20160907_321324.html.

中国气象局数值预报中心,2013. GRAPES_Meso 用户指南(第一版)[Z]. 北京.

中国气象局数值预报中心. GRAPES-GFS 全球模式[EB/OL]. (2016-09-07)[2017-05-14]. http://nwpc.cma.gov.cn/sites/main/twainindex/ywxtong.htm?columnid=469.

钟青,1997. 物理守恒律保真格式构造与数值预报斜压原始方程传统谱模式改进研究[J]. 气象学报,1997(6):641-661.

周慧,崔应杰,胡江凯,等,2010. T639 模式对 2008 年长江流域重大灾害性降水天气过程预报性能的检验分析[J]. 气象,36(9):60-67.

Bauer P,Thorpe A,Brunet G,2015. The quiet revolution of numerical weather prediction[J]. Nature,525(7567):47.

Bjerknes V,1904. Das Problem der Wettervorhersage,betrachtet vom Standpunkte der Mechanik und der Physik[J]. Meteorologische Zeitschrift,21:1-7.

Bocchieri J R,1979. Use of the logit model to transform predictors for precipitation type forecasting [R]. Preprints Sixth Conf. Probability and Statiistics,Banff,Alta. Canada,Amer Meteor Soc, 49-54.

Bocchieri J R,2009. A new operational system for forecasting precipitation type[J]. Monthly Weather Review,107:637-649.

Charney J G,1951. Dynamical forecasting by numerical process [R]. Compendium of meteorology. Amer Meteor Soc,Boston,MA. ,470-482.

Charney J G,Fjörtoft R,Neuman J Von,1950. Numerical Integration of the Barotropic Vorticity Equation[J]. Tellus,2:237-254.

Colle B A,1999. Evaluation of MM5 and Eta-10 precipitation forecasts over the Pacific Northwest during the cool season[J]. Weather & Forecasting,14(14):137-154.

Dean A R,Fiedler B H,2002. Forecasting warm-season burnoff of low clouds at the San Francisco international airport using linear regression and a Neural Network[J]. Journal of Applied Meteorology,41(41):629-639.

Deardorff J W,1972. Parameterization of the planetary boundary layer for use in general circulation models[J]. Mon Wea Rev,100:93-106.

Doswell III C A,Brooks H E,Maddox R A,1996. Flash flood fore-casting: An ingredients-based methodology[J]. Wea Forecasting,11:560-581.

ECMWF,2016. ECMWF Roadmap to 2025[EB/OL]. (2016-09-12)[2017-09-15]. https://www.ecmwf. int/en/about/media-centre/news/2016/ecmwf-launches-new-strategy.

Fritsch J M,Houze R A,Adler R,et al,2010. Quantitative precipitation forecasting: Report of the eighth prospectus development team, U. S. Weather Research Program[J]. Bulletin of the American Meteorological Society,79(2):285-299.

Glahn H R,Bocchieti J R,1976. Testing the limited area fine mesh model for probability of precipitation forecasting[J]. Mon Wea Rev,104:127-232.

Glahn H R,Lowry D A,1972. The Use of model output statistics(MOS) in objective weather forecasting[J]. Journal of Applied Meteorology,11(8):1203-1211.

Haltiner G J,Williams R T,1980. Numerical prediction and dynamic meteorology[M]. New York: Wiley.

Kalnay E,2003. Atmospheric modeling,data assimilation and predictability[M]//Atmospheric Modeling,Data Assimilation,and Predictability. Cambridge University Press,2003:364.

Klein W H, 1982. Statistical weather forecasting on different time scales[J]. Bull Amer Meteoro Soc, 63: 170-177.

Klein W H, Lewis B M, Enger I, 2010. Objective prediction of five-day mean temperatures during Winter[J]. Journal of Atmospheric Sciences, 16(6): 672-682.

Kuo H L, 1965. On the formation and intensification of tropical cyclones through latent heat release by cumulus convection [J]. J Atmos Sci, 22: 40-63.

LASG. AREM的发展和应用[EB/OL]. [2017-07-01]. http://www. lasg. ac. cn/AREM/.

Lowry D A, Glahn H R, 1976: An operational model for forcasting probability of precipitation-PEATMOS PoP[J]. Mon Wea Rev, 104: 221-232.

Manabe S J, Smogorinsky, Strickler R F. 1965. Simulated climatology of a general circulation model with a hydrological cycle[J]. Mon Wea Rev, 93: 769-798.

Mullen S L, Buizza R, 2001. Quantitative precipitation forecasts over the United States by the ECMWF Ensemble Prediction System[J]. Monthly Weather Review, 129(4): 638-663.

Richardson L F, 1922. Weather prediction by numerical process[J]. Monthly Weather Review, 50 (2): 72.

Roads J O, Norman Maisel T, 2009. Evaluation of the National Meteorological Center's Medium Range Forecast Model precipitation forecasts[J]. Weather & Forecasting, 6(1): 123-132.

Rossby C G, 1939. Relation between variations in the intensity of the zonal circulation of the atmosphere and the displacements of the semi-permanent centers of action[J]. J Mar Res, 2: 38-55.

Rossby C G, 1940. Planetary flow patterns in the atmosphere[J]. Quart J Roy Meteor Soc, 66 (Supp): 68-87.

Rossby C G, 1945. On the propagation of frequencies and energies in certain types of oceanic and atmospheric waves[J]. J Meteor, 2: 187-204.

Salas J D, Kim H S, Eykholt R, et al, 2005. Evaluation of Eta Model seasonal precipitation forecasts over South America[J]. Nonlinear Processes in Geophysics, 12(4): 537-555.

Smagorinsky J, 1956. On the inclusion of moist adiabatic processes in numerical prediction models [J]. Ber D Deutsche Wetterd, 5: 82-90.

Smagorinsky J, Manabe S, Holloway J L, 1965. Numerical results from a nine-level general circulation model of the atmosphere[J]. Mon Wea Rev, 93: 727-768.

Sohn K T, Lee J H, Lee S H, et al, 2005. Statistical prediction of heavy rain in South Korea[J]. Advances in Atmospheric Sciences, 22(5): 703-710.

Sokol Z. 2003. MOS-based precipitation forecasts for river basins[J]. Weather & Forecasting, 18 (5): 769-781.

Taghavi F, Neyestani A, Ghader S. 2013. Evaluation of WRF model precipitation forecasts over IRAN[J]. Journal of Symbolic Logic, 39(1): 145-170.

Wilks D S, 1995. Statistical methods in atmospheric science: An introduction[J]. Journal of the

American Statistical Association, 102(477):380-380.

WMO, 2001. Numerical Weather Prediction Progress Report for 2001 [Z]. WMO Technical Document . WMO/TD-N0. 1151, NWPP Report Series 2001 , No. 28.

WMO, 2002. Numerical Weather Prediction Progress Report for 2002[Z]. WMO Technical Document . WMO/TD-N0. 1208, NWPP Report Series No. 29.

附录 A 数值预报产品格式及处理

A.1 GRIB1 格式资料处理

GRIB1 格式资料通常有 2 种处理方法，一种是先转化成 binary 文件格式，再进行处理；一种是直接用 wgrib 命令提取需要的数据。

(1)转 binary 格式(需要 grib2ctl. exe 与 gribmap)

grib2ctl. exe gmf. grb1 > gmf. ctl

gribmap —i gmf. ctl

若生成 gmf. ctl 与 gmf. idx 则表示成功，可以用 grads 绘图。

(2)wgrib 提取数据(需要 wgrib)

转换成 text 格式：

wgrib —s gmf. grb1 | grep ":HGT:500 mb:" > list

wgrib —i gmf. grb1 —text —o H500. txt < list

或者：wgrib —s gmf. grb1 | grep ":HGT:500 mb:" |wgrib —i —text gmf. grb1 —o H500. txt

转换成无头信息的二进制无格式文件

wgrib —s gmf. grb1 | grep ":HGT:500 mb:" > list

wgrib —i gmf. grb1 —nh —o H500. bin < list

或者：wgrib —s gmf. grb1 | grep ":HGT:500 mb:" |wgrib —i —nh gmf. grb1 —o H500. txt

相关工具下载地址：

http://www. cpc. ncep. noaa. gov/products/wesley/wgrib. html;

http://www. cpc. ncep. noaa. gov/products/wesley/grib2ctl. html;

http://www. iges. org/grads/。

A.2 GRIB2 格式文件处理

GRIB2 格式资料主要有 3 种处理方法，一种是先转化成 binary 文件格式，再进行处理；一种是直接用 wgrib2 命令提取需要的数据；一种是用 cnvgrib 把 GRIB2 转成 GRIB1 格式文件。

(1)转 binary 格式(需要 g2ctl. exe 与 grads2. 0 中的 gribmap)

g2ctl. exe －0 gmf. grb1 > gmf. ctl

gribmap －0 －i gmf. ctl

若生成 gmf. ctl 与 gmf. idx 则表示成功,可以用 grads2. 0 绘图

(2)WGRIB 提取数据(需要 wgrib2)

转换成有头文件 text 格式:

Wgrib2 －match ":HGT:500 mb:" gmf. grib2 －text HGT. dat

转换成无头文件的二进制无格式文件:

Wgrib2 －match ":HGT:500 mb:" gmf. grib2 －no_header －bin HGT. dat

(3)cnvgrib 转 grib1 格式(需要 cnvgrib)

cnvgrib －g21 gmf. grib2 gmf. grib1

相关工具下载地址:

http://www. cpc. ncep. noaa. gov/products/wesley/g2ctl. html;

http://www. cpc. ncep. noaa. gov/products/wesley/wgrib2/inde4. html;

http://www. nco. ncep. noaa. gov/pmb/codes/GRIB2/ （下载 cnvgrib）。

附录B 插值方法及相关程序

B.1 插值方法

空间插值的定义:空间插值的实质是通过已知样点的数据来估算未知点的数据。分为内插和外推。利用研究区内的观测样本数据来估算研究区内采样点的数据值的过程叫内插,而估算研究区外未采样点的数据值的过程叫外推。按照是否考虑海拔高度等相关因素,可以分为两类。

(1)不考虑海拔高度等相关因素的插值方法:泰森多边形法、反距离权重法、样条函数法、趋势面分析和普通克里格法等。

(2)考虑海拔高度等相关因素的插值方法:多元回归技术、协克里格插值法、Lapse 比率和梯度距离反比法等。

也有人提出了一种以空间插值范围作为标准的综合分类方法,即将空间插值分为整体插值、局部分块插值和逐点插值,如表 B.1 所示。

表 B.1 空间插值的综合分类

<table>
<tr><td rowspan="5">整体插值</td><td>全局多项式插值(趋势面)</td><td></td></tr>
<tr><td>多元回归分析方法</td><td></td></tr>
<tr><td>变换函数插值法</td><td></td></tr>
<tr><td>傅里叶级数法</td><td></td></tr>
<tr><td>反距离加权平均法(IDW)</td><td></td></tr>
<tr><td rowspan="12">局部分块插值</td><td rowspan="3">克里格(Kriging)插值法</td><td>普通克里格(OK)</td></tr>
<tr><td>简单克里格(SK)</td></tr>
<tr><td>泛克里格(UK)</td></tr>
<tr><td>双线性多项式插值</td><td></td></tr>
<tr><td rowspan="2">样条函数法(SPLINE)</td><td>样条函数法</td></tr>
<tr><td>张力样条函数</td></tr>
<tr><td>线性插值</td><td></td></tr>
<tr><td>泰森(Thiessen)多边形方法</td><td></td></tr>
<tr><td>多层曲面叠加插值</td><td></td></tr>
<tr><td>最小二乘法</td><td></td></tr>
<tr><td>有限元插值</td><td></td></tr>
<tr><td rowspan="2">逐点插值</td><td>移动拟合法</td><td></td></tr>
<tr><td>加权平均插值法</td><td></td></tr>
</table>

常用的插值方法有：梯度距离反比法(GIDS)、反距离权重法(距离平方比法)(IDW)、普通克里格法(OK)、样条函数法(SPLINE)。下面分别介绍：

(1)梯度距离反比法

梯度距离平方反比法方法的特点：随经纬度和海拔高度的梯度变化。GIDS 方法涉及到待估点与观测点的海拔高度值，参数中包括站点气象要素值与海拔高度的回归系数一项，而且因为在小区域的研究中经纬向的影响较小，往往可忽略不计，因此它在小区域的研究中不太适合。但这并不是绝对的，需要具体分析。如果所研究区的气象要素与高度之间的相关性不高的话，GIDS 方法就难以很好地运用。

主要表现在：

①观测站点的分布不能较好地体现出气象要素的观测值与站点高度值之间的关系。

②观测站的观测值与高度之间难于找到相关关系或这种关系很微弱。

表达式：

$$Z=\left(\sum_{i=1}^{m}\frac{Z_i+(X-X_i)\times C_x+(Y-Y_i)\times C_y+(U-U_i)\times C_u}{d_i^2}\right)\Big/\left(\sum_{i=1}^{m}\frac{1}{d_i{}^2}\right) \tag{B.1}$$

式中，Z 为待插点的估算值；Z_i 为第 i 个样本点的实测值；d_i 为第 i 个样本点与待插点之间的距离；m 为参与计算的实测样本点个数；X、Y、U 分别为待插点的经度、纬度和海拔高度值，X_i、Y_i、U_i 分别为第 i 个样本点的经度、纬度和海拔高度值，C_x、C_y、C_u 分别为站点气象要素值与经度、纬度和海拔高度值的偏回归系数。梯度距离平方反比法将幂指数固定为 2。

(2)反距离权重法(距离平方比法)

反距离加权法(反离权重法)：适用于整体的样本点的密度较大且样本点的分布比较均匀的数据。原理：相似相近方法，两个物体离得越近就越相似，反之，离得越远则相似性越小。

表达式：

$$Z=\left(\sum_{i=1}^{m}\frac{Z_i}{d_i^n}\right)\Big/\left(\sum_{i=1}^{m}\frac{1}{d_i^n}\right) \tag{B.2}$$

式中，Z 为待插点的估算值；Z_i 为第 i 个样本点的实测值；d_i 为第 i 个样本点与待插点之间的距离；m 为参与计算的实测样本点个数；n 为幂指数，它控制着权重系数随待插点与样本点之间距离的增加而下降的程度，n 越大时，较近的样本点赋予更高的权重，n 越小时，权重更均匀的分配给各样本点。

$n=1$，称为距离反比法，是一种常用而简便的空间插值方法；

$n=2$，称为距离平方反比法；

$n=0$,方法退化为算术平均法。

从式子中也可以看出,加权与距离成反比,输入点离输出栅格越远,对输出栅格的影响越小。

优点:具有普适性,不需要根据数据的特点对方法加以调整,当样本数据的密度足够大时,几何方法一般能达到满意的精度。

缺点:计算值易受数据点集的影响,计算结果常出现一种孤立点数据明显高于周围数据点的情况;随着样本点数量的增加,IDW 插值的异常值数量也增加。

(3)普通克里格法

普通克里格法:适用于局部的、区域较小的范围。

定义:普通克里格法是对未采样点的区域化变量的取值进行线性无偏最优估计的一种方法。

特点:引入了包括概率模型在内的统计模型,预测的结果与概率相联系。

自相关是普通克里格方法中的一个重要基础概念,相关性衰减的比率可以表示成距离的函数。

表达式:

$$Z=\sum_{i=1}^{n}\lambda_i Z(x_i) \tag{B.3}$$

式中,Z 为待估值,λ_i 为赋予已知点气象数据的一组权重系数,n 为用于气象数据插值的点的数目,$Z(x_i)$ 为已知点的气象数据值。

为满足无偏性和最优性 2 个条件,通过建立如下克里格方程组来确定权重系数:

$$\begin{cases}\sum_{j=1}^{n}\lambda_j C(v_i,v_j)-\mu=C(v_i,V)\\ \sum_{i}^{n}\lambda_i=1\end{cases} \tag{B.4}$$

式中,$C(v_i,v_j)$ 为气象站点之间的协方差函数,$C(v_i,V)$ 为气象站点与插值点之间的协方差函数,μ 为拉格朗日乘数。

优点:在稀疏不均匀分布的离散点插值上有明显的优越性,并且对于均匀分布的离散数据点此方法受样本点密度和数量的影响较少;以空间统计学作为理论基础,可以克服内插中误差难以分析的问题,能够对误差作为这逐点的理论估计,不会产生回归分析的边界效应,插值精度较高,唯一性很强,外推能力较强。

缺点:复杂,计算量大,运算速度慢。

(4)样条函数法

样条函数法:适用于平滑的表面。

定义:样条函数法是使用一种数学函数,对一些限定的点值,通过控制估计方差,利用一些特征节点，用多项式拟合的方法来产生平滑的插值曲线。

特点：适用于逐渐变化的表面，如温度、高度、地下水位高度或污染程度等。

表达式：

$$Z=\sum_{i=1}^{n}A_i d_i^2 \ln d_i+a+bx+cy$$

式中 Z 为待估值，d_i 为插值点到第 i 个点的距离，$a+bx+cy$ 为气温的局部趋势函数，x、y 为插值点的地理坐标，$\sum_{i=1}^{n}A_i d_i^2 \ln d_i$ 为一个基础函数，通过它可以获得最小化表面的曲率，A_i、a、b 和 c 为方程系数，n 为用于插值的点的数目。

优点：计算量小，保留了局部地形的细部特征，获得连续光滑的拟合曲面。

缺点：样本稀疏时插值效果不好。

B.2 插值效果检验

对插值结果进行检验的方法：交叉验证。常运用以下三种参数估计误差（其中 Z_i 为第 i 个点的实际观测值，Z_i' 为估计值，n 为用于检测的点的数目）。

（1）绝对平均误差（mean absolute error，MAE）估量估计值可能的误差范围。

$$MAE=\frac{\sum_{i=1}^{n}|Z_i-Z'_i|}{n} \tag{B.5}$$

（2）相对平均误差（mean relative error，MRE）反映插值的相对精确性。

$$MRE=\frac{MAE}{\sum_{i=1}^{n}|Z_i|} \tag{B.6}$$

（3）均方根误差（root mean squared error，RMSE）反映利用数据估值灵敏度和极值效应。

$$RMSE=\sqrt{\frac{\sum_{i=1}^{n}(Z_i-Z'_i)^2}{n}} \tag{B.7}$$

B.3 不同插值过程

B.3.1 站点插值到格点

（1）采用方法：cressman 插值

Cressman 逐步订正法是一种距离权重法（前面提到的反距离加权法也是一种距

离权重法)，其权重采用圆型权重函数，设 R 为观测站到网格点之间的距离，R_1 为搜索半径，权重函数为

$$w_i = (R_1^2 - R^2)/(R_1^2 + R^2) \tag{B.8}$$

优点：简单直观。

缺点：对要素的固有特征缺少考虑。

(2)应用软件：GrADS 和 FORTRAN

(3)插值步骤(参见 grads 书 P91～P96)：

①将站点资料转化为二进制数据(.grd)；

②生成 map 文件；

③建立格点文件，并把文件中每个点上均赋值为 1；

④将站点资料通过插值函数插值到格点文件上，然后画图。

oacres 函数

■ 格式：oacres(gexpr，sexpr＜，radii＞)。

■ 功能：cressman 插值函数。

■ 说明：常用于站点资料插值为格点资料。

gexpr　大于站点数据范围的格点数据变量名

sexpr　站点数据变量名

radii　影响半径，默认值为：10，7，4，2，1

■ 为避免插值出现虚假结果，参考网格的间隔与站点间距相近为好。

maskout 函数

■ 格式：maskout(expr，mask)

■ 功能：标记函数。当 mask 所在的网格点取值为负值时，对应格点上的 expr 的值设为缺测值，不参与运算或画图。即：只画出 mark 大于 0 的 expr。

■ 说明：

expr 需要处理的变量名

mask 标记变量名

常用于输出 mask 代表的陆地区或海洋区；也常用于我国站点资料绘图。

B.3.2　格点插值到格点(改变格点资料精度)

(1)采用方法：双线性插值

想得到未知函数 f 在点 $P=(x,y)$的值，假设我们已知函数 f 在 $Q_{11}=(x_1,y_1)$、$Q_{12}=(x_1,y_2)$，$Q_{21}=(x_2,y_1)$以及 $Q_{22}=(x_2,y_2)$四个点的值。

首先在 x 方向进行线性插值，得到 R_1 和 R_2，然后在 y 方向进行线性插值，得到

P。这样就得到所要的结果 $f(x,y)$，方法详细介绍参见第四章第四节。

优点：速度慢，质量好，图像平滑。

缺点：具有低通滤波器的性质，使高频分量受损，所以会使图像轮廓变得模糊。

(2)应用软件：FORTRAN

例1：运用双线性方法把1.0°×1.0°的格点资料插值为2.5°×2.5°资料

```
    program bilinear interpolation
    integer,parameter::oldx=360,oldy=181,newxy=144*73,newx=144,
    & newy=73,mon_count=(7+26*12+2)*13
    !各项代表：oldx,oldy代表原精度网格数，newx,newy代表新精度网格数
    real,parameter::newlon_start=0.0,newlat_start=0.0,
    & oldinterp=1.5,newinterp=2.5,undef=-9.99e+33
    !新点的起始值以及新旧点的格距
    real oldvar(oldx,oldy),newvar(newxy),newpoint(newxy,2)
!旧值，新值，新点经纬度
real rain_all(360,181,1)
  integer qz(newxy,4),nstart,nend
!qz 1,2是左侧点和右侧点的分别权重，3,4是下面点和上面点分别的权重
  real broadvar_up,broadvar_down,weight(newxy,4)
!本次纬向下方和纬向上方的线性插值结果以及权重
  real newlon,newlat,weight_end
!本次插值的新点位置，以及返回的权重
  logical isfirst
  isfirst=.true.
  !是否第一个时次，只有第一个时次需要计算四周格点分布以及权重，后面的套
用即可
  k=1
  do i=1,newy            !先纬度后经度，符合grads要求，后面可以直接写出
    do j=1,newx
    newpoint(k,1)=newlon_start+(j-1)*newinterp              !lon
      newpoint(k,2)=newlat_start+(i-1)*newinterp            !lat
      k=k+1
    enddo
  enddo
open(2,FILE='E:\mcbf\r_2.5.grd')     !输出的2.5度格点文件
```

```
open(1,file='E:\mcbf\r_9006.grd',ACCESS='DIRECT',
 $ FORM='UNFORMATTED',RECL=oldx * oldy)   !读取1度的数据
irc=1
  do k=1,mon_count
   read(1,REC=irc) ((rain_all(i,j,1),i=1,oldx),j=1,oldy)
do i=1,oldx
 do j=1,oldy
 oldvar(i,j)=rain_all(i,j,1)
 end do
end do
!print * ,oldvar
irc=irc+1
end do
  if(isfirst)then
  !获取新点的四周的点以及每个点的权重
  do i=1,newxy
  newlon=newpoint(i,1)
   !print * ,newlon
  call getPosAndWeight(newlon,nstart,nend,weight_end,
&   oldinterp,isfirst)
  !print * ,newlon,nstart,nend,weight_end
  if(nend>oldx)then
  if(nstart==oldx)then
  qz(i,1)=nstart
  qz(i,2)=nstart
  weight(i,1)=1
  weight(i,2)=0
  else
  qz(i,1)=-1
  qz(i,2)=-1  !超出了原来格点的范围,标记为无效值
  weight(i,1)=-1
  weight(i,2)=-1
  endif
  else
```

```
qz(i,1)=nstart
qz(i,2)=nend
weight(i,1)=1-weight_end
weight(i,2)=weight_end
endif
newlat=newpoint(i,2)
call getPosAndWeight(newlat,nstart,nend,weight_end,
& oldinterp,isfirst)
if(nend>oldy)then
if(nstart==oldy)then
qz(i,3)=nstart
qz(i,4)=nstart
weight(i,3)=1
weight(i,4)=0
else
qz(i,3)=-1
qz(i,4)=-1  !超出了原来格点的范围,标记为无效值
weight(i,3)=-1
weight(i,4)=-1
endif
else
qz(i,3)=nstart
qz(i,4)=nend
weight(i,3)=1-weight_end
weight(i,4)=weight_end
endif
enddo
endif
!print * ,qz
!print * ,weight
!开始插值
do i=1,newxy
if(qz(i,1)<0 .or. qz(i,3)<0)then
newvar(i)=-9999.0
```

```
  else
  !先做纬向插值
  if(qz(i,1)==undef .or. qz(i,2)==undef .or. qz(i,3)==undef
&   .or. qz(i,4)==undef)then
  newvar(i)=-9999.0
  else
  broadvar_down=weight(i,1) * oldvar(qz(i,1),qz(i,3))+weight(i,2) *
&   oldvar(qz(i,2),qz(i,3))
  broadvar_up=weight(i,1) * oldvar(qz(i,1),qz(i,4))+weight(i,2) *
&      oldvar(qz(i,2),qz(i,4))
  newvar(i)=weight(i,3) * broadvar_down+weight(i,4) * broadvar_up
  endif
  endif
  enddo
print * ,newvar
  do i=1,newxy
 write(2, * ) newvar(i)
end do
  end

!==========================================================================
==
  !计算某个方向的两侧的点以及后侧点(上方点)的权重
  subroutine  getPosAndWeight(newpois,nstart,nend,weight,
 $  oldinterp,isfirst)
  integer nstart,nend  !两侧点
  real newpois,weight,oldinterp
  logical isfirst
  !离的近的点权重大,但是占的距离比重小,所以权重=1-距离比重,经纬度
从0开始,但是标号从1开始,所以加1
   nstart=int(newpois/oldinterp)+1
  nend=nstart+1
  weight=(newpois-(nstart-1) * oldinterp)/oldinterp
```

```
!此表达式计算的是后一段的权重(前一段的距离比重),该段总长为 interp
  isfirst=.false.
  endsubroutine
```

例 2:参照本书 4.3 节内容

B.3.3 格点插值到站点

(1)采用方法:双线性插值、一元三点不等距插值。

(2)应用软件:MeteoInfo 或者 FORTRAN

例 3:以下程序运用一元三点不等距插值是把格点资料(1.0°×1.0°)插值到全国 160 站点资料

```
  PROGRAM INTERPOLATE SSTA! 一元三点不等距插值
  PARAMETER (M2=71,N2=41,M1=160,N1=160,RS1=1.0)!m2,n2 为之
前的经纬度
  DOUBLE PRECISION X(M2),Y(N2),Z(M2,N2) !RS1:格点资料的经纬度
  REAL TA(M2,N2) ,TA0(360,181),A(160)
  DOUBLE PRECISION TB(M1,N1),X1(M1),Y1(N1),Y0
  OPEN(2,FILE='F:\LL160.STN')! 站点经纬度 71-141E:15-56N 范围
  READ(2,*) (X1(K),Y1(K),K=1,160)
  CLOSE(2)
  OPEN(1,FILE='G:\R_06MAR.GRD',ACCESS='DIRECT',
&   FORM='UNFORMATTED',RECL=181*360*4) !插值前
    IRC=1
    OPEN(2,FILE='G:\R_TEST.DAT') !插值后
    READ(1,REC=IRC) ((TA0(I,J),I=1,360),J=1,181)! 读入待插值资料
    IRC=IRC+1
    DO I=1,M2
    X(I)=(I-1)*RSl+71 !之前经度
    ENDDO
    DO J=1,N2
    Y(J)=(J-1)*RS1+15 !之前纬度
    ENDDO
    DO I=1,M2
```

```
      DO J=1,N2
      Z(I,J)=TA0(I+70,J+104)    !
      ENDDO
      ENDDO
      DO I=1,M1
      DO J=1,N1
      CALL ESLGQ(X,Y,Z,M2,N2,X1(I),Y1(J),Y0)
      TB(I,J)=Y0
      ENDDO
      A(I)=REAL(TB(I,I))
      ENDDO
      WRITE(2,100) (REAL(TB(I,I)),I=1,160)
100   FORMAT(160F10.2)
      CLOSE(1)
      CLOSE(2)
      END

c         一元三点不等距插值
      SUBROUTINE ESLGQ(X,Y,Z,N,M,U,V,W)
      dimension X(N),Y(M),Z(N,M),B(10)
      DOUBLE PRECISION X,Y,Z,U,V,W,B,HH
      IF(U.LE.X(1))THEN
      IP=1
      IPP=4
      ELSE IF(U.GE.X(N))THEN
      IP=N-3
      IPP=N
      ELSE
      I=1
      J=N
10    IF(IABS(I-J).NE.1)THEN
      L=(I+J)/2
      IF(U.LT.X(L))THEN
      J=L
```

```
      ELSE
      I=L
      ENDIF
      GOTO 10
      ENDIF
      IP=I-3
      IPP=I+4
      ENDIF
      IF(IP.LT.1)IP=1
      IF(IPP.GT.N)IPP=N
      IF(V.LE.Y(1))THEN
        IQ=1
        IQQ=4
        ELSE IF(V.GE.Y(M))THEN
        IQ=M-3
        IQQ=M
        ELSE
        I=1
        J=M
20      IF(IABS(J-I).NE.1)THEN
        L=(I+J)/2
        IF(V.LT.Y(L))THEN
        J=L
        ELSE
        I=L
        ENDIF
        GOTO 20
      ENDIF
      IQ=I-3
      IQQ=I+4
      ENDIF
      IF(IQ.LT.1)IQ=1
      IF(IQQ.GT.M)IQQ=M
      DO 50 I=IP,IPP
```

```
    B(I-IP+1)=0.0
    DO 40 J=IQ,IQQ
    HH=Z(I,J)
    DO 30 K=IQ,IQQ
    IF(K.NE.J)THEN
    HH=HH*(V-Y(K))/(Y(J)-Y(K))
    ENDIF
30  CONTINUE
      B(I-IP+1)=B(I-IP+1)+HH
40    CONTINUE
50    CONTINUE
      W=0.0
    DO 70 I=IP,IPP
    HH=B(I-IP+1)
    DO 60 J=IP,IPP
    IF(J.NE.I)THEN
    HH=HH*(U-X(J))/(X(I)-X(J))
    ENDIF
60  CONTINUE
    W=W+HH
70  CONTINUE
    RETURN
    END
```

例 4:可参照本书 4.4 节内容